ゼロからはじめる

Dropbox & Google Drive & OneDrive & Evernote スマートガイド

(ドロップボックス / グーグルドライブ / ワンドライブ / エバーノート)

リンクアップ 著

技術評論社

CONTENTS

Introduction
第1章 クラウドストレージサービスの活用

Section 001 クラウドストレージサービスとは? 16
Section 002 複数のデバイスでファイルを同期できるDropbox 18
Section 003 Googleサービスと連携できるGoogle Drive 19
Section 004 Officeファイルを共有して共同作業に便利なOneDrive 20
Section 005 アイデアをメモにして整理できるEvernote 21
Section 006 クラウドストレージサービスの選び方と用語 22
Section 007 クラウドストレージとしての使い方 24
Section 008 クラウドメモとしての使い方 26
Section 009 クラウドフォトフォルダとしての使い方 28

Dropbox編
第2章 Dropboxの基本操作

Section 010 Dropboxとは? 30
Section 011 Dropboxのアカウントを作成する 32
Section 012 Dropboxの基本画面 34

Section 013 Dropboxにファイルを保存する／開く 36
Section 014 Dropboxのファイルをダウンロードする／削除する 38
Section 015 Windows版Dropboxをインストールする 40
Section 016 Windows版Dropboxでファイルを同期する 42
Section 017 Dropboxのファイルやフォルダを共有する 44
Section 018 共有フォルダを作成する 46
Section 019 共有するユーザーを追加する／削除する 50
Section 020 共有ファイルの作業状況を確認する 52
Section 021 ファイルやフォルダの共有を解除する 54
Section 022 ファイルの更新履歴を確認する 56
Section 023 「Dropbox」フォルダの場所を変更する 57
Section 024 PDFファイルやOfficeファイルを開く 58
Section 025 Officeファイルを編集する 60
Section 026 ファイルの更新履歴で上書き前の状態に戻す 62
Section 027 ファイルにコメントを付ける 64
Section 028 スマートフォンに「Dropbox」アプリをインストールする 66

CONTENTS

Section 029 スマートフォンでファイルを開く 68

Section 030 スマートフォンからファイルを保存する 69

Section 031 スマートフォンでOfficeファイルを編集する 70

Dropbox編

第3章 Dropboxの活用

Section 032 大容量のファイルをDropbox経由で送信する 72

Section 033 GmailからDropboxのファイルのリンクを添付する 74

Section 034 ほかの人にファイルをアップロードしてもらう 76

Section 035 オフラインでもファイルにアクセスできるようにする 78

Section 036 WebページをPDFファイルにして保存する 80

Section 037 スクリーンショットをDropboxに自動保存する 81

Section 038 バックアップ機能で誤って削除したファイルをもとに戻す 82

Section 039 同期フォルダ以外のフォルダを同期する 84

Section 040 無料で容量を増やす 86

Section 041 Dropbox Plus/Professionalにアップグレードする 88

Section 042 共有期間を設定する（Professional／Business版） 90

Section 043 共有ファイルにパスワードをかける（Professional／Business版） 92

Section 044 ファイルを検索する 94

Section 045 Dropboxバッジで作業を共有する 96

Section 046 共有ファイルを読み取り専用にする 98

Section 047 共有しているデバイスを確認する／解除する 100

Section 048 スマートフォンで撮った写真を自動保存する 102

Section 049 デジカメの写真をDropboxに保存する 106

Section 050 Dropbox Paperでほかのユーザーと作業を共有する 108

Section 051 Dropbox Showcaseを利用する 110

Section 052 2段階認証でセキュリティを強化する 112

Section 053 パスワードを変更する 115

Section 054 キャッシュを削除する 116

CONTENTS

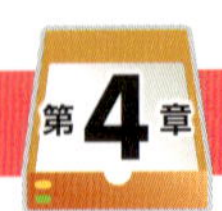

Google Drive編

第4章 Google Driveの基本操作

Section 055 Google Driveとは? …… 118

Section 056 Googleアカウントを作成する …… 120

Section 057 Google Driveを表示する …… 122

Section 058 ファイルを保存する …… 124

Section 059 ファイルを開く …… 125

Section 060 ファイルを共有する …… 126

Section 061 ファイルを公開する …… 128

Section 062 パソコンのフォルダをGoogle Driveに同期する …… 130

Section 063 ファイルをダウンロードする …… 133

Section 064 Googleドキュメントの使い方 …… 134

Section 065 Googleスプレッドシートの使い方 …… 136

Section 066 Googleスライドの使い方 …… 138

Section 067 Googleフォームの使い方 …… 140

Section 068 Google図形描画の使い方 …… 141

Section 069 スマートフォンでファイルを開く …… 142

Section 070 スマートフォンでGoogle Driveのファイルを編集する 144

Section 071 スマートフォンで書類をスキャンする 146

Section 072 「Googleフォト」アプリの写真を自動アップロードする 148

Google Drive編

第5章 Google Driveの活用

Section 073 ファイルを検索する 150

Section 074 ファイルの履歴を管理する 151

Section 075 ファイルをオフラインで編集する 152

Section 076 ファイルを印刷する 153

Section 077 お気に入りのファイルにスターを付ける 154

Section 078 Gmailの添付ファイルをGoogle Driveに保存する 155

Section 079 WebページをGoogle Driveに保存する 156

Section 080 Officeからファイルを直接Google Driveに保存する 158

Section 081 OfficeファイルをPDFに変換する 160

Section 082 Officeファイルにコメントを付ける 162

CONTENTS

Section 083 Googleマップのマッピングデータを管理する …… 164
Section 084 2段階認証でセキュリティを強化する …… 166
Section 085 パスワードを変更する …… 168
Section 086 Google Driveの容量を増やす …… 170

OneDrive編

第6章 OneDriveの基本操作

Section 087 OneDriveとは? …… 172
Section 088 WindowsにOneDriveをインストールする …… 174
Section 089 WebブラウザからOneDriveを利用する …… 176
Section 090 ファイルの表示方法を変更する …… 178
Section 091 WebブラウザからWordファイルを編集する …… 180
Section 092 WebブラウザからExcelファイルを編集する …… 182
Section 093 WebブラウザからPowerPointファイルを編集する …… 184
Section 094 ほかのユーザーとファイルを共有する …… 186
Section 095 共有するユーザーを追加する/削除する …… 188

Section 096 スマートフォンに「OneDrive」アプリをインストールする …… 190

Section 097 スマートフォンでOfficeファイルを開く／編集する …… 192

OneDriveの活用

Section 098 ファイルを検索する …… 196

Section 099 ファイルの履歴を管理する …… 197

Section 100 ファイルを印刷する …… 198

Section 101 削除したファイルをもとに戻す …… 199

Section 102 ピクチャフォルダから写真を保存する …… 200

Section 103 写真をアルバムにしてスライドショーで見る …… 202

Section 104 写真にタグを付ける／共有する …… 204

Section 105 ほかのユーザーとOfficeファイルを共同編集する …… 206

Section 106 リモートアクセスで会社のパソコンのファイルを見る …… 208

Section 107 パスワードを変更する …… 214

Section 108 OneDriveの容量を増やす …… 216

CONTENTS

Evernote編

第8章 Evernoteの基本操作

Section 109 Evernoteとは? 220

Section 110 Evernoteのアカウントを作成する 222

Section 111 Windowsに「Evernote」アプリをインストールする 224

Section 112 スマートフォンに「Evernote」アプリをインストールする 226

Section 113 「Evernote」アプリの画面の見方 228

Section 114 ノートを作成する 231

Section 115 ノートを同期する 232

Section 116 キーワードで検索する 233

Section 117 Webページを取り込む 234

Section 118 Webページの必要な部分だけを取り込む 236

Section 119 画像や写真を取り込む 238

Section 120 フォルダ内のファイルをまとめて取り込む 240

Section 121 音声を取り込む 242

Section 122 スクリーンショットを取り込む 244

Section 123 ノートブックで整理する 246

Section 124 タグで整理する 248

Section 125 ノートブックとタグで検索する 250

Section 126 ノート／ノートブック／タグを削除する 252

Evernote編

第9章 Evernoteの活用

Section 127 PDFやOfficeファイルを取り込む 256

Section 128 カタログやプレゼン資料を作成する 258

Section 129 文書やメールのテンプレートを作成する 260

Section 130 手書きメモを作成する 262

Section 131 ToDoリストで予定を管理する 264

Section 132 リマインダー機能を利用する 265

Section 133 レシピから買い物リストを作る 266

Section 134 ノートブックを共有する 268

Section 135 写真を公開する 270

Section 136 複数のノートをまとめる 272

CONTENTS

Section 137 Evernoteの有料プランを利用する 274
Section 138 PDF／Officeファイルをファイル内検索する（有料版） 276
Section 139 メールをEvernoteに送って保存する（有料版） 278
Section 140 名刺を取り込んで管理する（有料版） 280
Section 141 2段階認証でセキュリティを強化する 282
Section 142 パスワードを変更する 286

Appendix
付録1 iPhone、iPadでクラウドストレージサービスを利用する

Section 143 iCloudと「ファイル」アプリを設定する 288
Section 144 「ファイル」アプリからクラウドストレージサービスを利用する 290
Section 145 iWork系アプリでOfficeファイルを編集する 292
Section 146 「メモ」アプリや「ブック」アプリでPDFファイルを読む 294
Section 147 パソコンにiCloudをインストールする 296

Appendix

付録2 クラウドストレージサービスの連携

ご注意：ご購入・ご利用の前に必ずお読みください

●本書に記載した内容は、情報の提供のみを目的としています。したがって、本書を用いた運用は、必ずお客様自身の責任と判断によって行ってください。これらの情報の運用の結果について、技術評論社および著者、アプリの開発者はいかなる責任も負いません。

●料金やソフトウェアに関する記述は、特に断りのない限り、2019年4月現在での最新情報をもとにしています。ソフトウェアはバージョンアップされる場合があり、本書での説明とは機能内容や画面図などが異なってしまうこともあり得ます。あらかじめご了承ください。

●本書は以下の環境で動作を確認しています。ご利用時には、一部内容が異なることがあります。あらかじめご了承ください。
端末 ： Xperia XZ1（Android 8.1）
iPhone 7（iOS 12.1）
パソコンのOS ： Windows 10

●インターネットの情報については、URLや画面などが変更されている可能性があります。ご注意ください。

以上の注意事項をご承諾いただいたうえで、本書をご利用願います。これらの注意事項をお読みいただかずに、お問い合わせいただいても、技術評論社は対処しかねます。あらかじめ、ご承知おきください。

第1章

クラウドストレージサービスの活用

Section 001 クラウドストレージサービスとは?
Section 002 複数のデバイスでファイルを同期できるDropbox
Section 003 Googleサービスと連携できるGoogle Drive
Section 004 Officeファイルを共有して共同作業に便利なOneDrive
Section 005 アイデアをメモにして整理できるEvernote
Section 006 クラウドストレージサービスの選び方と用語
Section 007 クラウドストレージとしての使い方
Section 008 クラウドメモとしての使い方
Section 009 クラウドフォトフォルダとしての使い方

Section 001

クラウドストレージサービスとは?

クラウドストレージサービスとは、パソコンなどに入っている文書や画像ファイルを、クラウド（インターネット）上に保存するためのサービスです。保存したファイルはほかのパソコンやスマートフォンなどからも、利用することができます。

クラウドストレージサービスとは?

クラウドストレージサービスとは、文書や画像などさまざまなファイルを、クラウド（インターネット）上に保存しておくことができるサービスの総称です。インターネットに接続できる環境であれば、どのパソコンやスマートフォンからでも、保存したファイルにアクセスすることが可能です。たとえば、会社のパソコンで作成した文書ファイルをクラウドストレージサービスに保存しておけば、外出先でスマートフォンからその文書ファイルを読んだり、自宅で作業の続きを行ったりすることができます。代表的なクラウドストレージサービスには「Dropbox」や「Evernote」、「Google Drive」、「OneDrive」などがあり、それぞれ特徴や適した使い方が異なります。

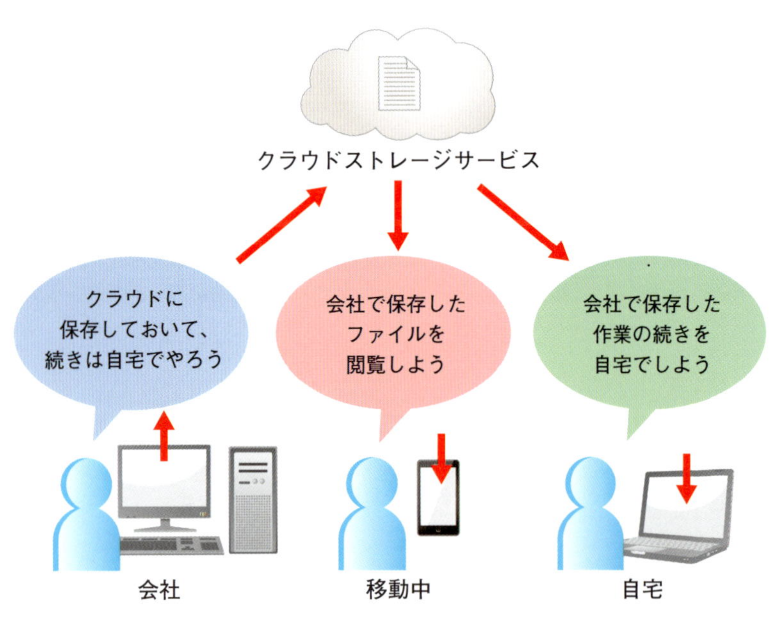

クラウドストレージサービスでできること

クラウドストレージサービスでは、ファイルの保存だけでなく、さまざまな機能が備わっています。保存したファイルを職場の同僚や友人どうしなどで共有できることや、同期機能を使ってあらゆる場所からファイルにアクセスすることが可能です。また、バックアップ機能も備わっているので、誤ってファイルを削除してしまった場合でも、ファイルを復元することができます。

●保存

ファイルをクラウドにアップロードして保存しておくと、外出先でもかんたんに、そのファイルにアクセスすることができます。

●共有

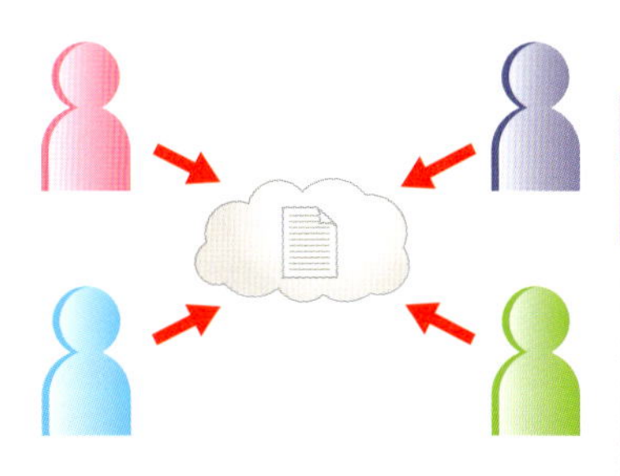

クラウド上にあるファイルは、ほかの人と共有することができます。編集することもできるため、共同作業が可能です。

●復元

ファイルを保存することで、そのファイルは自動的にバックアップされます。データを削除してしまった場合でも、かんたんに復元することができます。

●同期

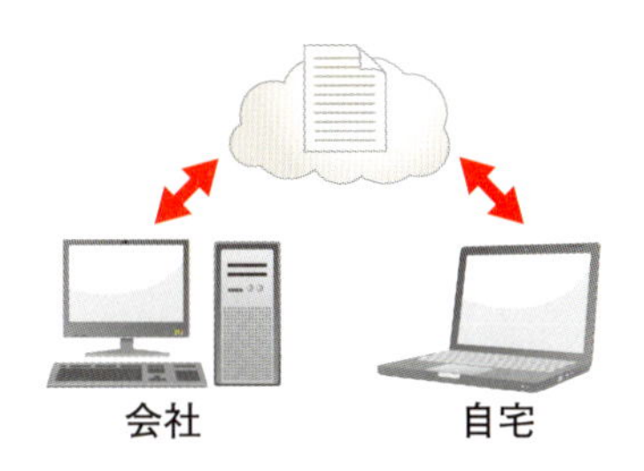

同期機能により、複数のデバイス間で保存しているファイルを同一に保つことができます。

複数のデバイスでファイルを同期できるDropbox

Dropboxは、多くのファイル形式に対応したクラウドストレージサービスです。同期機能により、3台までのデバイスであればファイルを同一に保つことができます。また、ファイルを共有すると、複数のメンバーで利用や編集をすることができます。

Dropboxの特徴

「Dropbox」は、文書ファイルや画像はもちろん、動画や音楽など、さまざまなファイルを保存することができます。保存したファイルはほかのユーザーと共有できるため、メールでは送れない大容量ファイルのやり取りにも利用でき、ビジネスでの利用に適したサービスだといえます。また、無料プランで3台までのデバイスと同期することができるので、共同作業や外部のパソコンで編集した場合でもファイルを同一に保つことができます。なお、Dropbox Plus／ProfessionalまたはDropbox Businessを利用しているユーザーの場合、同期できるデバイス数は無制限となります。

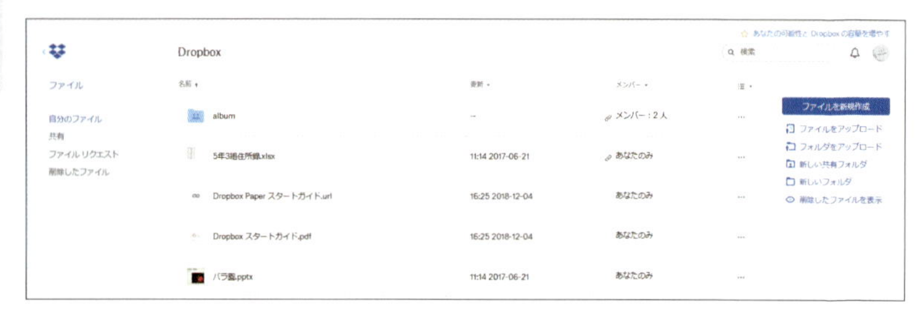

●Dropboxの特徴

無料で使える容量	2GB ～ 16GB（条件を満たすことで容量を増やすことができる）
1ファイルあたりのファイル容量	最大50GB
有料プラン	1,200円／月で最大容量が1TB（1,000GB）まで利用できるようになる。また、モバイルでのオフラインフォルダ利用などの機能が追加される。さらに、共有管理の詳細設定や最大容量2TBが追加される“Professional”プランもある。
特徴	自動で複数のデバイスのデータが同期されるので、スムーズに共同作業ができる。

Section 003 Googleサービスと連携できるGoogle Drive

Googleの各サービスを頻繁に利用するなら、Google Driveがおすすめです。無料で15GBの容量が使えるほか、Googleの各サービスと連携して使うことができるので便利です。

Google Driveの特徴

「Google Drive」は Googleが提供するクラウドストレージサービスです。Googleアカウントを作成すると無料で15GBまで利用でき、保存したファイルをほかのユーザーと共有することもできます。また、「Googleドキュメント」や「Googleスプレッドシート」を利用することで、Google Drive上で文書ファイルや表計算ファイルを作成することも可能です。パソコンで作成したOfficeファイルの編集も行えます。「Chrome」や「Gmail」などほかのGoogleサービスと連携することで、さらに便利に利用できます。

●Google Driveの特徴

無料で使える容量	15GB（Googleフォト、Gmailも含める）
1ファイルあたりのファイル容量	最大10GB
有料プラン	250円／月で100GB、380円／月で200GB、1,300円／月で2TB、13,000円／月で10TB、26,000円／月で20TB、39,000円／月で30TBの容量を利用可能。
特徴	GmailやGoogleドキュメントなど、Googleの各サービスと連携して使うことができ、共有機能が充実している。

Section 004

Officeファイルを共有して共同作業に便利なOneDrive

仕事でOfficeファイルを利用することが多いなら、OneDriveが便利です。Officeアプリと連携でき、Webブラウザ上でも「Word Online」や「Excel Online」、「PowerPoint Online」を利用して、ファイルの閲覧や編集が可能です。

OneDriveの特徴

「OneDrive」はMicrosoftが提供しているサービスで、WordやExcelなどのOfficeアプリをスムーズに利用できることが大きな特徴です。OfficeファイルをOneDriveに保存しておくと、Officeアプリがインストールされていないパソコンからでも利用や編集を行うことができるため、仕事でOfficeファイルをよく使う人には、とても便利です。Windows 8.1／10には、OneDriveアプリがプレインストールされているため、気軽に使ってみるとよいでしょう。また、「Office 365 Solo」などのOffice 365サービスを利用していると1TB（1,000GB）の容量が使えます。

●OneDriveの特徴

無料で使える容量	5GB
1ファイルあたりのファイル容量	最大10GB
有料プラン	249円／月で50GBに容量の上限が増加。また、“Office 365 Solo”（1,274円／月）を使用していれば複数のデバイスでOfficeを利用できるほか、OneDriveの最大容量が1TB（1,000GB）に増加。
特徴	Officeファイルをインターネット上で作成・編集できる「Microsoft Office Online」と連携し、場所やデバイスを選ばずにファイルを活用できる。

アイデアをメモにして整理できるEvernote

Evernoteは、メモを取るように文章を入力したり、画像を保存したりできるクラウドストレージサービスです。保存した情報は、ノートをまとめるような感覚で整理できます。

Evernoteの特徴

Evernoteは、テキストや画像などの情報を「ノート」として整理しながら記録できるクラウドストレージサービスです。「ノート」に記録した情報は、パソコンやスマートフォンからいつでも利用や編集ができます。複数のノートは「ノートブック」に収納して管理でき、「タグ」を付けることで関連するノートどうしをまとめることもできます。外出先でEvernoteを起動すればすばやくメモを取り、そのままノートとして保存しておけるため、アイデアノートとしての活用や、ライフログの記録などに適しています。

Evernoteの特徴

無料で使える容量	60MB／月
1ファイルあたりのファイル容量	最大25MB（有料プランでは最大200MB）
有料プラン	433円／月で月間アップロード容量が10GBに増え、オフラインでのノート利用や、名刺をスキャンしてデジタル化できるなどの機能が追加される。1,100円／月では月間アップロード容量が20GB+2GB／ユーザに増え、共有スペースでの共同作業など、すべての機能が利用可能になる。
特徴	さまざまなデータを「ノート」に記録し、複数のノートをまとめた「ノートブック」を作成できるなど、高度な情報管理機能がある。

クラウドストレージサービスの選び方と用語

クラウドストレージサービスは、自分の利用目的とサービスの特徴を照らし合わせて、最適なものを選択しましょう。また、クラウドストレージサービスを利用する前に、よく使う用語を覚えておくとよいでしょう。

自分に合ったクラウドストレージサービスを選ぶ

クラウドストレージサービスを選ぶ際には、「どのような使い方をするか」を考えるとよいでしょう。たとえばテキスト中心のデータを保存して、あとから整理したいのであればEvernote、Officeファイルをチーム内で共有したい場合はOneDriveというように、利用目的に合わせてサービスを選びましょう。

- 複数のデバイスでファイルを同期したい
- ファイルをほかの人と共有したり、やり取りしたい

Dropbox

- Googleのサービスと連携したい
- アンケートフォームや地図を作成して共有したい

Google Drive

- 外出先でもOfficeファイルの閲覧/編集がしたい
- Officeファイルをチーム内で共有して編集したい

OneDrive

- 外出先でメモを取り、あとから整理したい
- Webページや画像を取り込んで、保存しておきたい

Evernote

クラウドストレージサービスの用語集

用語名	意味
クラウド	クラウドコンピューティングの略称で、インターネットなどのネットワークを経由してサービスを利用する形態。
ストレージ	パソコンのデータを保管しておくための記憶装置のこと。
アップロード	ファイルをネットワーク上に保存すること。
ファイル	パソコンに保存されているデータのこと。
フォルダ	ファイルを分類して収納する領域。
同期	2つ以上の異なるデバイスで、指定したファイルを同じ状態に保つことができる機能。
共有	ほかのユーザーと共同で所有すること。
デバイス	コンピューターに接続して使う装置。本書では、パソコンやスマートフォン、タブレットのこと。
容量	ストレージ内に保存できる量。○○MB,○○GBなどと表現する。
復元	削除したファイルを削除する前の状態に戻すこと。
ダウンロード	インターネットを介してほかのデバイスからファイルを自分のデバイスにコピーして保存すること。
インストール	ダウンロードしたソフトウェアを自分のデバイスに組み込んで使えるようにすること。
オンライン/オフライン	自分のデバイスがネットワークに接続している/していない状態。
ブラウザ	Webページを表示するソフトウェアのこと。
アプリ	アプリケーションの略称。デバイスにインストールして、利用できるソフトウェアのこと。
アカウント	サービス上の使用者を識別するための権利。
ログイン/ログアウト	デバイスをサービスに接続/サービスから切断すること。

クラウドストレージとしての使い方

クラウドストレージに保存したファイルはあとからダウンロードしたり、アプリやWebブラウザから利用や編集をしたりすることができます。また、職場のチーム内などでファイルを共有すれば、メンバー全員が同じファイルを利用できます。

クラウドストレージとして使う

Dropbox、Google Drive、OneDriveでは、パソコン内のファイルをクラウドストレージに保存しておくことで、ほかのパソコンやスマートフォンから必要なときにすぐに取り出すことができます。よく使うファイルは、パソコン内だけでなくクラウドストレージサービスにも保存するようにしましょう。

Dropboxは、文書ファイルから画像や動画、音楽まであらゆるファイルを保存しておくことができます。ファイルの種類ごとにフォルダを作れば、あとから取り出すときもすぐに見つけられます。

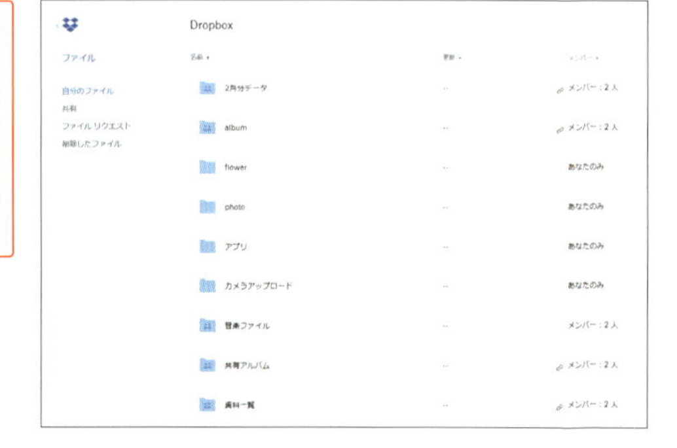

専用アプリをパソコンにインストールすれば、パソコン内のファイルをドラッグ＆ドロップするだけで、かんたんにファイルを同期することができます。

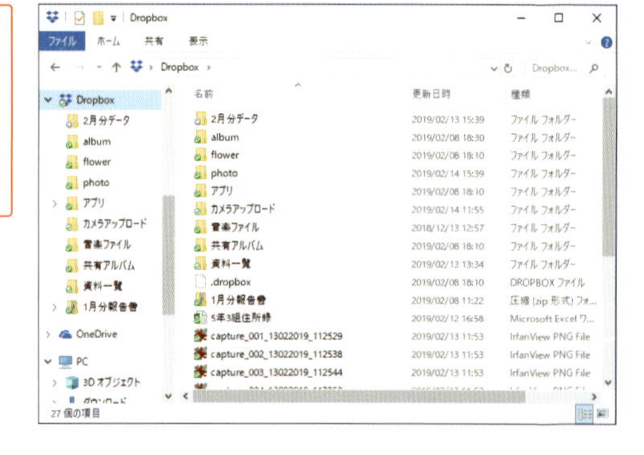

クラウドストレージのファイルを共有／公開する

クラウドストレージサービスの共有機能を利用すると、ユーザーどうしでファイルを共有できるようになります。また、ファイルを公開することで、アカウントを持っていないユーザーでもファイルを閲覧することができます。

Googleアカウントを作成すればGoogle Driveでのファイル共有だけでなく、Googleカレンダーで予定を共有するなど、ほかのGoogleサービスとも連携して利用できます。

OneDriveにOfficeファイルを保存してほかのユーザーと共有すると、1つのファイルに対して複数のユーザーが利用したり、編集したりできます。

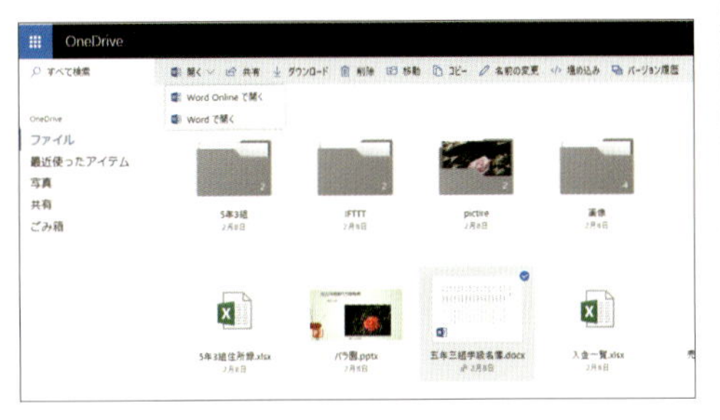

ファイルを公開すると、アカウントを持っていない人でも自由にファイルを利用できるようになります。

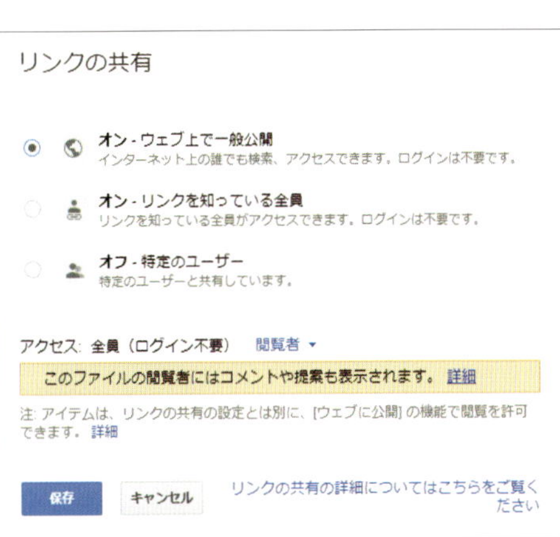

Section 008 クラウドメモとしての使い方

クラウドストレージサービスは、それぞれの特性を生かして活用しましょう。たとえばEvernoteなら、仕事で必要な情報やアイデアなどを記録する、「クラウドメモ」としての活用がおすすめです。

Evernoteをクラウドメモとして使う

気になったことや、あとから確認したいことなどをすばやく記録しておきたいなら、Evernoteを利用しましょう。スマートフォンにEvernoteのアプリをインストールすると、外出先などですばやくアプリを起動し、テキストを入力して保存することができます。保存したテキストはあとからパソコンで編集し、使いやすいように整理しましょう。

スマートフォン用のEvernoteアプリを使うと、外出先でもメモを入力できます。入力は画面上のキーボードをタップする方法以外に、手書き文字で入力することもできます。

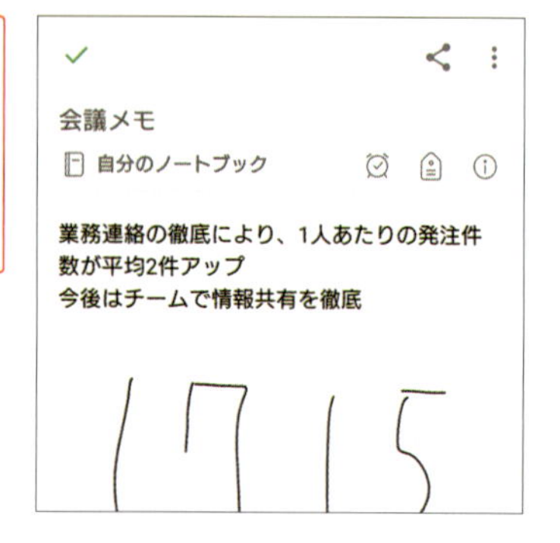

作成したノートは、時間があるときにパソコンで整理しておきましょう。Evernoteでは「ノートブック」や「タグ」という機能を使って、あとからかんたんに目的のノートを見つけることができます（P.246～251参照）。

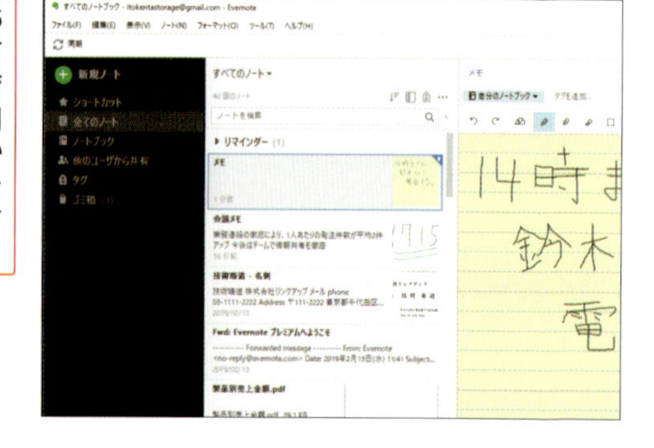

Evernoteではテキスト以外にも、Webページや画像を取り込んでノートを作成することもできます。参考になりそうなWebページをEvernoteに取り込んで資料作成に役立てたり、スマートフォンのカメラで撮影したレシートの画像を保存して日々の支出管理をしたりと、日常のありとあらゆる情報を記録しておくことができます。また、名刺をスキャンしてEvernoteに保存しておけば、場所を取らずに名刺を保管することが可能です。

気になるニュース記事を取り込んでおけば、新聞のスクラップのようにEvernoteを利用できます（P.234 ～ 237参照）。

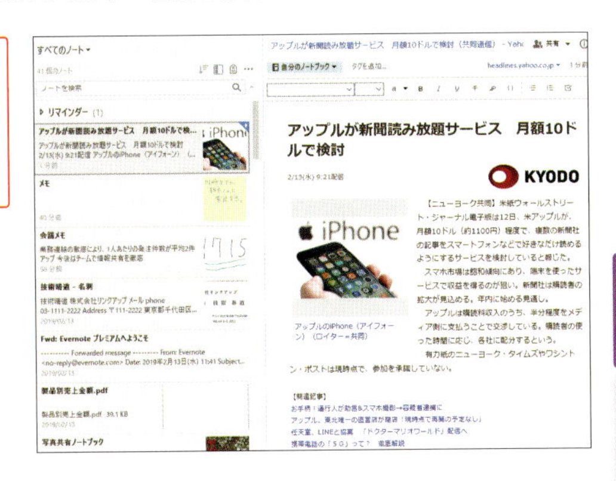

大量の名刺は場所を取るだけでなく、あとから探し出すのも大変です。スキャンしてEvernoteに保存しておけば、かんたんに整理でき、必要なときにすぐに見つけられます（P.280 ～ 281参照）。

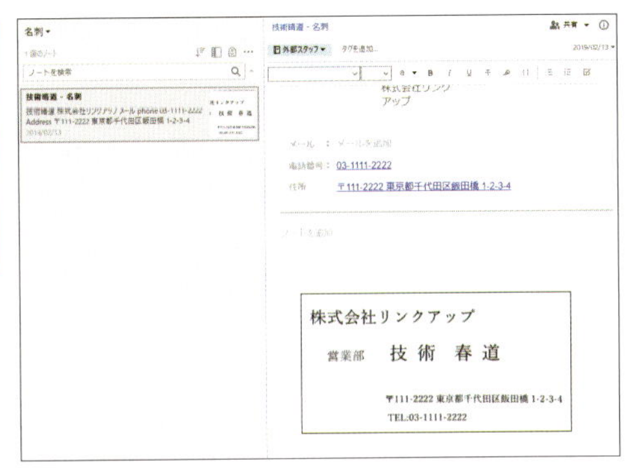

Memo 連携アプリでもっと便利に使う

Evernoteにはさまざまな連携アプリがあり、利用することでEvernoteをさらに便利に使いこなすことができます。たとえばiPhone用の「SpeedMemo」アプリでは、起動して1秒でテキストを入力し、2タップでEvernoteに保存することができます。

メモ一覧　新規作成

クラウドサービスを使いこなせば、仕事の効率がグンとアップ

クラウドフォトフォルダとしての使い方

クラウドストレージサービスには画像ファイルも保存できるため、インターネット上のフォトフォルダとして利用することもできます。旅行で撮影した写真を、家族や友人と共有するのに便利です。

クラウドフォトフォルダとして使う

スマートフォンで撮影した画像ファイルをクラウドストレージサービスに保存しておけば、インターネット上のフォトアルバムとして、いつでも見ることができます。

Dropboxの「カメラアップロード」機能（P.102～105参照）を利用すると、スマートフォンで撮影した写真が自動的にDropboxに保存されます。

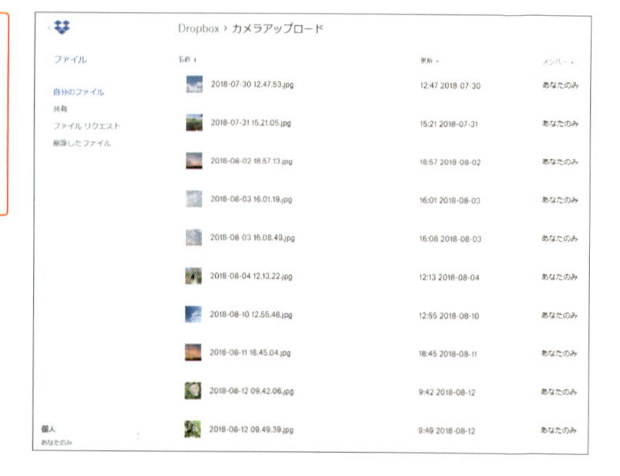

アップロードした写真は、家族や友人と共有できます（P.44参照）。

第2章

Dropboxの基本操作

Section 010 Dropboxとは?
Section 011 Dropboxのアカウントを作成する
Section 012 Dropboxの基本画面
Section 013 Dropboxにファイルを保存する／開く
Section 014 Dropboxのファイルをダウンロードする／削除する
Section 015 Windows版Dropboxをインストールする
Section 016 Windows版Dropboxでファイルを同期する
Section 017 Dropboxのファイルやフォルダを共有する
Section 018 共有フォルダを作成する
Section 019 共有するユーザーを追加する／削除する
Section 020 共有ファイルの作業状況を確認する
Section 021 ファイルやフォルダの共有を解除する
Section 022 ファイルの更新履歴を確認する
Section 023 「Dropbox」フォルダの場所を変更する
Section 024 PDFファイルやOfficeファイルを開く
Section 025 Officeファイルを編集する
Section 026 ファイルの更新履歴で上書き前の状態に戻す
Section 027 ファイルにコメントを付ける
Section 028 スマートフォンに「Dropbox」アプリをインストールする
Section 029 スマートフォンでファイルを開く
Section 030 スマートフォンからファイルを保存する
Section 031 スマートフォンでOfficeファイルを編集する

Dropboxとは?

Dropboxは、文書や画像、動画、音楽など、さまざまなファイルをインターネット上に保存できるサービスです。保存したファイルは、いつでもパソコンやスマートフォンで利用することができます。

Dropboxとは?

Dropboxは、インターネット上のディスクスペースであるクラウドストレージに、文書や画像、動画、音楽などのファイルを保存しておくことができるサービスです。保存したファイルは、3台までのデバイスであれば同期することができるため、会社や自宅、外出先など、あらゆる場所からファイルにアクセスすることができます。なお、Dropbox Plus／ProfessionalまたはDropbox Businessを利用しているユーザーの場合、同期できるデバイス数は無制限となります。

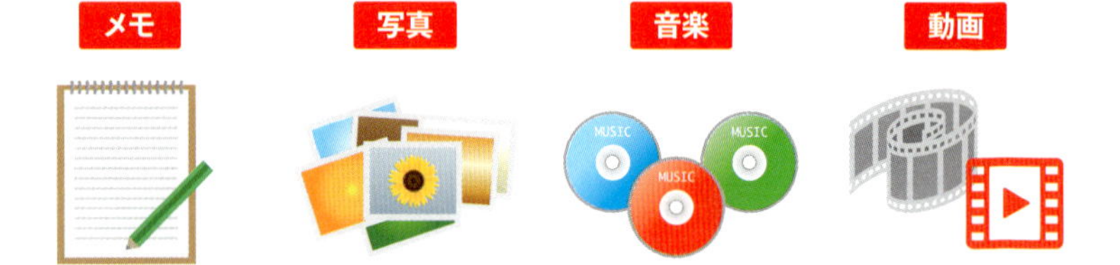

さまざまな形式のファイルを保存し、フォルダごとに分けて管理することができます。

Dropboxでできること

●ファイルの保存・同期

Dropboxは、無料で2GBのクラウドストレージサービスを利用できます（友だち招待や機能紹介ビデオ閲覧により、16GBまで増量可能）。あらゆるファイルを保存できるほか、パソコンに作成した専用のフォルダと同期することもできます。

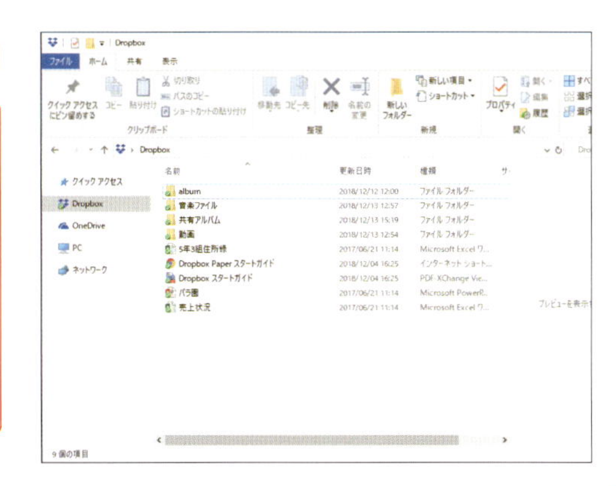

●大容量ファイルの送信

Dropboxを利用すると、メールでは送れないような大容量のファイルを送信することができます。Dropboxの容量を超えなければ、ファイルのサイズに制限はありません（P.72参照）。

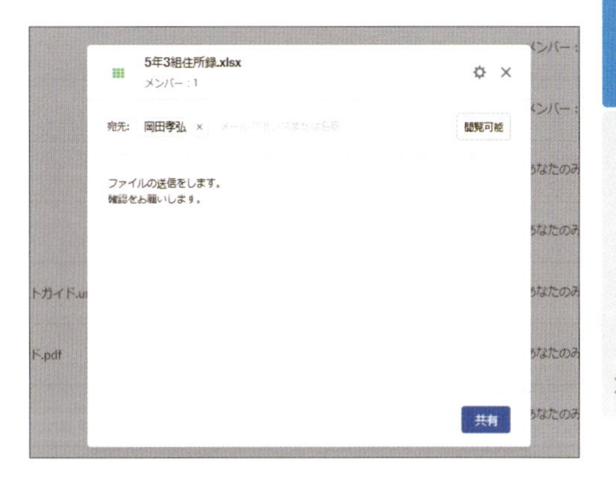

●チーム内でのファイル共有

職場の同僚や友人どうしなど、複数のメンバーで同じファイルを共有することができます。ファイルを共有すると、あとから編集したファイルも同期されるので、メンバー全員が常に最新の状態で利用することができます（P.46参照）。

Section 011

Dropboxのアカウントを作成する

Dropboxを利用するには、事前にアカウントを作成する必要があります。Dropboxのアカウントはメールアドレスを登録して、だれでも無料で作成できます。なお、本書ではWebブラウザにMicrosoft Edgeを利用しています。

新規アカウントを作成する

1. Webブラウザを起動し、アドレスバーに「https://www.dropbox.com/」と入力して、Enterを押します。

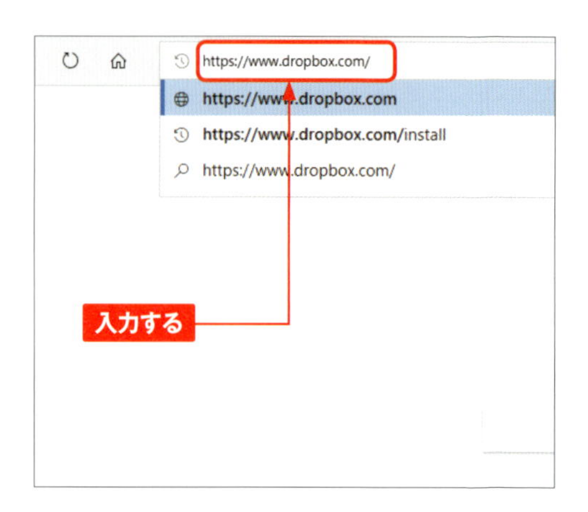

2. Dropboxの公式サイトが表示されます。名字と名前、メールアドレス、パスワードを入力し、<登録する>をクリックします。

3 「どのようにDropboxをご利用になりますか?」と表示されるので、ここでは<Dropbox Basicをお試しください>をクリックします。

4 <Dropboxをダウンロード>をクリックすると、Windows版Dropboxのダウンロードが始まります。Windows版Dropboxのインストール方法については、P.40を参照してください。

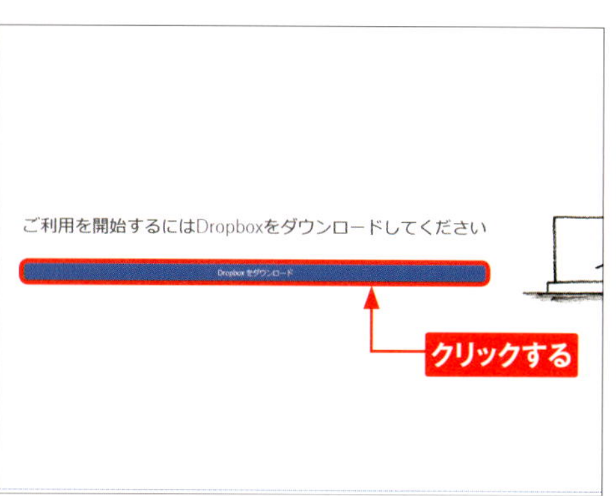

Memo Googleアカウントでログインする

P.32手順②の画面で<Googleでログイン>をクリックすると、GoogleアカウントでDropboxのアカウントを作成できます。次の画面で表示されたアカウントを選択してクリックします。なお、Googleアカウントを作成していない場合は、「Googleにログイン」画面が表示されるので、<アカウントを作成>をタップしてGoogleアカウントを作成します。Googleアカウントの作成方法については、Sec.056を参照してください。

Dropboxの基本画面

Web版Dropboxとは、Webブラウザから利用するDropboxのことです。Sec.011で作成したアカウントでログインすると、インターネットに接続しているパソコンやスマートフォンで、利用できるようになります。

Dropboxにログインする

1. P.32手順①を参考に、Dropboxの公式サイトを表示します。＜ログイン＞をクリックします。

2. P.32手順②で登録したメールアドレスとパスワードを入力して、＜ログイン＞をクリックします。

3. Web版Dropboxの画面が表示されます。

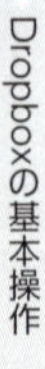

Dropboxの基本画面

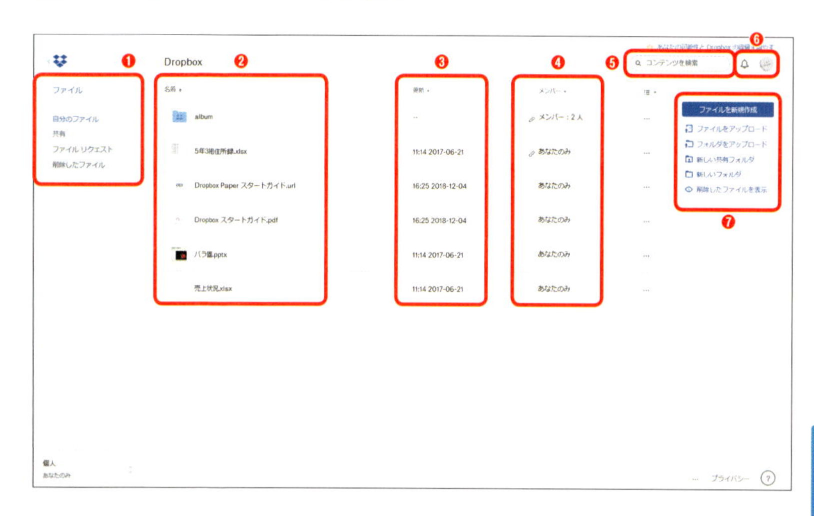

❶	画面表示を切り替えます。
❷	保存されているファイルが表示されます。
❸	ファイルをいつ編集したかを確認できます。
❹	ファイルやフォルダを共有中のユーザーが表示されます。
❺	キーワードでファイルを検索できます。
❻	アカウント設定やアップグレードなど、アカウント関連のメニューが表示されます。
❼	ファイルやフォルダに関する操作を行います。

Memo ログアウトする

Dropboxからログアウトしたい場合は、右上のアイコンをクリックして、<ログアウト>をクリックします。

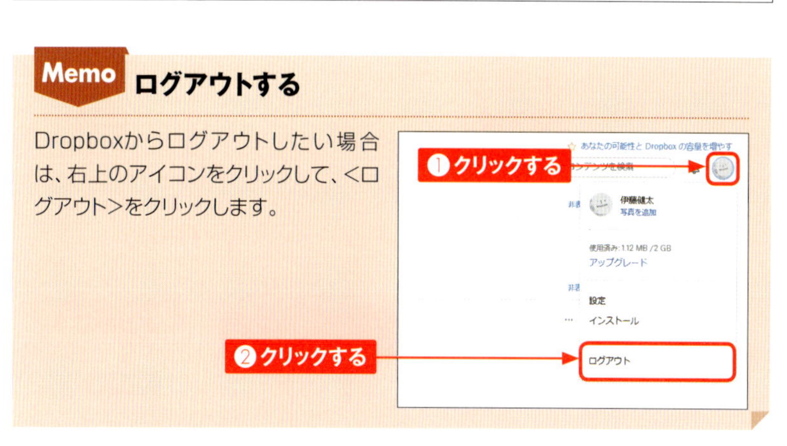

Section 013

Dropboxにファイルを保存する／開く

Dropboxは、OfficeファイルやPDFファイルなどのさまざまなファイルを保存することができます。保存したファイルは、WebブラウザやWindows版Dropboxで開くことができます。

Dropboxにファイルを保存する

1 Dropboxのホーム画面から、<アップロード>をクリックし、<ファイル>をクリックします。

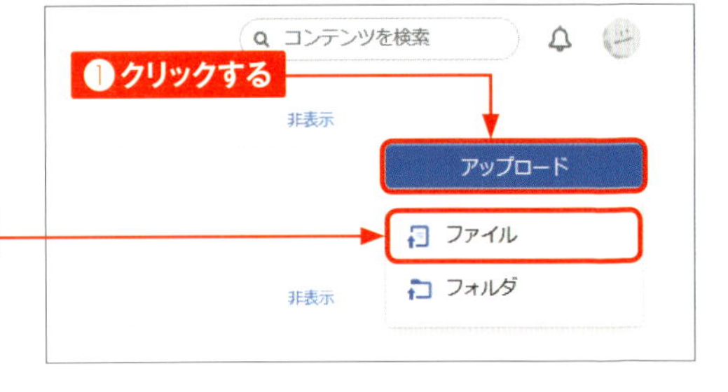

2 フォルダから、Dropboxに保存したいファイルをクリックして選択し、<開く>をクリックします。

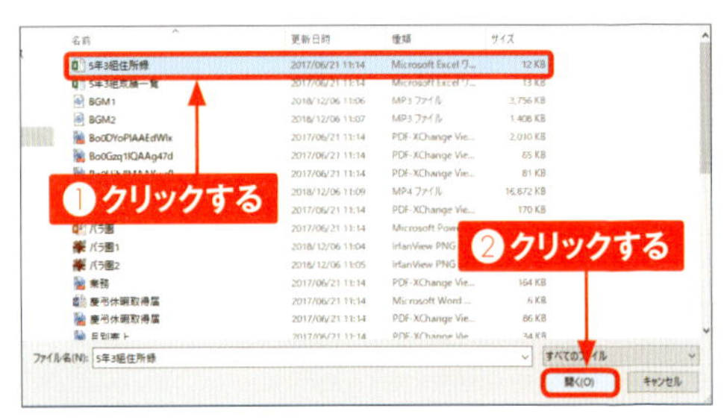

3 アップロード先（ここでは<Dropbox>）をクリックして選択し、<アップロード>をクリックすると、Dropboxにファイルが保存されます。

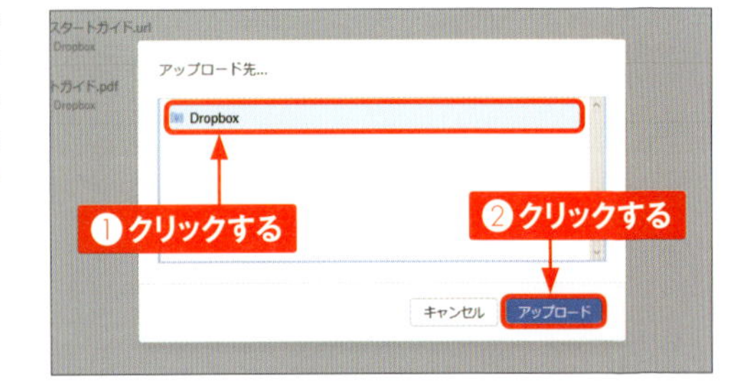

Dropboxのファイルを開く

1 Dropboxのホーム画面から、<ファイル>をクリックします。

2 開きたいファイル名をクリックします。

3 ファイルの内容が表示されます。

5年3組住所録.xlsx
更新 たった今

氏名	郵便番号	住所	電話番号
青井　桜	170-0001	利島区鴨井西５－４－１	030-1198-6621
安藤　美里	170-0002	利島区鴨井南１－９－５	030-4253-8971
井上　正則		利島区鴨井西３－９－５	030-6672-4512
上田　壮一		利島区鴨井西５－１０－	030-7635-2784
岡田　美由	170-0002	利島区鴨井南２－２０－	030-1628-548
加藤　はるか		利島区鴨井西４－９－１	030-6491-2645
木下　祐樹	170-0002	利島区鴨井南１－４－２	030-7551-3947
工藤　未来	170-0002	利島区鴨井南１－８－３	030-2946-7451
小林　もと	170-0004	利島区小野田２－３－１	030-1837-3816
佐藤　武弘		利島区鴨井西４－２－５	030-2637-0001
真田　洋一		利島区鴨井西３－１６－	030-3382-9871
清水　優	170-0002	利島区鴨井南２－６－２	030-8912-9000
鈴木　円華	170-0004	利島区小野田１－９－６	030-2817-5555
須藤　悟	170-0001	利島区鴨井西４－１９－	030-4937-2987
妹尾　琴音	170-0001	利島区鴨井西５－５－３	030-2755-8819
田中　正輝	170-0001	利島区鴨井西２－６－１	030-3928-1192
田畑　美優	170-0002	利島区鴨井南２－１５－	030-3111-0982
中野　順	170-0002	利島区鴨井南１－７－３	030-4716-8164
畑中　ミチ	170-0001	利島区鴨井西３－２－１	030-1183-5182
林　哲二	170-0004	利島区小野田２－１９－	030-6273-5471
氷室　真	170-0001	利島区鴨井西４－１－５	030-4428-4817
藤井　美和	170-0002	利島区鴨井南３－９－２	030-7772-1123
本田　博美	170-0002	利島区鴨井南２－４－１	030-2938-0005
松本　照代	170-0010	利島区沼田３－６－９	030-5341-8282
三上　貴利	170-0001	利島区鴨井西４－６－１	030-2635-1517
目黒　朝太	170-0001	利島区鴨井西２－１０－	030-3320-6869
望月　留美	170-0002	利島区鴨井南３－２－６	030-1109-6957
山本　茜	170-0002	利島区鴨井南５－６－２	030-3939-2889
湯本　真由	170-0001	利島区鴨井西３－１－１	030-6677-4983
吉田　慶	170-0002	利島区鴨井南１－１０－	030-5238-3794

Dropboxのファイルをダウンロードする／削除する

Dropboxに保存したファイルは、あとから自由にダウンロードしたり、削除したりすることができます。なお、削除したファイルは、30日間Dropboxにバックアップされているので、30日以内であれば、ファイルを復元することもできます。

Dropboxのファイルをダウンロードする

1 P.37手順②の画面で、ダウンロードしたいファイルの … をクリックします。

2 ＜ダウンロード＞をクリックします。

3 ＜開く＞をクリックすると、ダウンロードしたファイルが開きます。＜保存＞をクリックすると、パソコンにファイルを保存できます。

Dropboxのファイルを削除する

1 P.37手順②の画面で、削除したいファイルの…をクリックします。

2 ＜削除＞をクリックします。

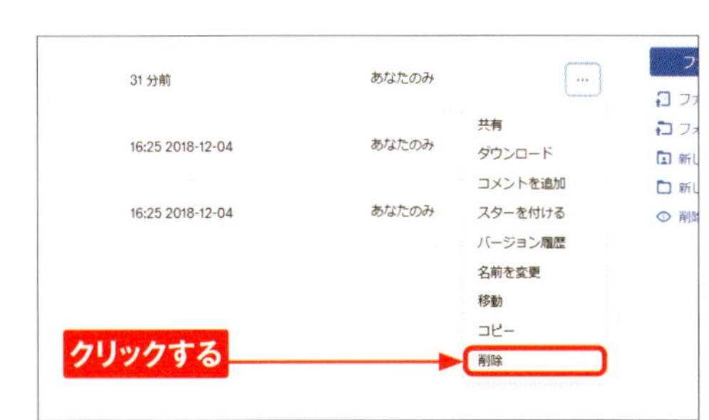

3 ＜削除＞をクリックすると、ファイルが削除されます。

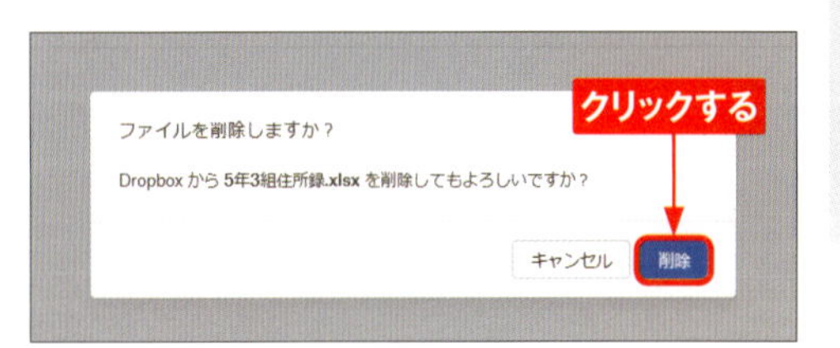

Memo ファイルを完全に削除する

削除されたファイルは、30日間はDropboxにバックアップされています。今すぐ完全に削除したい場合は、＜削除したファイルを表示＞をクリックして、完全に削除したいファイルの…をクリックし、＜完全に削除＞をクリックします。また、ファイルを復元したい場合は、P.83を参照してください。

Section 015 Windows版Dropboxをインストールする

Dropboxには、Windows版の専用アプリがあります。使用しているOSがWindowsの場合は、アプリをインストールしておきましょう。なお、Windows版DropboxはWeb版Dropboxからインストールできます。

Windows版Dropboxをダウンロードする

1. P.32手順①を参考に、Dropboxの公式サイトを表示します。右上のアイコンをクリックして、<インストール>をクリックします。

2. <Dropboxをダウンロード>をクリックします。

3. 画面下部に表示されるメニューから、<実行>をクリックします。なお、Webブラウザによって表示される画面が異なります。「ユーザーアカウント制御」画面が表示された場合は、<はい>をクリックします。

Windows版Dropboxをインストールする

1 インストールが開始されます。時間が少しかかるので完了まで待ちます。

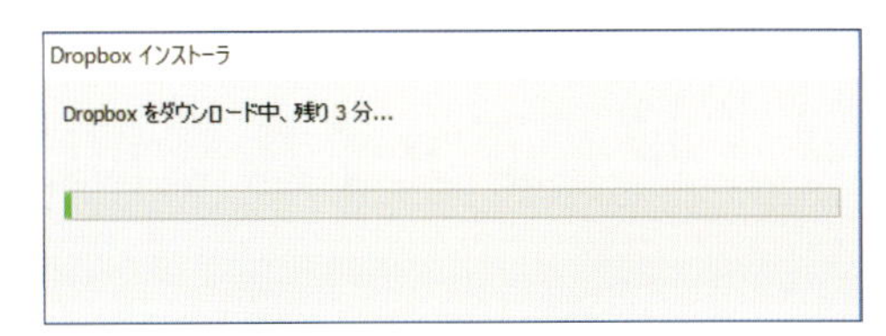

2 インストールが完了すると、自動でDropboxのログイン画面が表示されます。メールアドレスとパスワードを入力して、<ログイン>をクリックします。

3 ログインが完了します。<自分のDropboxを開く>をクリックすると、「Dropbox」フォルダが表示されます。

Section 016

Windows版Dropboxでファイルを同期する

Windows版Dropboxをインストールすると、ファイルの同期を行う「Dropbox」フォルダが作成されます。このフォルダに保存したファイルは、クラウド（インターネット）上のストレージにも保存されます。

パソコンでファイルを同期する

1 エクスプローラーから「Dropbox」フォルダを表示して、フォルダの何もないところを右クリックします。

右クリックする

2 表示されたメニューから、＜新規作成＞→＜フォルダー＞の順にクリックします。

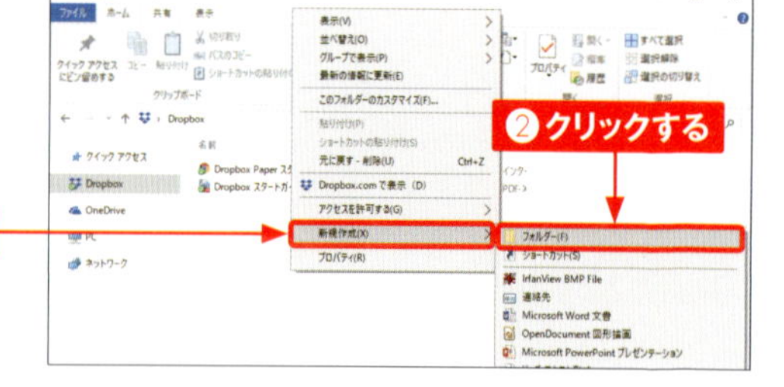

①クリックする

3 新規フォルダが作成されるので、フォルダ名（ここでは「album」）を入力します。

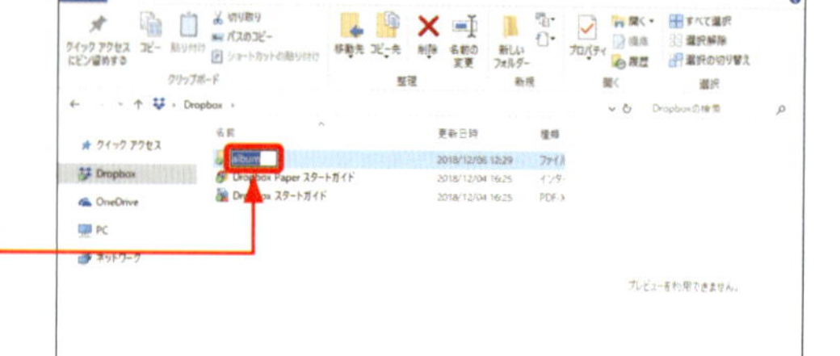

入力する

4 作成したフォルダをダブルクリックして開きます。

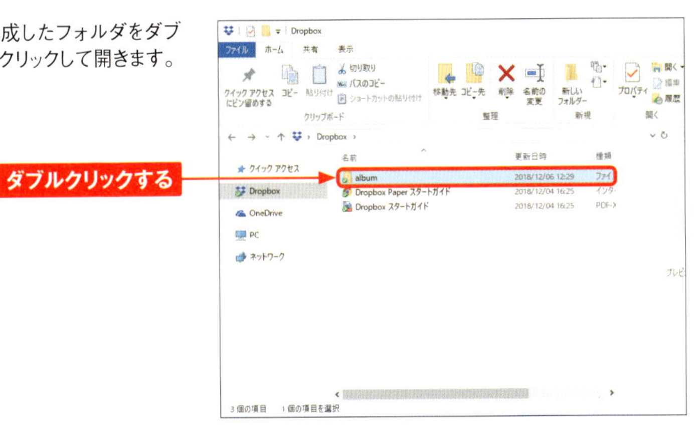

5 Dropboxに保存したいファイルを、新しく作成したフォルダにドラッグ&ドロップします。

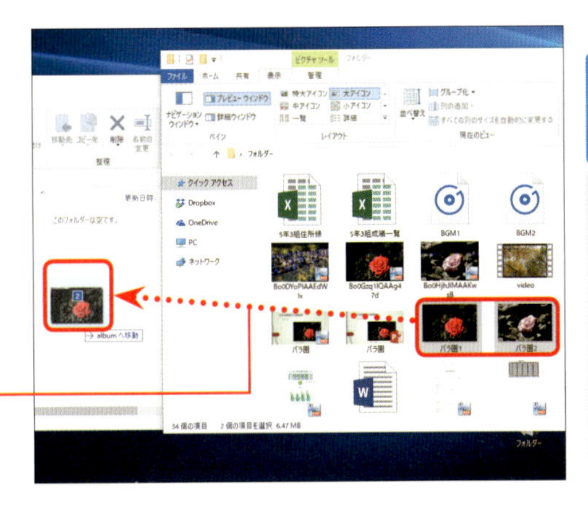

6 ファイルが作成したフォルダに移動し、自動的に同期が行われて、Dropboxに保存されます。

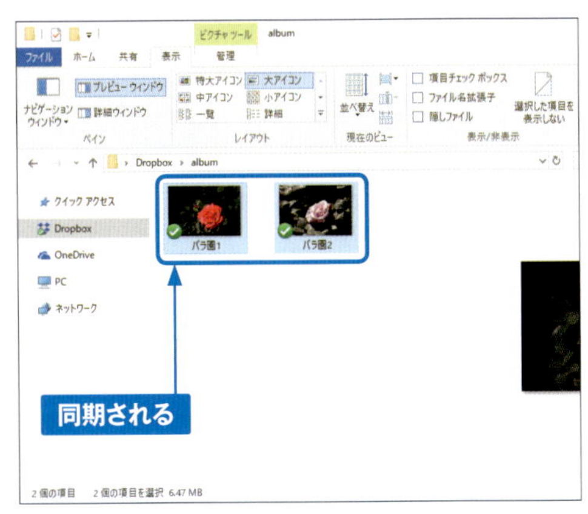

Dropboxのファイルやフォルダを共有する

Dropboxに保存しているファイルやフォルダは、共有相手の名前やメールアドレスを入力して共有することができます。また、共有相手がアカウントを作成していない場合でも、共有リンクのURLを送信することで共有することができます。

ファイルを共有する

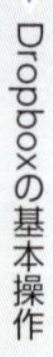

1. エクスプローラーから「Dropbox」フォルダを表示して、共有したいファイルを右クリックします。表示されたメニューから＜共有＞をクリックします。

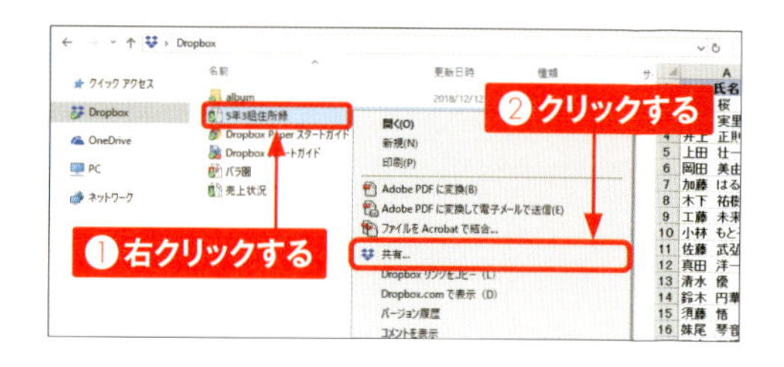

2. 「宛先」と表示された入力ボックスをクリックします。

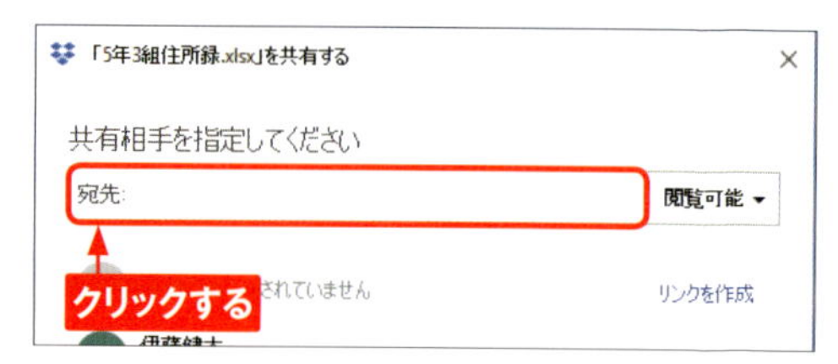

3. 共有したい相手の名前やメールアドレスを入力して、必要であればメッセージを入力し、＜共有＞をクリックします。

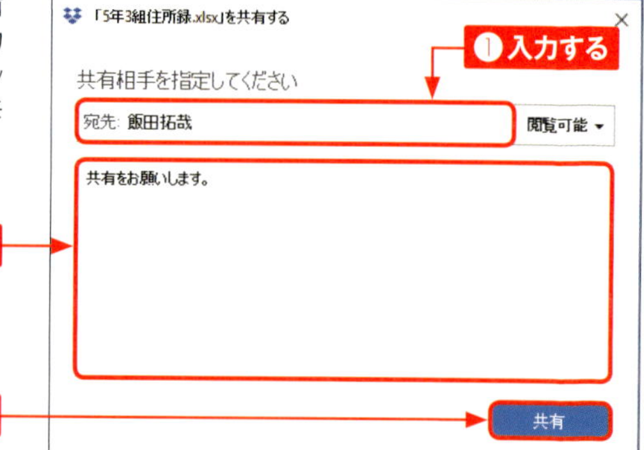

既存のフォルダを共有する

1 エクスプローラーから「Dropbox」フォルダを表示して、共有したいフォルダを右クリックします。表示されたメニューから<共有>をクリックします。

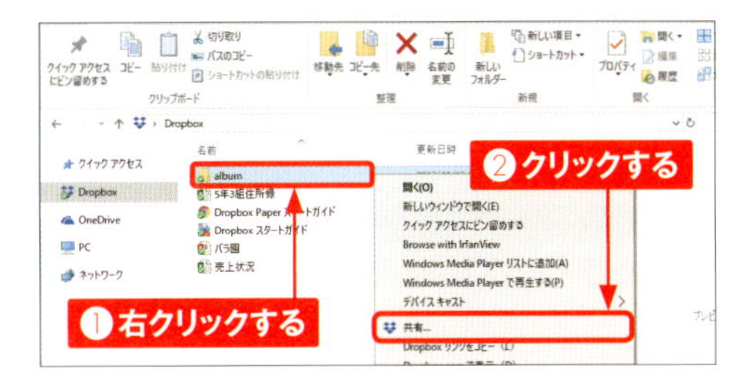

2 「宛先」と表示された入力ボックスをクリックします。

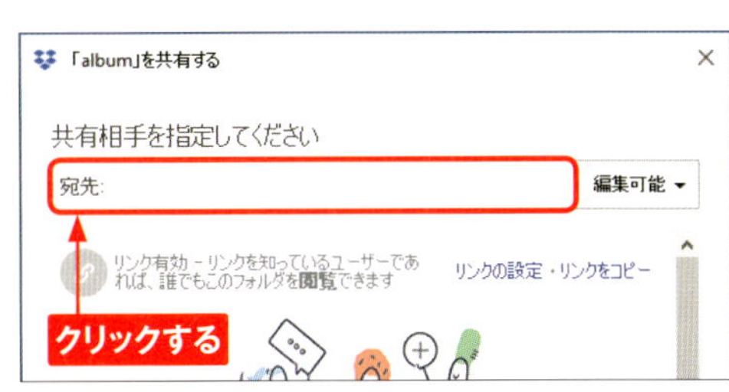

3 共有したい相手の名前やメールアドレスを入力して、必要であればメッセージを入力し、<共有>をクリックします。

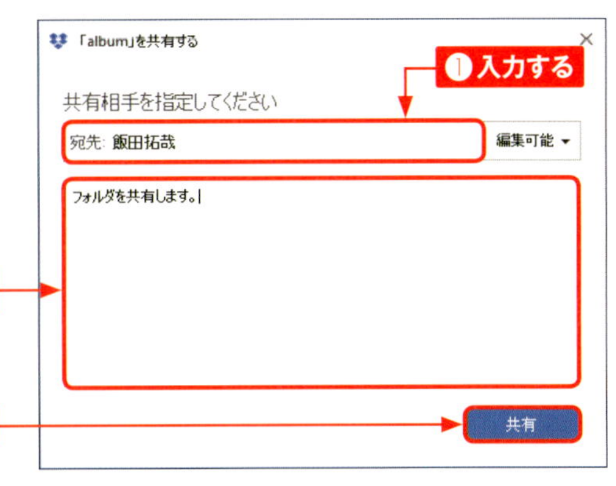

Memo リンクで共有する

共有したい相手がDropboxアカウントを作成していない場合は、共有リンクを作成して送信しましょう。P.44手順②の画面で<リンクを作成>をクリックすると、リンクが作成されます。次の画面で、<リンクをコピー>をクリックすると、共有リンクのURLが表示されます。URLを共有したい相手に送信することで、ファイルやフォルダを共有することができます。

Section 018

共有フォルダを作成する

Dropboxでフォルダを共有したい場合は、新たに共有フォルダを作成します。なお、共有フォルダに保存されているファイルは共有したユーザーとの Dropboxアカウント間で同期されるので、Dropboxアカウントが必要になります。

共有フォルダを新規作成する

1 Dropboxのホーム画面から、<共有>をクリックします。

2 <共有フォルダを作成>をクリックします。

3 <新規フォルダを作成し共有する>をクリックしてチェックを付け、<次へ>をクリックします。

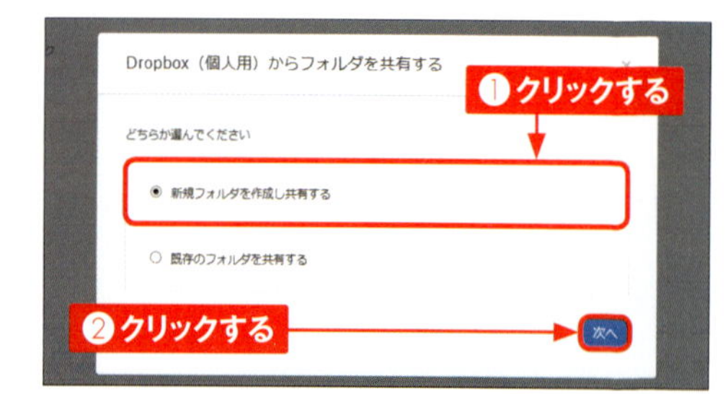

4 フォルダ名を入力し、共有相手のメールアドレスか名前を入力して、必要であればメッセージを入力します。<共有>をクリックします。

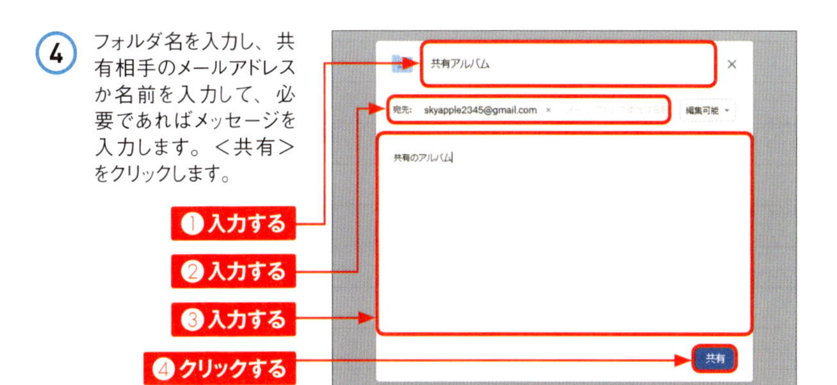

5 共有が開始されます。

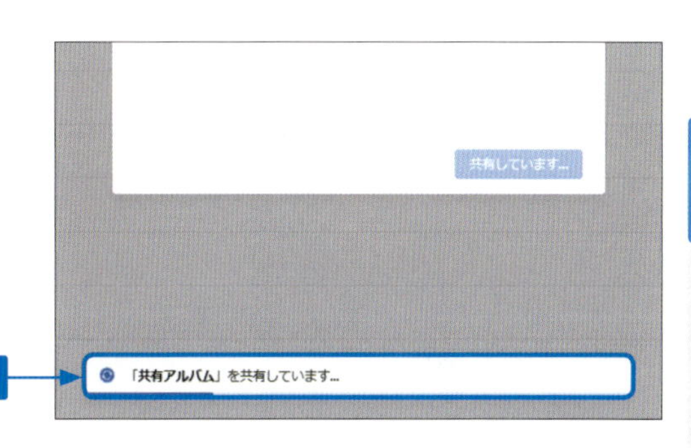

6 共有が完了すると、Web上で共有したフォルダが表示されます。

Memo 共有フォルダ利用時の注意点

共有フォルダ内のファイルをエクスプローラーで自分のパソコンのフォルダに「移動」すると、そのファイルはDropboxのクラウドストレージからなくなってしまいます。共有されたファイルは移動せずに作業を行うか、自分のパソコンのフォルダに「コピー」して作業を行いましょう。

既存のフォルダを共有する

1 P.46手順②の画面で、<共有フォルダを作成>をクリックします。

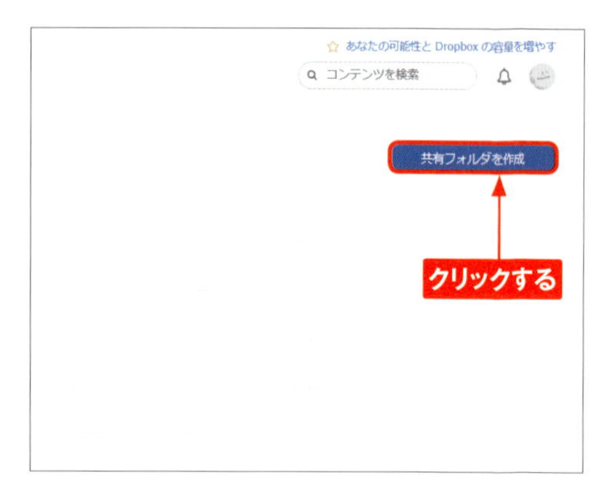

2 <既存のフォルダを共有する>をクリックしてチェックを付け、<次へ>をクリックします。

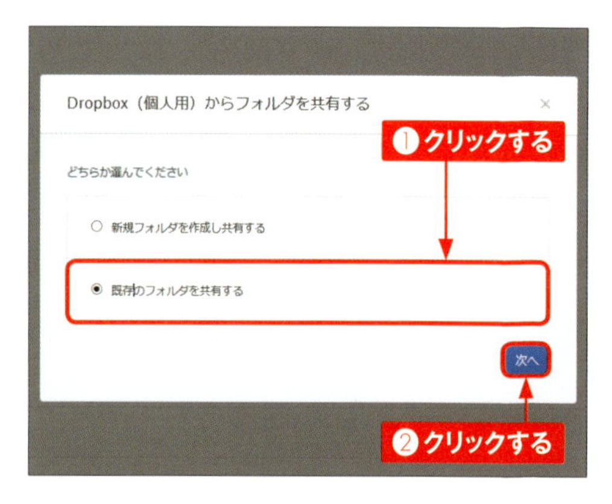

3 共有したいフォルダをクリックして選択し、<次へ>をクリックします。以降は、P.47手順④以降の手順で共有をします。

共有フォルダへの招待を承認する

1 フォルダを共有されると、共有の通知が来て、🔔が🔔●に表示が変わります。🔔●をクリックします。

2 共有フォルダに招待されている通知の<Dropboxに追加>をクリックします。

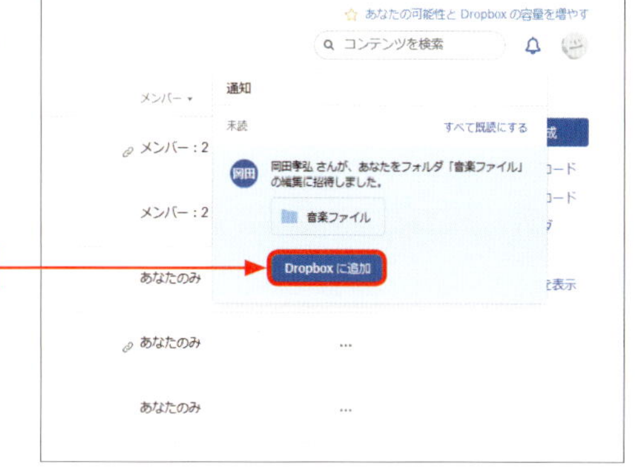

3 Dropboxに共有フォルダが追加され、共有が完了します。

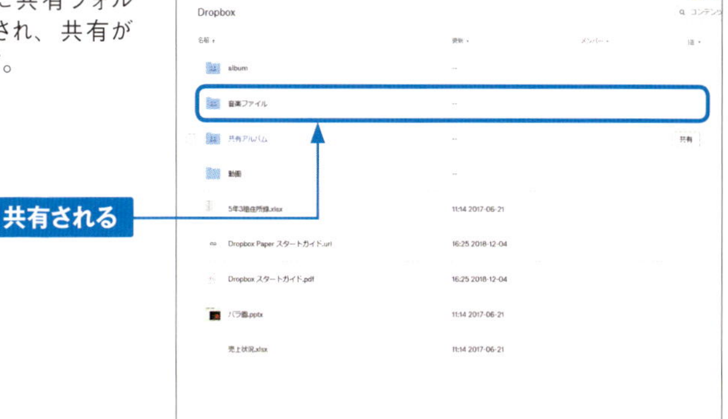

Section 019 共有するユーザーを追加する／削除する

Dropboxの共有フォルダを利用すると、複数人で1つのフォルダを共有して利用したり、編集したりすることができます。複数人で資料を作成する場合には、リアルタイムに更新状況が確認できるようになります。

共有フォルダにユーザーを追加する

1 Dropboxのホーム画面から、共有フォルダの<共有>をクリックします。

2 追加したい相手のメールアドレスか名前を入力し、<共有>をクリックします。

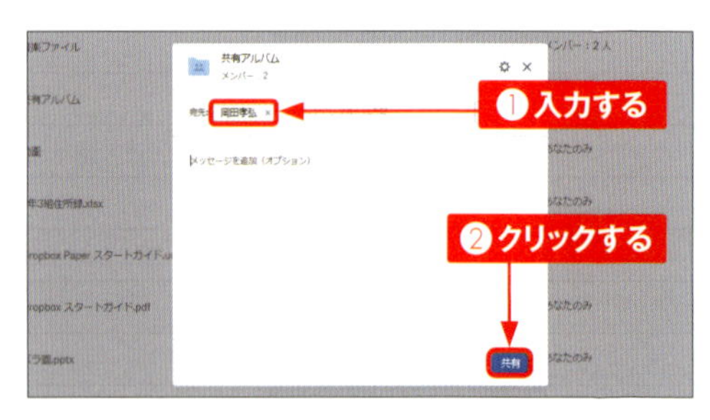

3 手順②で追加したユーザーと共有されます。

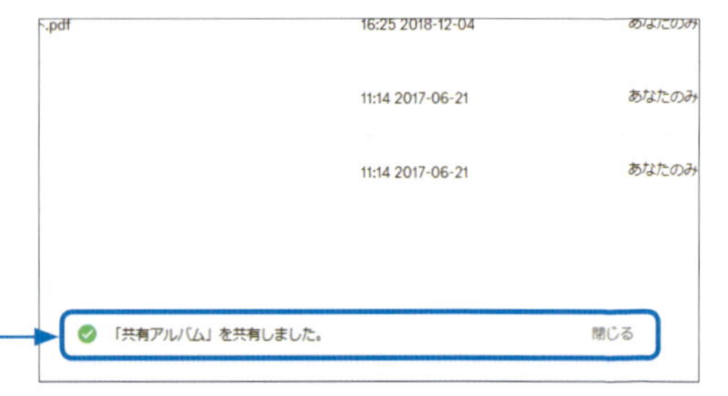

共有しているユーザーを削除する

1 Dropboxのホーム画面から、共有フォルダの＜共有＞をクリックします。

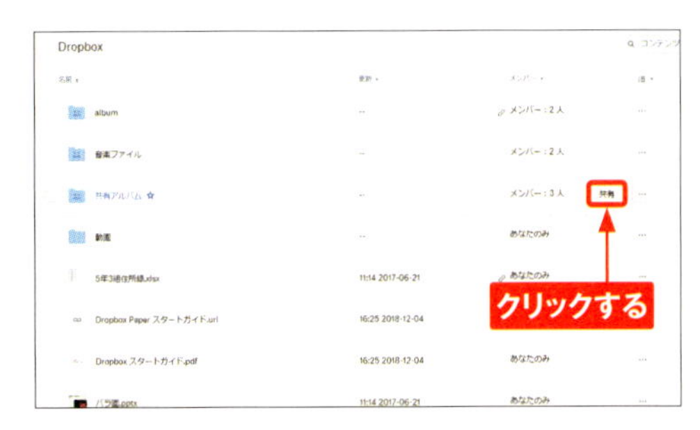

2 削除したいユーザーの＜編集可能＞をクリックします。

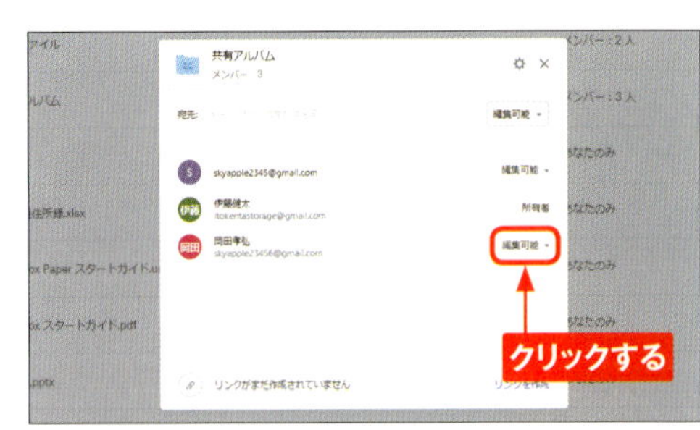

3 ＜削除＞をクリックします。

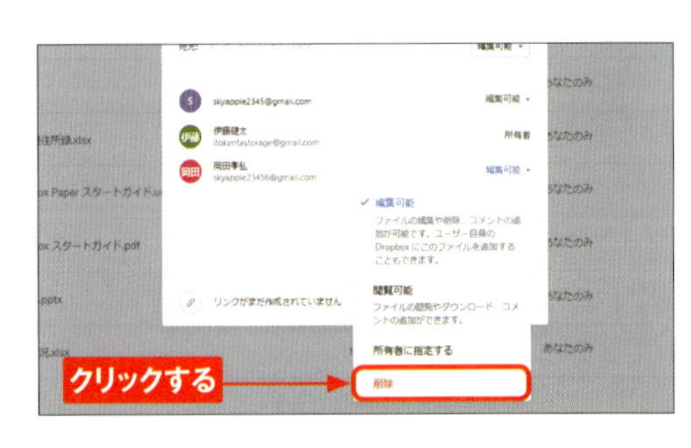

4 ＜削除＞をクリックします。削除されたユーザーは、以降フォルダ内での変更があった場合、閲覧することができなくなります。

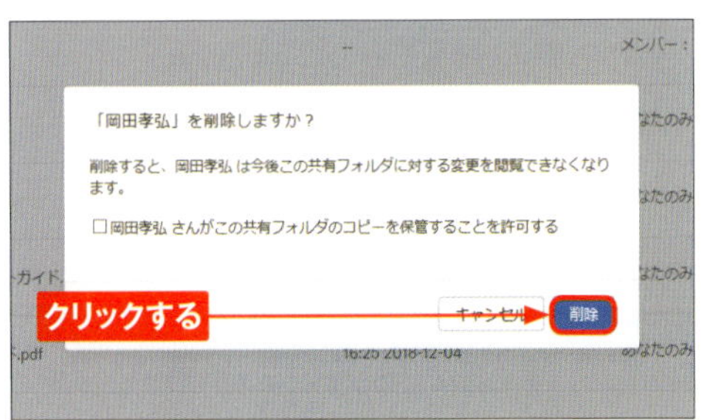

Section 020 共有ファイルの作業状況を確認する

フォルダやファイルを複数のユーザーと共有していると、誰がどのような操作を行ったのか確認したい場合があります。そのようなときは、Web版Dropboxから、作業状況を確認しましょう。

Dropbox内の作業状況を確認する

1 Dropboxのホーム画面から、〈をクリックします。

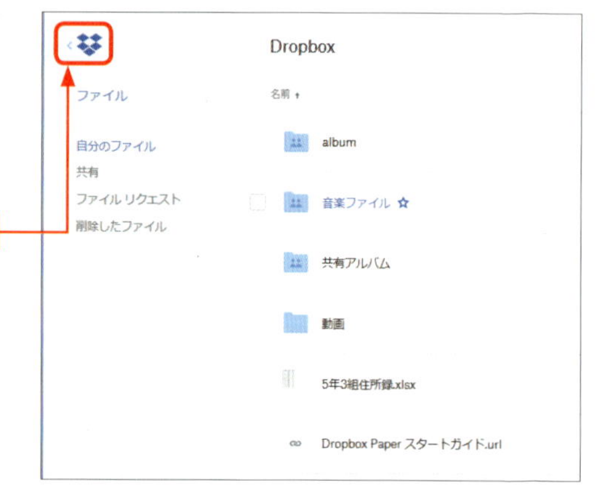

2 Dropbox内のすべての変更状況が表示されます。

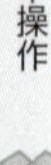

共有しているフォルダの作業状況を確認する

① Dropboxのホーム画面から、作業状況を確認したい共有フォルダの…をクリックします。

② <イベント>をクリックします。

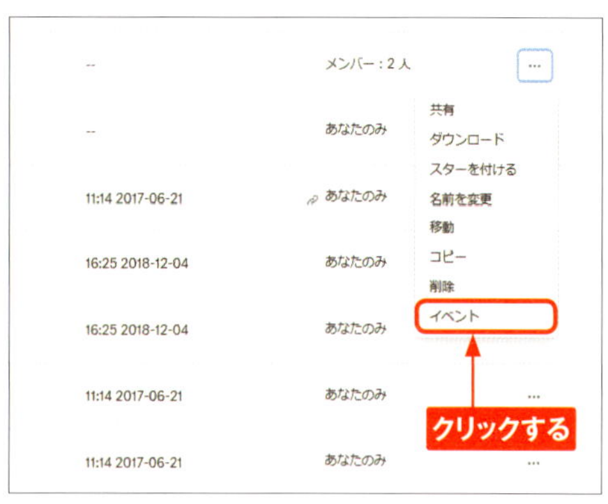

③ 選択したフォルダの作業状況が確認できます。

Section 021

ファイルやフォルダの共有を解除する

ファイルやフォルダの共有が必要ではなくなったら、解除することができます。共有の解除は「リンクの設定」画面から行います。共有リンクを削除することで、ファイルやフォルダの共有を解除することができます。

共有を解除する

1 Dropboxのホーム画面から、共有を解除したいファイルやフォルダの<共有>をクリックします。

2 <リンクの設定>をクリックします。

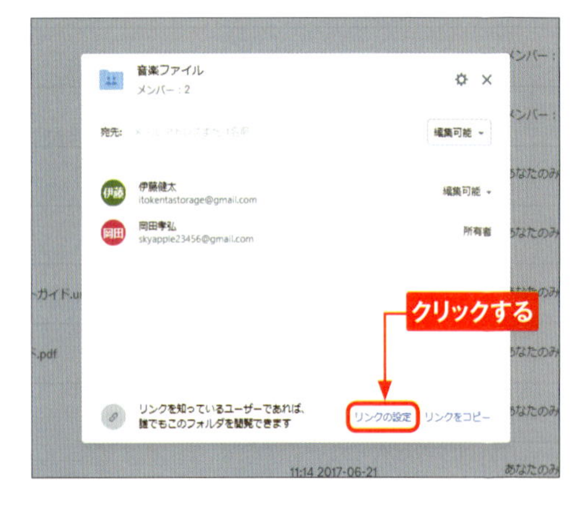

③ <リンクを削除>をクリックします。

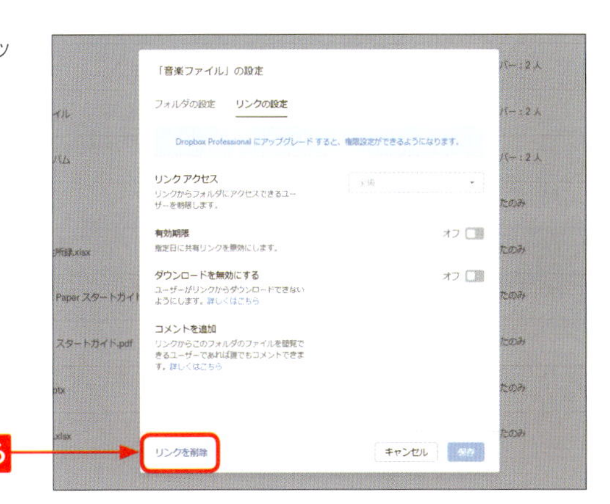

④ <削除>をクリックします。

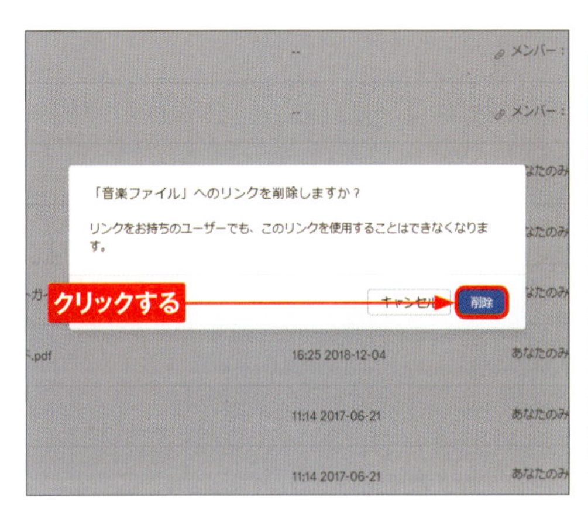

⑤ リンクが削除されます。

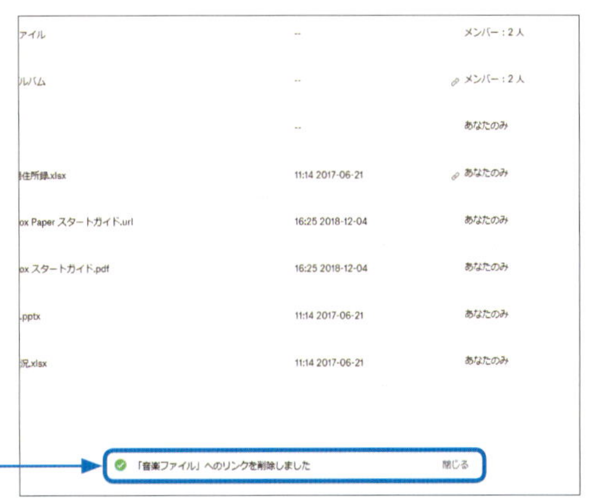

第2章 Dropboxの基本操作

Section 022 ファイルの更新履歴を確認する

Dropboxは、ファイルをいつ追加、作成、編集したのかが履歴として保存されます。履歴画面では履歴を確認するだけでなく、ファイルを以前のバージョンに戻すこともできます。ここでは、ファイルの更新履歴の確認方法を解説します。

ファイルの更新履歴を確認する

1 Dropboxのホーム画面から、更新履歴を確認したいファイルの…をクリックして、＜バージョン履歴＞をクリックします。

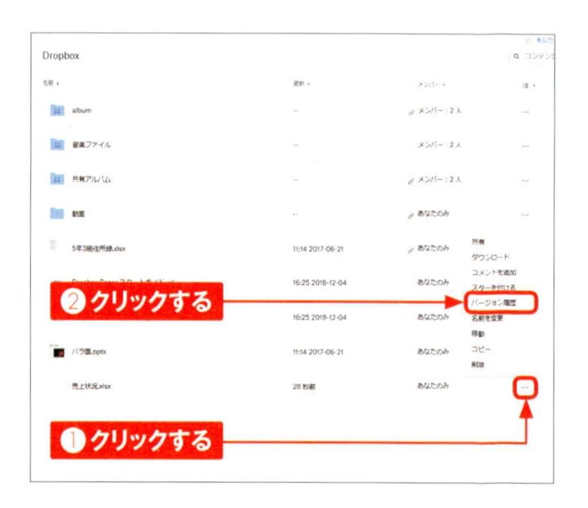

2 ファイルの更新履歴が表示されます。

Section 023

「Dropbox」フォルダの場所を変更する

「Dropbox」フォルダは、パソコンのハードディスク上の好きな場所へ移動することができます。なお、「Dropbox」フォルダ以外のフォルダを同期したい場合は、Sec.039を参考に新しいフォルダを作成します。

フォルダの場所を変更する

1 デスクトップ画面の右下のタスクトレイの をクリックして、 をクリックし、＜基本設定＞をクリックします。

2 ＜同期＞をクリックして、＜移動＞をクリックします。

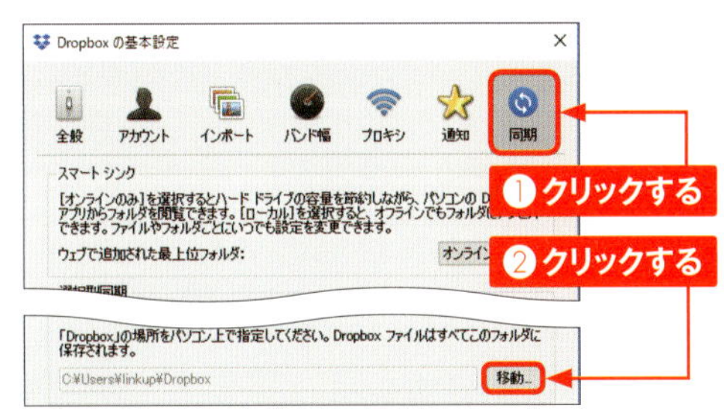

3 移動先のフォルダ（ここでは＜デスクトップ＞）をクリックして選択し、＜OK＞→＜OK＞→＜OK＞の順にクリックすると、変更が完了します。

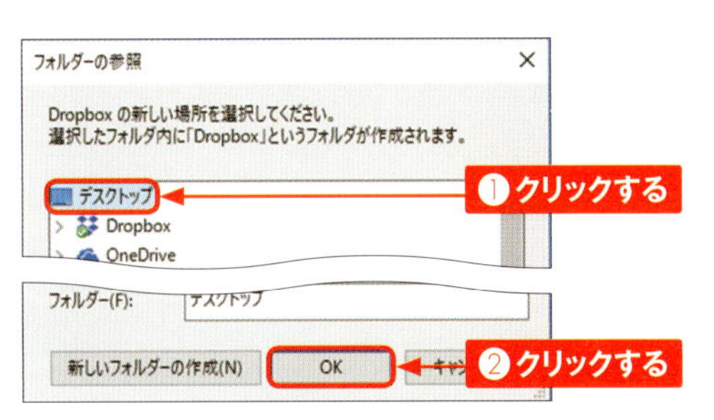

PDFファイルやOfficeファイルを開く

PDFファイルやOfficeファイルは、Dropboxに保存して開くことができます。また、開いたPDFファイルやOfficeファイルは、印刷することもできます。Officeファイルの編集についてはSec.025を参照してください。

PDFファイルを開く

1 P.36を参考にDropboxにPDFファイルをアップロードして、アップロードしたPDFファイルをクリックします。

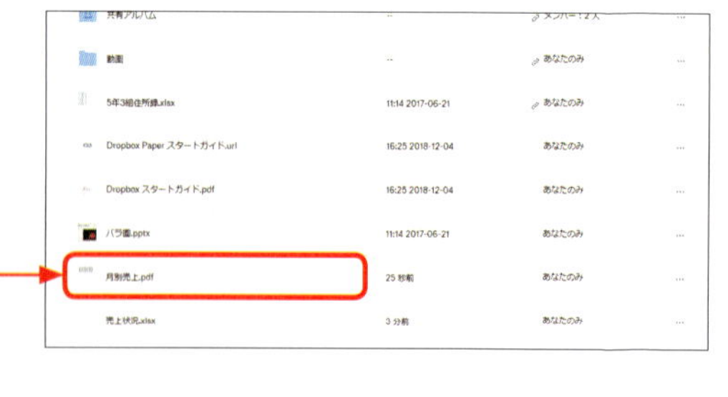

2 PDFファイルが開きます。

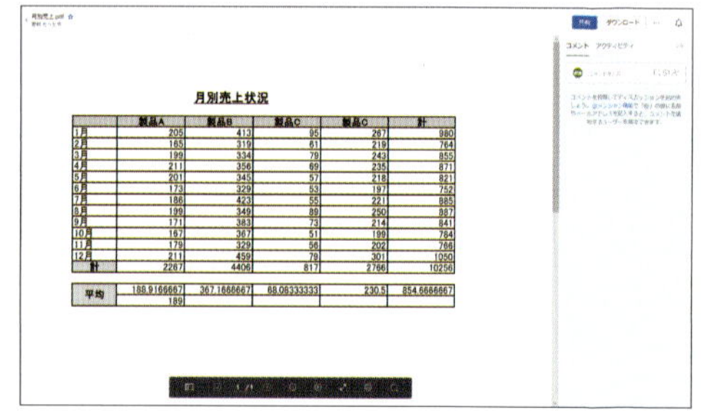

月別売上状況

	製品A	製品B	製品C	製品C	計
1月	205	413	95	267	980
2月	165	319	61	219	764
3月	199	334	79	243	855
4月	211	356	69	235	871
5月	201	345	57	218	821
6月	173	329	53	197	752
7月	186	423	55	221	885
8月	199	349	89	250	887
9月	171	383	73	214	841
10月	167	367	51	199	784
11月	179	329	56	202	766
12月	211	459	79	301	1050
計	2267	4406	817	2766	10256

平均	188.9166667	367.1666667	68.08333333	230.5	854.6666667
	189				

Memo　ファイルを印刷する

PDFファイルやOfficeファイルを印刷したい場合は、ファイルを開き、画面下部の🖨をクリックすると、ファイルを印刷できます。

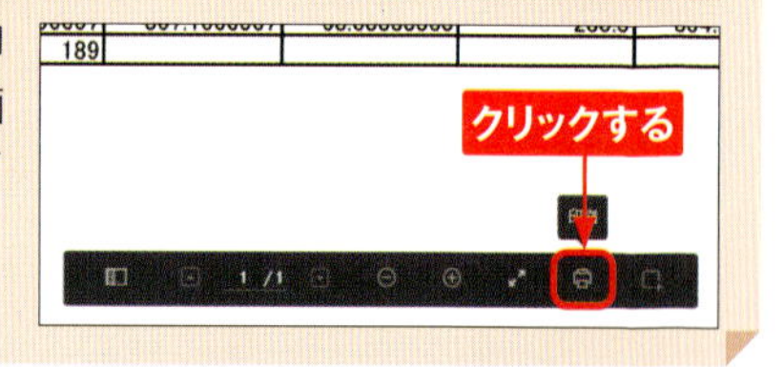

Officeファイルを開く

① P.36を参考にDropboxにOfficeファイルをアップロードして、アップロードしたOfficeファイルをクリックします。

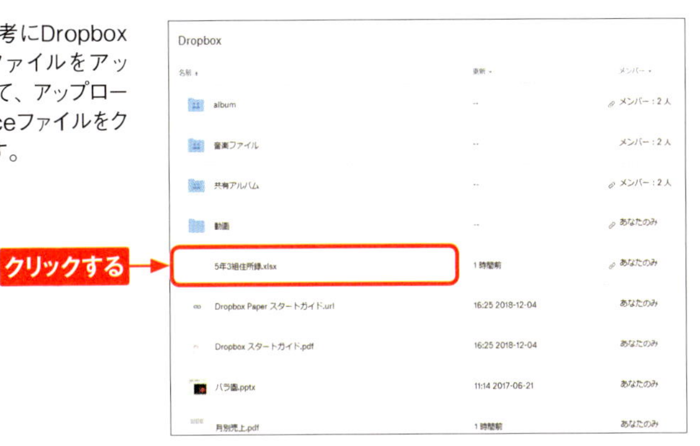

② Officeファイルが開きます。画面下部の⊕をクリックします。

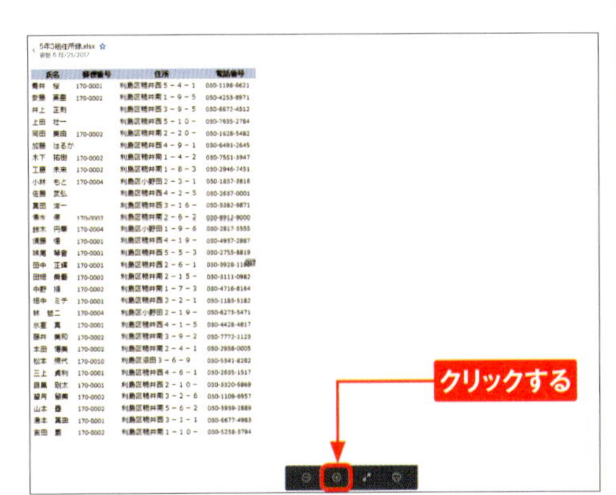

③ ファイルが拡大表示されます。⊖をクリックすると、縮小表示されます。

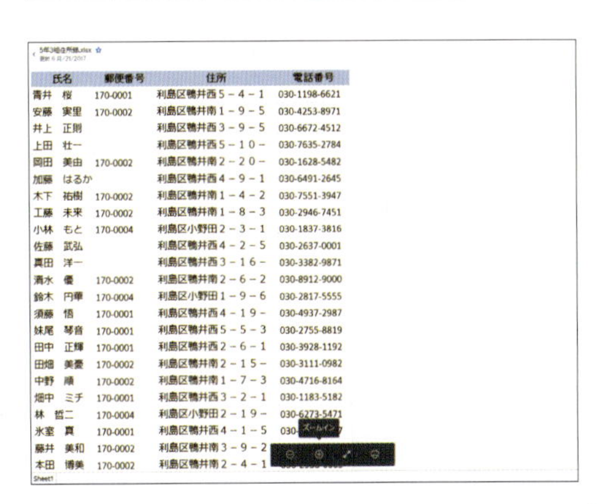

Officeファイルを編集する

Dropboxは、「Microsoft Office Online」と連携していて、同期したファイルをWebブラウザで編集することができます。ここではExcelファイルを例に、ファイルの編集方法を紹介します。

Officeファイルを編集する

1 P.59手順②の画面で、右上の＜開く＞をクリックします。

2 許可を求める画面が表示された場合は、＜許可＞をクリックします。

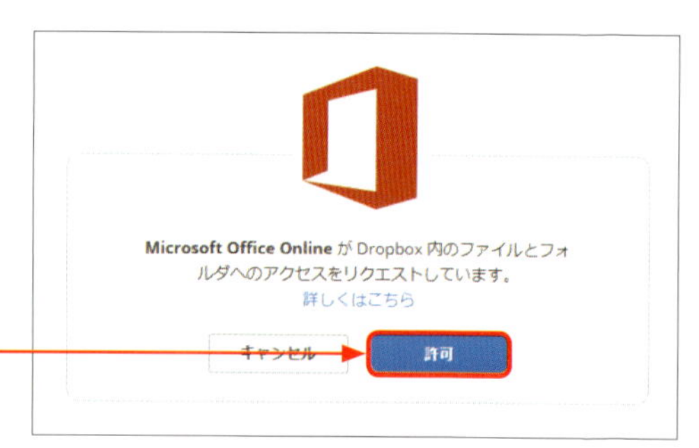

Memo　旧形式のOfficeファイルは編集できない

Web版Dropboxで編集できるMicrosoft Office Onlineのファイル形式はOffice2007以降の「.xlsx」、「.docx」、「.pptx」です。旧形式の「.xls」、「.doc」、「.ppt」は編集できません。

③ OfficeファイルがMicrosoft Office Onlineで開かれます。

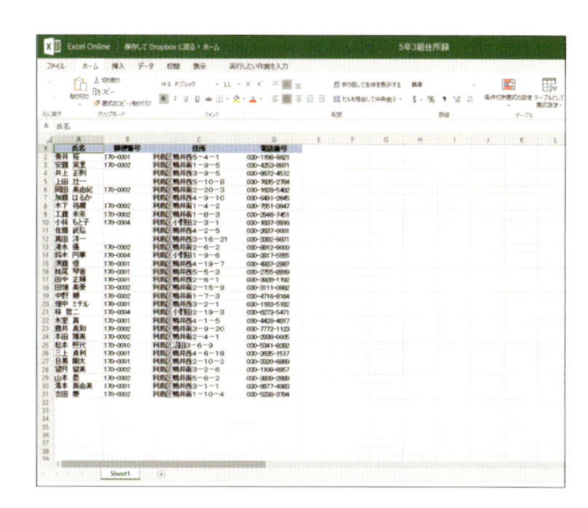

④ ファイルを編集し、<保存してDropboxに戻る>をクリックします。

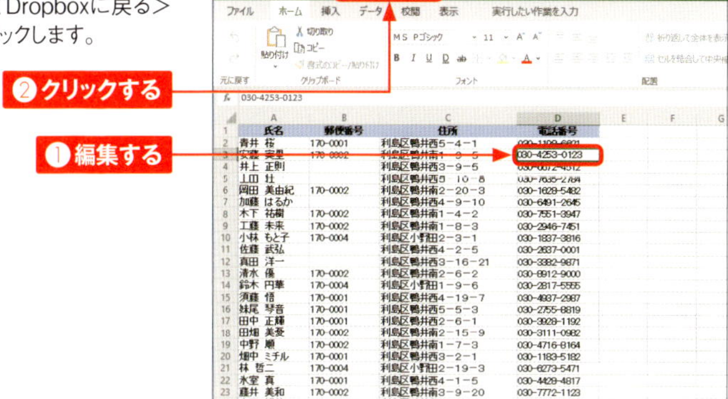

⑤ ファイルが更新され、Dropboxのホーム画面に戻ります。

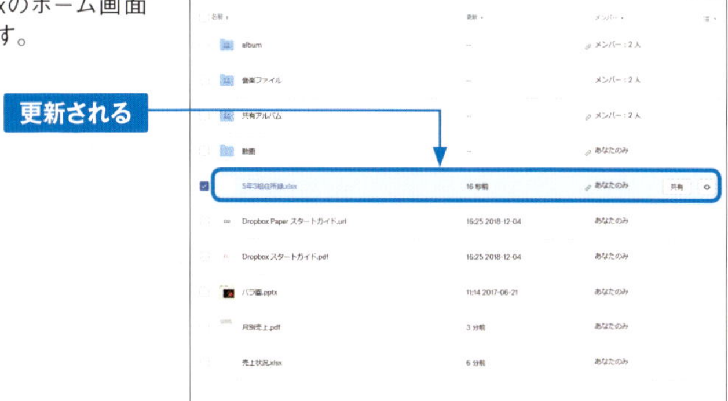

Section 026

ファイルの更新履歴で上書き前の状態に戻す

Dropboxに保存したファイルは編集して上書き保存できますが、30日前までの状態に戻すこともできます。誤って上書き保存してしまった場合は、ファイルを復元しましょう。なお、加入プランによって復元できる期間は異なります。

ファイルの更新履歴から上書き前の状態に復元する

1 Dropboxのホーム画面から、復元したいファイルの … をクリックします。

2 <バージョン履歴>をクリックします。

3 復元したいバージョンの<復元>をクリックします。

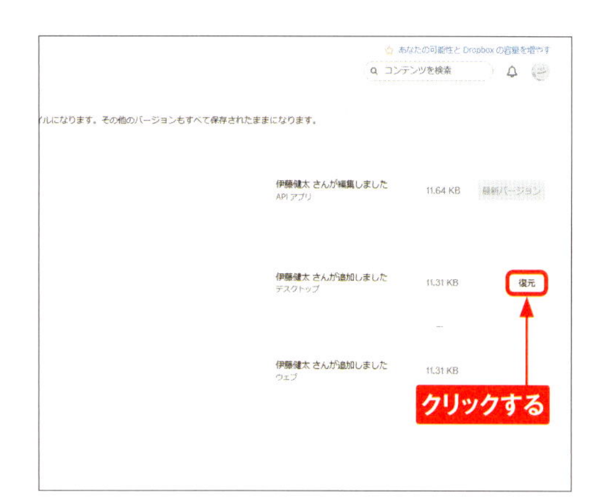

4 「バージョンを復元」画面が表示されたら、<復元>をクリックします。

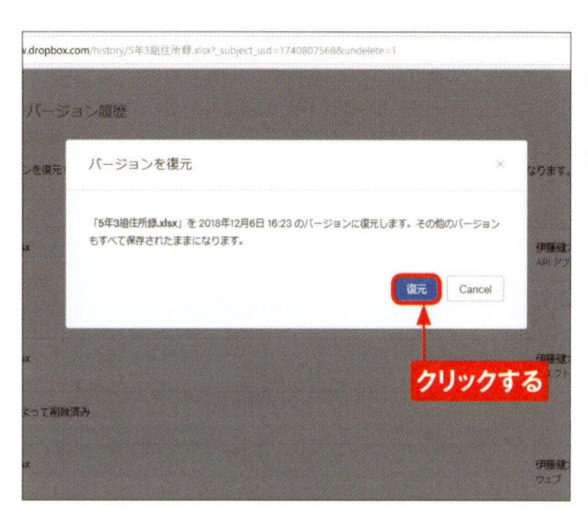

5 ファイルが復元され、Dropboxのホーム画面に戻ります。

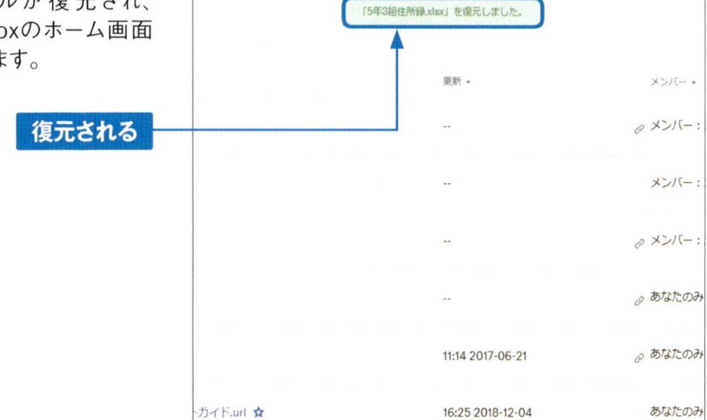

Section 027 ファイルにコメントを付ける

Dropboxに保存したファイルは、共有相手に向けたコメントを付けて、コミュニケーションを行うことができます。ここでは、ファイルにコメントを付ける方法を紹介します。

ファイルにコメントを付ける

1 コメントを付けたいファイルを表示し、＜コメントを入力＞をクリックします。

2 コメントを入力して、＜投稿＞をクリックします。

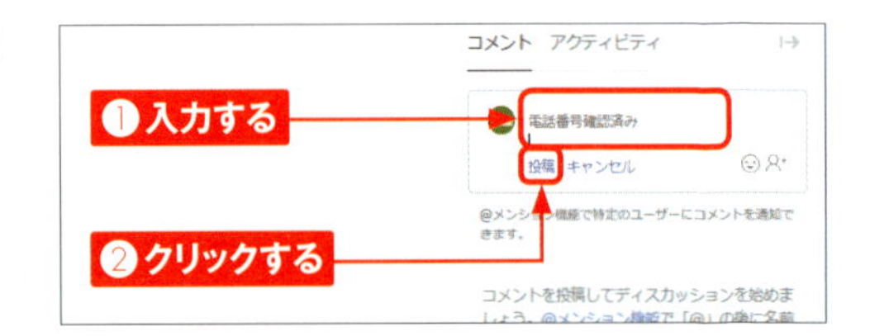

3 コメントの宛先を選択します。ここでは＜自分だけ＞をクリックします。＜自分だけ＞を選択した場合でも、共有相手はコメントを見ることができます。

4 コメントが投稿されます。

特定の相手にコメントを付ける

1. P.64手順①の画面で、
をクリックします。

2. コメントする相手を入力して、表示された候補から選択しクリックします。

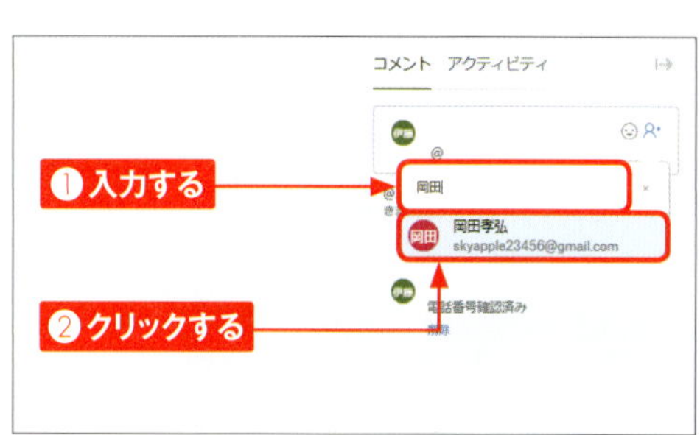

3. コメントを入力して、<投稿>をクリックします。

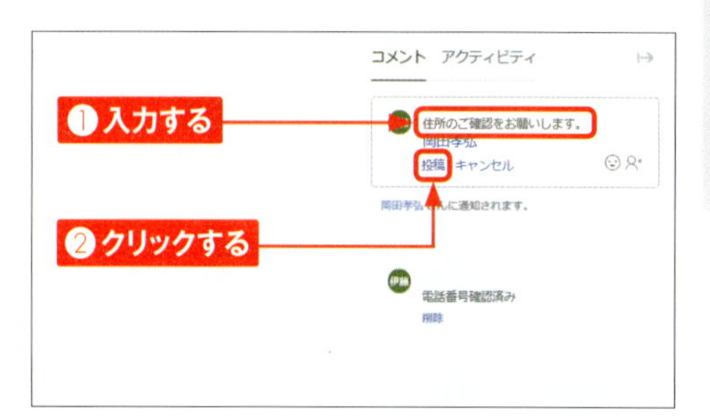

4. 手順②で選択した相手に向けて、コメントが投稿されます。

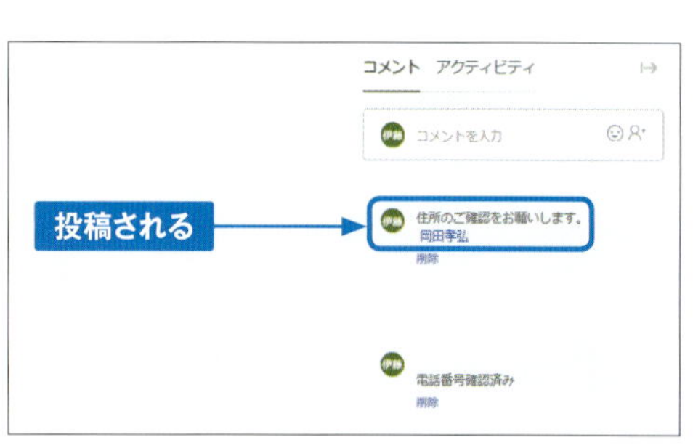

Section 028

スマートフォンに「Dropbox」アプリをインストールする

Dropboxにはスマートフォン用のアプリが提供されており、さまざまな機能を利用できます。スマートフォンでDropboxを利用したい場合は、「Dropbox」アプリをインストールしましょう。

Androidに「Dropbox」アプリをインストールする

1 Androidのホーム画面から、<Playストア>をタップします。

2 <Google Play>をタップします。

3 「Dropbox」と入力し、🔍をタップします。

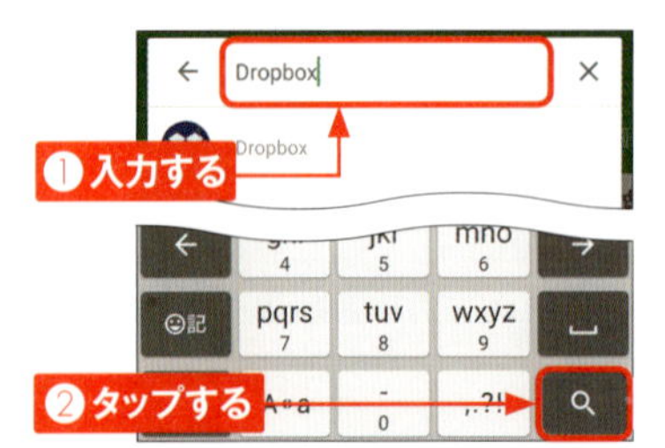

4 <Dropbox>をタップします。

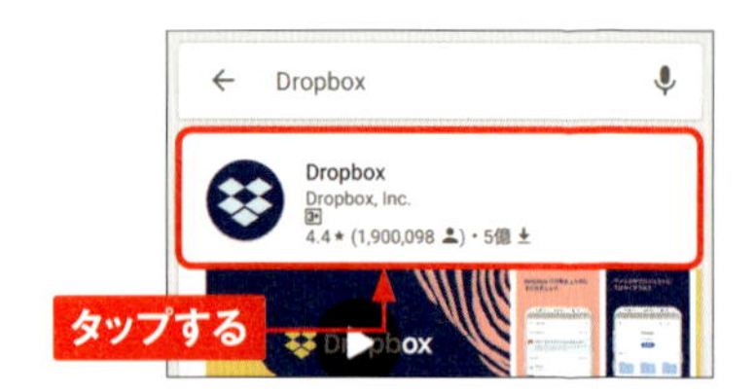

5 <インストール>をタップします。

6 インストールが開始されます。

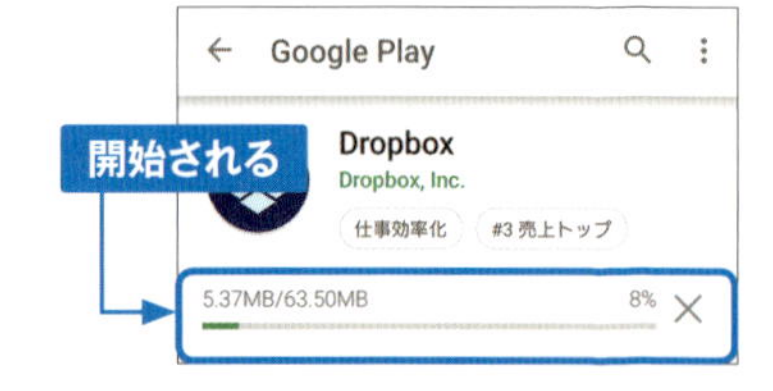

iPhoneに「Dropbox」アプリをインストールする

1 iPhoneのホーム画面から<App Store>をタップし、画面下部のメニューから<検索>をタップします。

2 検索欄に「Dropbox」と入力し、<Search>(または<検索>)をタップします。

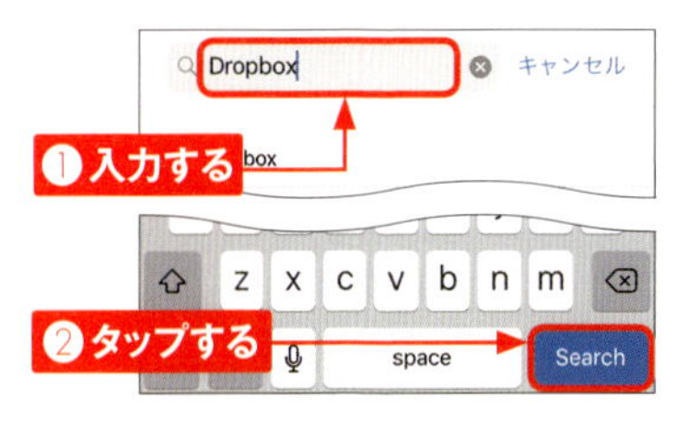

3 検索結果が表示されます。「Dropbox」の<入手>をタップします。

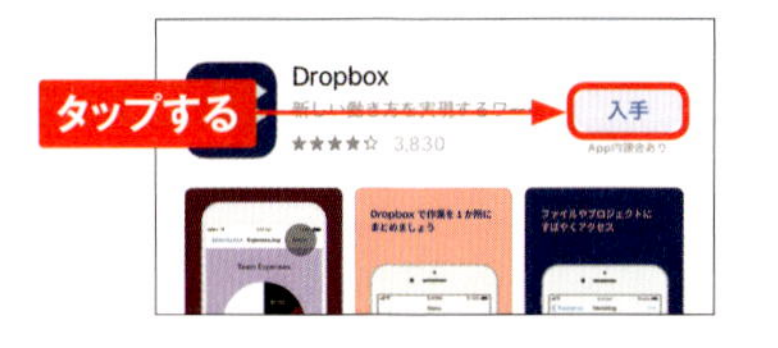

4 <インストール>をタップします。

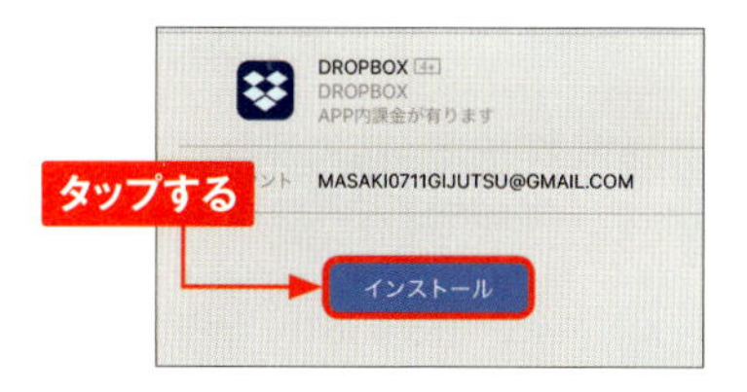

5 Apple IDのパスワードを入力し、<サインイン>をタップします。

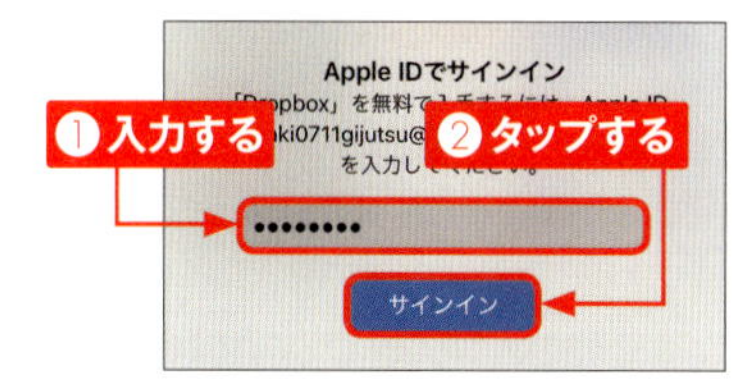

6 インストールが開始されます。

Memo 「Dropbox」アプリにログインする

「Dropbox」アプリをスマートフォンにインストールしたら、ログインをしましょう。ホーム画面やアプリケーション画面から<Dropbox>をタップして、アプリを起動します。<ログイン>をタップして、メールアドレスとパスワードを入力し、<ログイン>をタップします。以降は画面の指示に従って、設定を進めます。

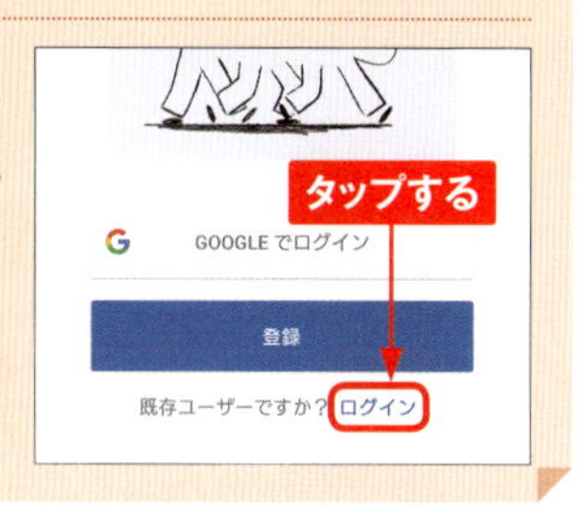

スマートフォンでファイルを開く

「Dropbox」アプリを利用すると、スマートフォンでOfficeファイルやPDFファイルを見ることができます。なお、オフライン時にファイルを開きたい場合は、Sec.035を参考に「オフラインアクセス」を設定します。

スマートフォンでファイルを開く

1 「Dropbox」アプリを起動して、ホーム画面を表示し、<ファイル>をタップします。

2 開きたいファイルをタップします。

3 ファイルが表示されます。画面上部の<をタップします。

4 ファイルの共有画面が表示されます。

Section 030 スマートフォンからファイルを保存する

「Dropbox」アプリは、Web版Dropboxと同様にOfficeファイルやPDFファイルを保存することができます。保存したファイルは、パソコンやスマートフォンから開くことができます。

スマートフォンからファイルを保存する

1 P.68手順②の画面で＋をタップします。

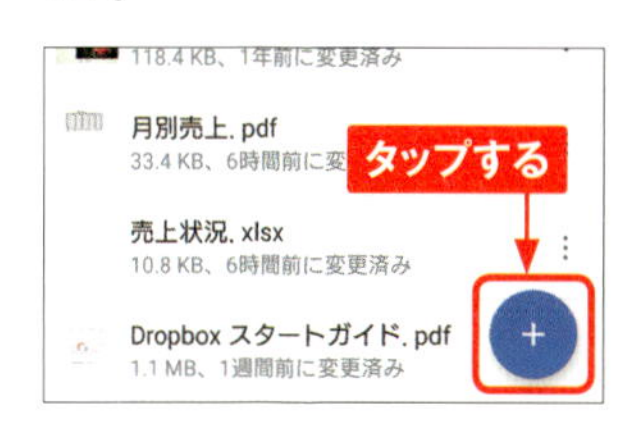

2 保存するファイルを選択します。ここでは＜写真や動画のアップロード＞をタップします。

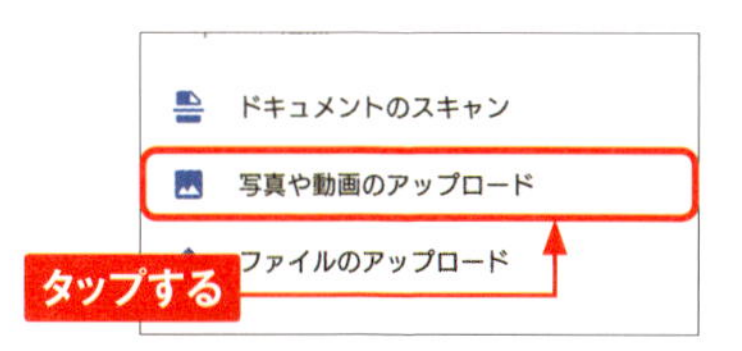

3 アクセスの許可を求められたら、＜許可＞をタップします。

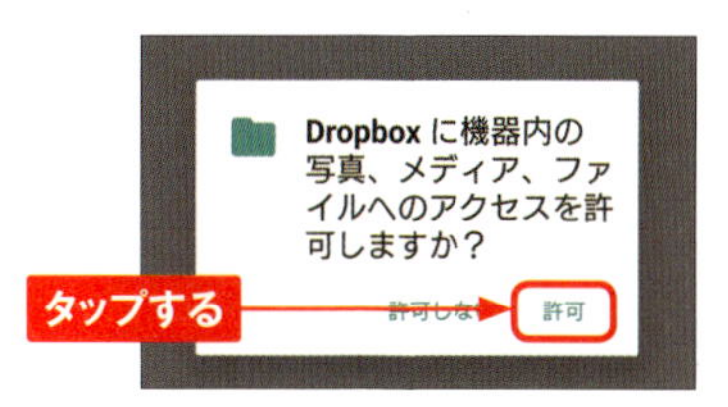

4 保存する写真をタップして選択し、＜アップロード＞をタップします。

5 ファイルが保存されます。

Section 031 スマートフォンでOfficeファイルを編集する

Dropboxに保存したOfficeファイルは、スマートフォンで開いて編集し、保存することができます。あらかじめOfficeファイルに対応したMicrosoft Officeのアプリをスマートフォンにインストールしておきましょう（P.194Memo参照）。

スマートフォンでOfficeファイルを編集する

1. 「Dropbox」アプリを起動して、編集したいOfficeファイルをタップします。

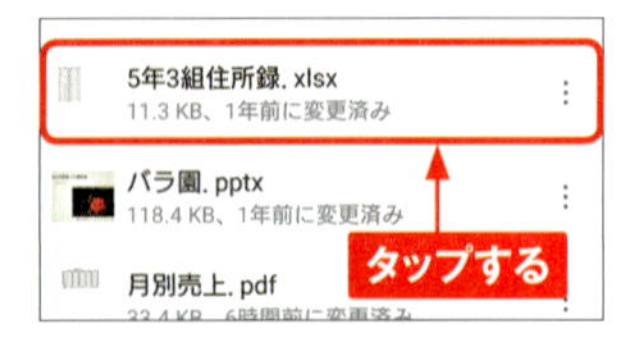

2. 📝をタップします。

3. ここでは＜Excel＞をタップし、＜常時＞または＜1回のみ＞をタップします。

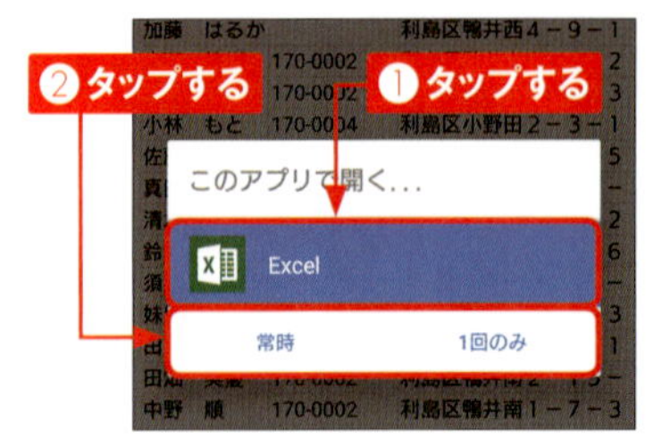

4. ＜許可＞をタップします。

5. 「Excel」アプリが開き、Officeファイルの編集ができるようになります。

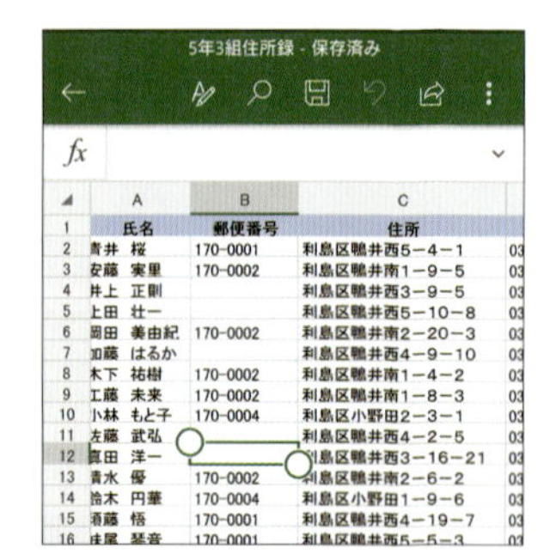

第3章

Dropboxの活用

Section 032 大容量のファイルをDropbox経由で送信する
Section 033 GmailからDropboxのファイルのリンクを添付する
Section 034 ほかの人にファイルをアップロードしてもらう
Section 035 オフラインでもファイルにアクセスできるようにする
Section 036 WebページをPDFファイルにして保存する
Section 037 スクリーンショットをDropboxに自動保存する
Section 038 バックアップ機能で誤って削除したファイルをもとに戻す
Section 039 同期フォルダ以外のフォルダを同期する
Section 040 無料で容量を増やす
Section 041 Dropbox Plus/Professionalにアップグレードする
Section 042 共有期間を設定する（Professional/Business版）
Section 043 共有ファイルにパスワードをかける（Professional/Business版）
Section 044 ファイルを検索する
Section 045 Dropboxバッジで作業を共有する
Section 046 共有ファイルを読み取り専用にする
Section 047 共有しているデバイスを確認する/解除する
Section 048 スマートフォンで撮った写真を自動保存する
Section 049 デジカメの写真をDropboxに保存する
Section 050 Dropbox Paperでほかのユーザーと作業を共有する
Section 051 Dropbox Showcaseを利用する
Section 052 2段階認証でセキュリティを強化する
Section 053 パスワードを変更する
Section 054 キャッシュを削除する

大容量のファイルをDropbox経由で送信する

Dropboxのリンク共有機能を利用して、大容量のファイルを送信することができます。相手がDropboxを利用していない場合でも、ファイルの送信は可能です。また、受信したファイルはDropboxに保存して開くこともできます。

リンク共有機能を使って大容量ファイルを送信する

① Dropboxのホーム画面から、送信したいファイルの＜共有＞をクリックします。

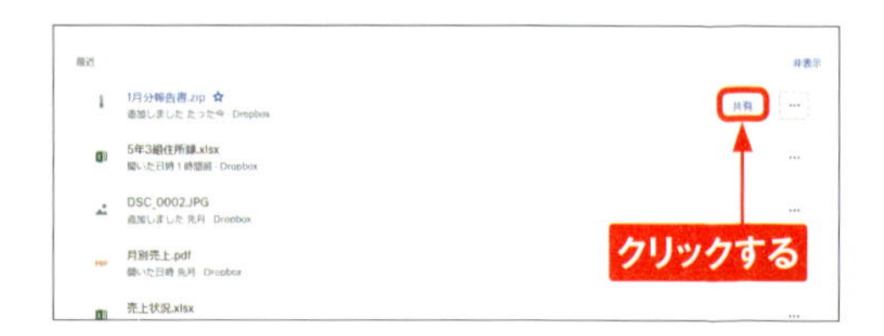

② 送信する相手のメールアドレスを入力し、メッセージを入力して、＜共有＞をクリックします。

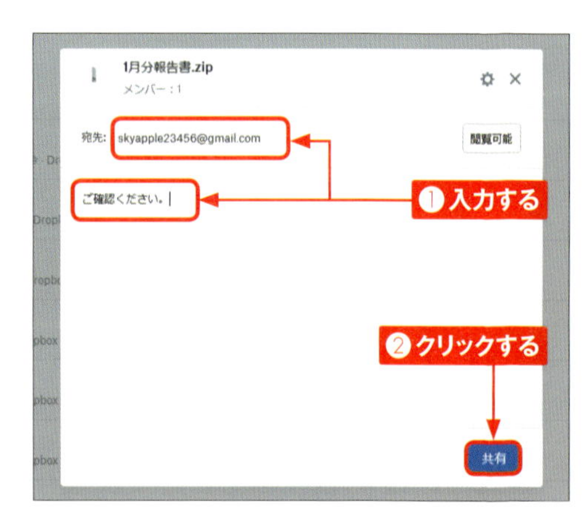

③ ファイルの送信が完了します。＜閉じる＞をクリックします。

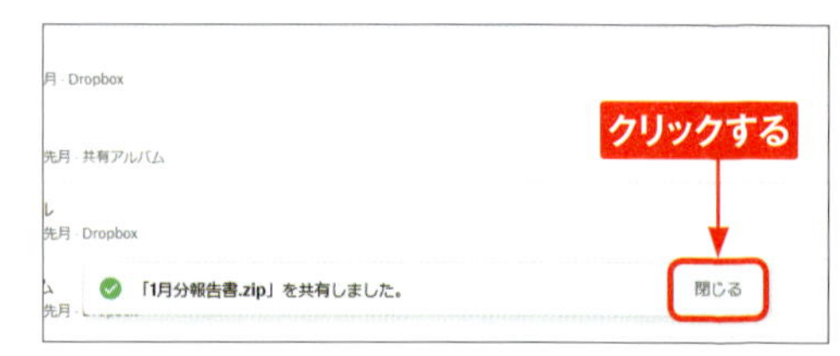

大容量ファイルを受け取る

① 送信した相手にはメールが届くので、メールを表示します。

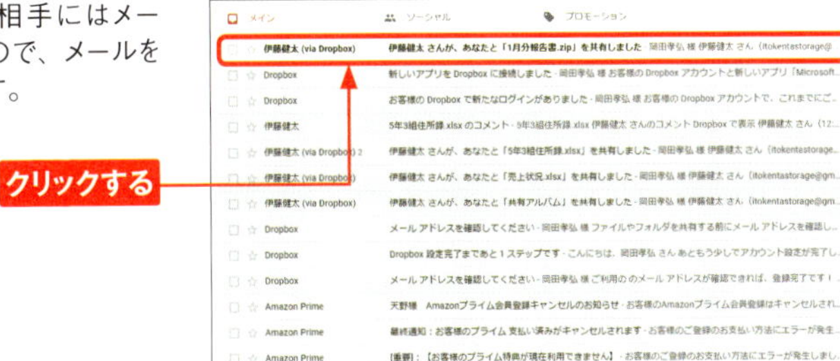

② <ファイルを開く>をクリックします。

③ <ダウンロード>をクリックし、<直接ダウンロード>をクリックすると、パソコンにファイルが保存されます。

Dropboxの活用

Memo 受信したファイルをDropboxに保存する

受信したファイルを自分のDropboxに保存したい場合は、手順③の画面で<Dropboxに保存する>をクリックし、<保存>をクリックします。なお、Dropboxにログインしていない場合は、手順②の次の画面でログインするか、<登録する>をタップしてアカウントを作成します。

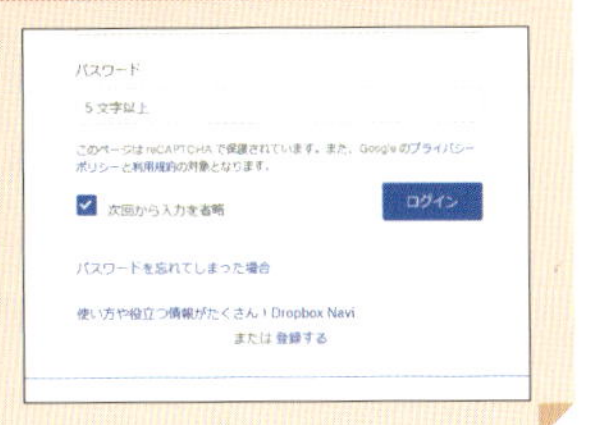

GmailからDropboxのファイルのリンクを添付する

Google Chrome用の拡張機能をインストールすると、Gmailを作成する際に、Dropboxに保存されているファイルに直接アクセスし、ファイルをメールに添付することができます。

Gmail版Dropboxを利用する

1. Google Chromeで「https://chrome.google.com/webstore/detail/dropbox-for-gmail/dpdmhfocilnekecfjgimjdeckachfbec」にアクセスして、<Chromeに追加>をクリックします。

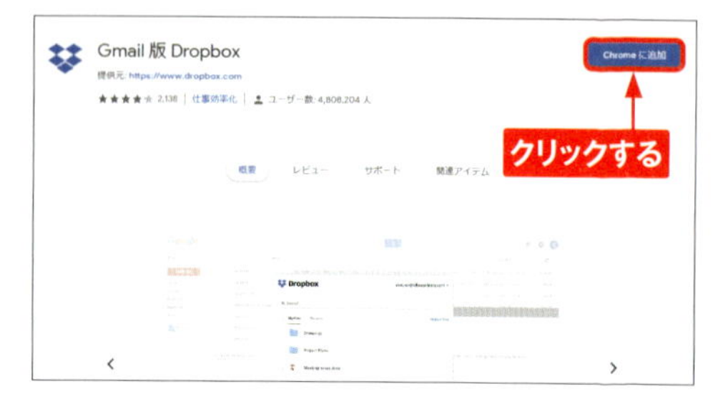

2. <拡張機能を追加>をクリックします。

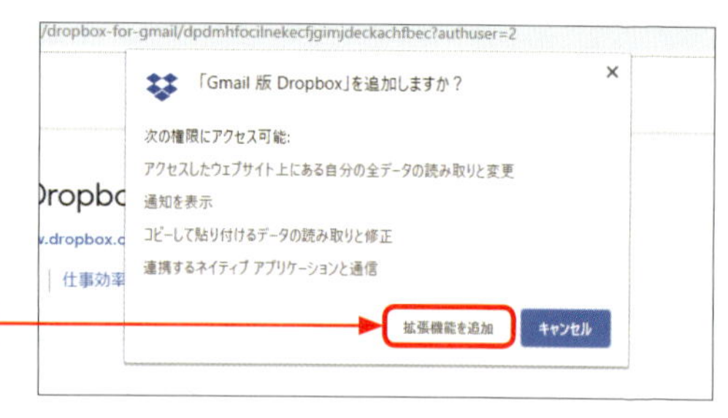

3. インストールが完了すると、Gmailに移動します。

4 Gmailの画面で＜作成＞をクリックし、メール作成画面を表示します。手順3でメール作成画面が自動的に表示される場合もあります。

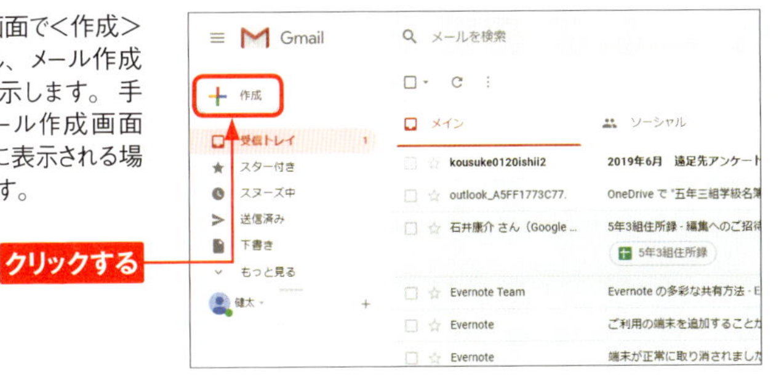

5 をクリックします。

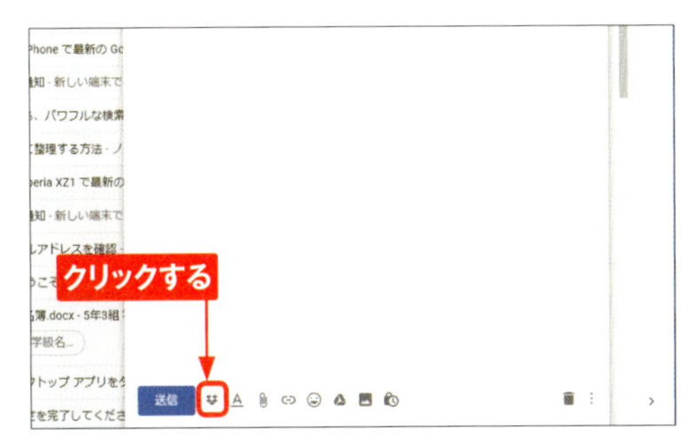

6 Dropboxに保存されているファイルが一覧表示されます。メールに添付したいファイルをクリックし、＜選択＞をクリックします。

7 相手のメールアドレス、件名、本文をそれぞれ入力し、＜送信＞をクリックすると、ファイルのリンクが送信されます。

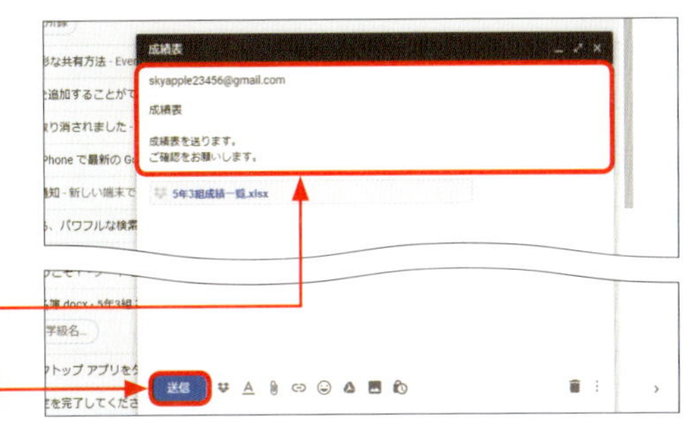

第3章 Dropboxの活用

ほかの人にファイルをアップロードしてもらう

「ファイルリクエスト」機能を利用すると、Dropboxのアカウントを持っていない人でもファイルをアップロードしてもらえるように、リクエストメールを送信することができます。

ほかの人にファイルをアップロードしてもらう

1 Dropboxのファイル画面から、＜ファイルリクエスト＞をクリックします。

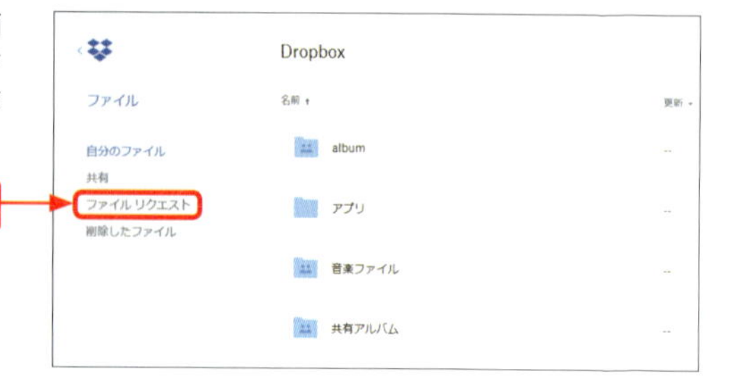

2 ＜ファイルリクエストを作成＞をクリックします。

3 リクエストするファイルのタイトルを入力し、＜次へ＞をクリックすると、フォルダが作成されます。既存のフォルダを使用したい場合は、＜フォルダを変更＞をクリックし、任意のフォルダを選択します。

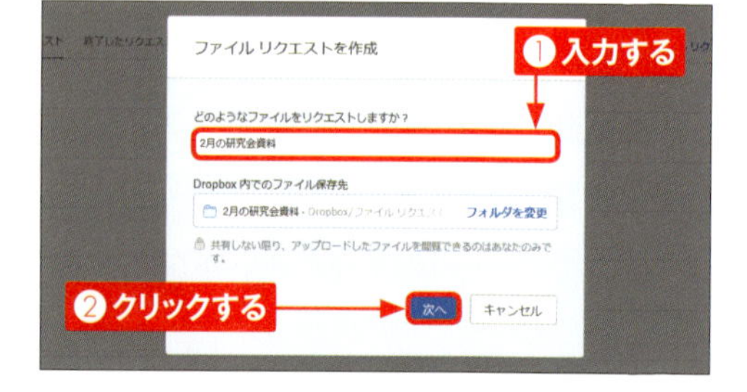

4 リクエストを送信したい相手のメールアドレスとメッセージを入力したら、<送信>をクリックします。

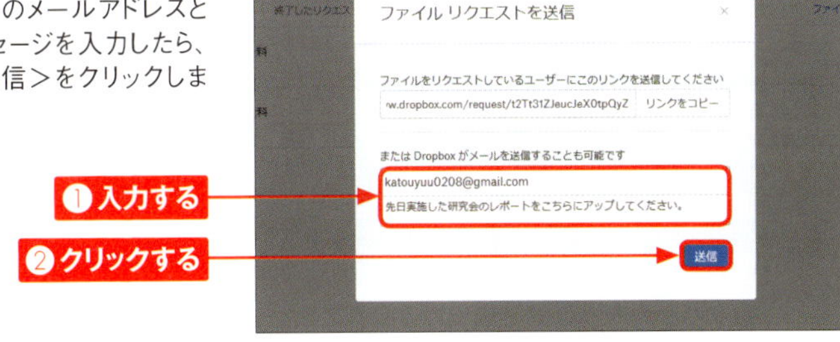

5 メールを受信した相手は、メールを表示して<ファイルをアップロードする>→<ファイルを選択>の順にクリックします。

6 アップロードするファイルをクリックして選択し、<開く>をクリックします。

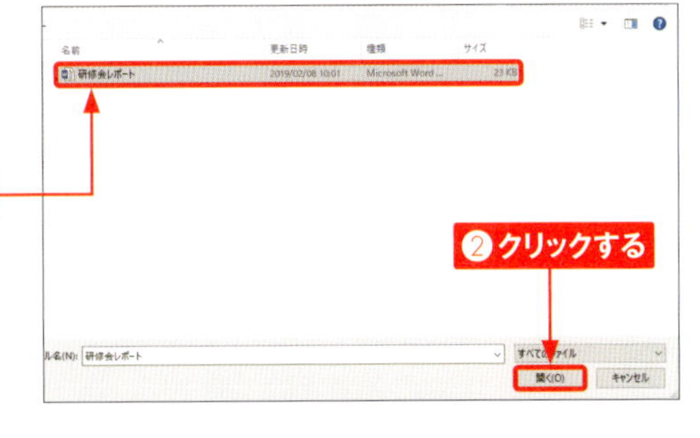

7 名前とメールアドレスを入力し、<アップロード>をクリックすると、P.76で作成したフォルダにファイルがアップロードされます。

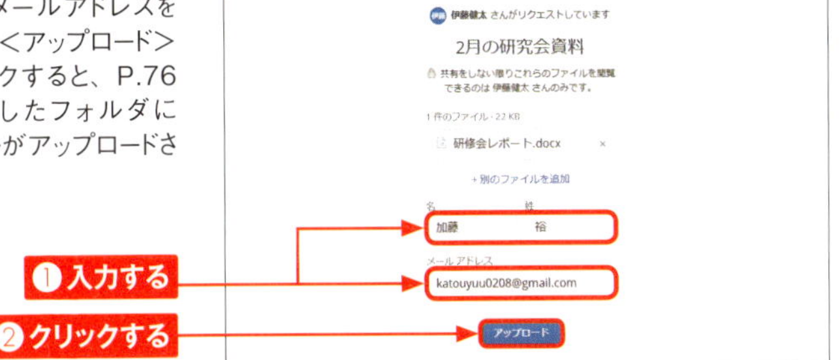

Section 035 オフラインでもファイルにアクセスできるようにする

オフライン設定を行うと、インターネットに接続していない状態でもDropbox内のファイルを開いたり、編集したりできます。オフライン時の編集内容は、インターネットに接続したときに自動的に反映されます。

パソコンからオフライン設定をする

1. パソコンのタスクトレイの をクリックします。

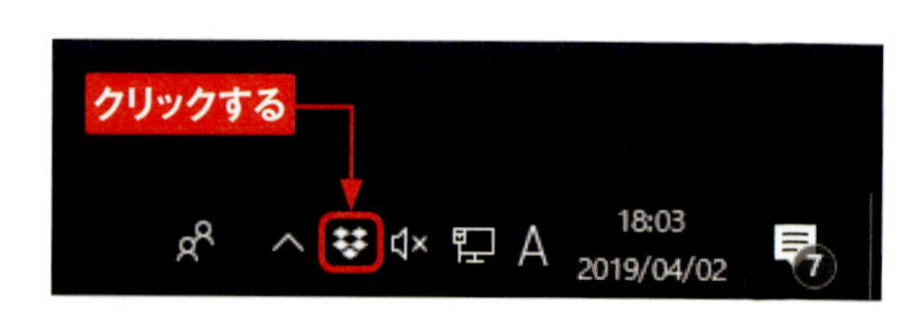

2. ⚙をクリックし、<基本設定>をクリックします。

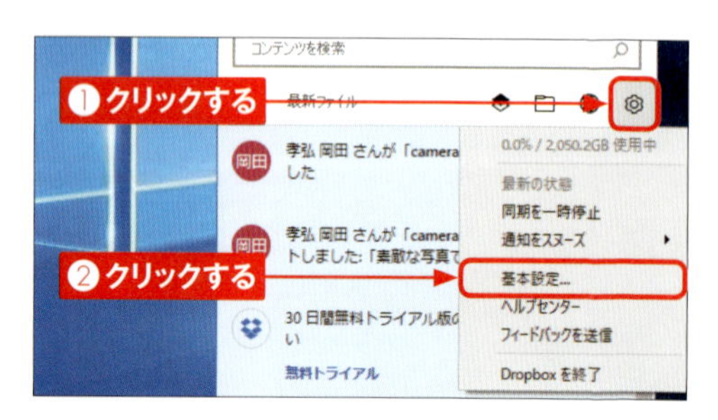

3. <同期>をクリックし、「スマートシンク」の設定を<ローカル>に変更したら、<OK>をクリックします。

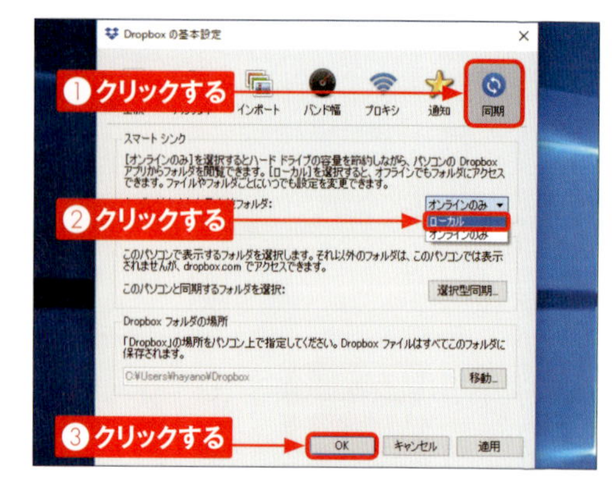

スマートフォンからオフライン設定をする

● Android

① 「Dropbox」アプリを起動して、オフラインでも使えるようにしたいファイルの ⋮ をタップします。

② 表示されるメニューの「オフラインアクセス可」の をタップして にすると、オフラインアクセスがオンになります。

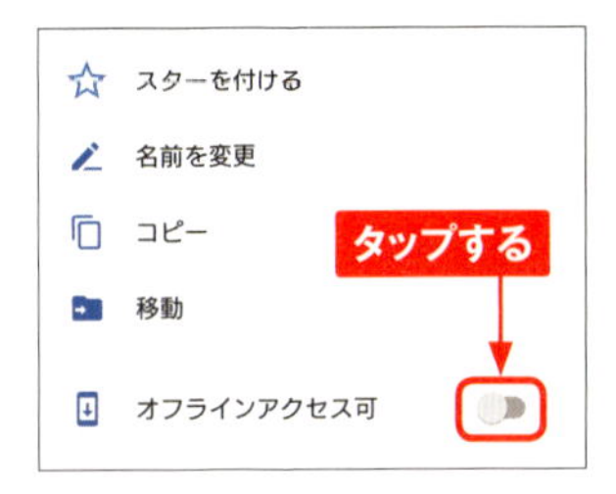

Memo オフラインアクセス可のファイルを確認する

画面左上の ≡ をタップし、<オフライン>をタップすると、現在オフラインでも使用可能なファイルが一覧で確認できます。

オフライン

資料一覧

● iPhone

① 「Dropbox」アプリを起動して、オフラインでも使えるようにしたいファイルの ⋯ をタップします。

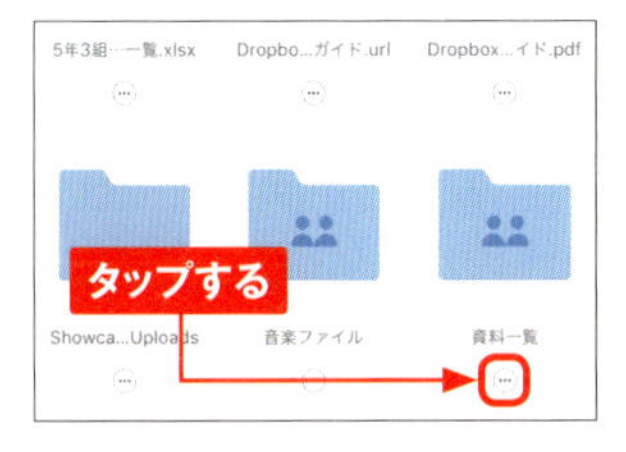

② 表示されるメニューの<オフラインアクセスを許可>をタップすると、手順①の画面に戻り、オフラインアクセスがオンになります。

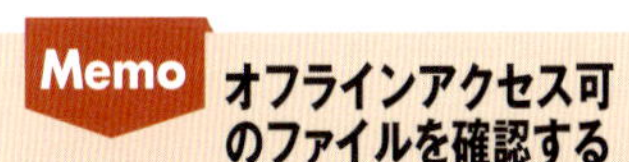

Memo オフラインアクセス可のファイルを確認する

画面右下の<アカウント>をタップし、<オフラインファイルを管理>をタップすると、現在オフラインでも使用可能なファイルが一覧で確認できます。

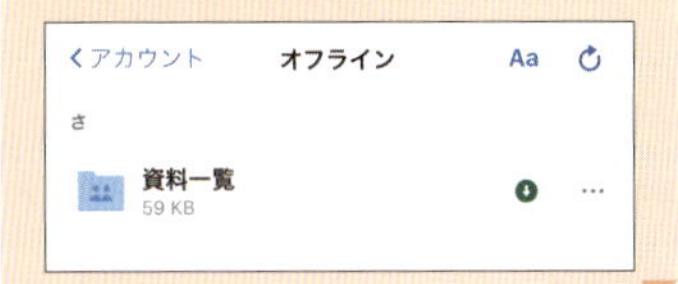

Section 036

WebページをPDFファイルにして保存する

Webページをオフラインでも読みたい場合は、WebページをPDFに変換して、Dropbox上に保存しておくと便利です。ここでは、PDFへの変換に「Web2PDF」を利用し、Dropboxへの保存までを解説します。

Web2PDFでWebページをPDF化して保存する

1 Webブラウザで「https://www.web2pdfconvert.com/」にアクセスし、URL入力欄に変換したいWebサイトのURLを入力したら、＜Convert to PDF＞をクリックします。

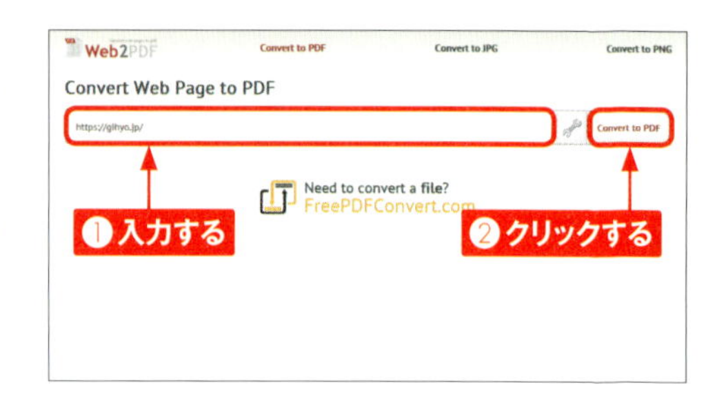

2 ダウンロードが完了したら、をクリックします。

3 Dropboxの画面が表示されます。＜保存＞をクリックすると、ファイルがDropbox内に保存されます。

Section 037

スクリーンショットをDropboxに自動保存する

キーボードのPrintScnを押すと、Dropboxに自動的にスクリーンショットを保存できます。この機能を使用するとかんたんにスクリーンショットをDropboxに保存できるため、有効に活用しましょう。

スクリーンショットを自動的に保存する

1 スクリーンショットを撮りたい画面でPrintScnを押すと、画面右下に通知が表示されるので、クリックします。

2 Dropboxの「スクリーンショット」フォルダが表示され、スクリーンショットが保存されていることが確認できます。

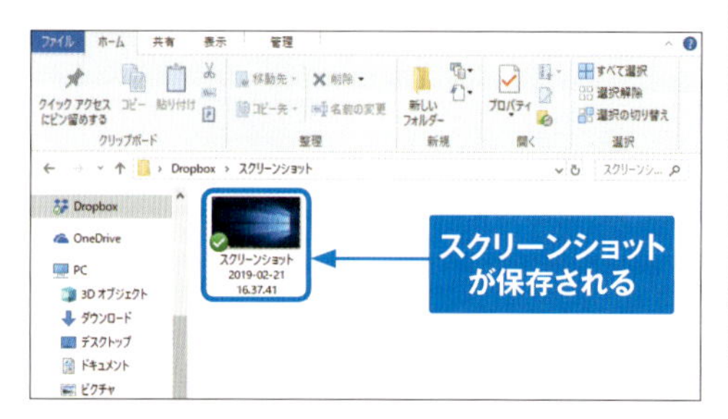

Memo 画面が表示されない場合

PrintScnを押してもスクリーンショットが保存されない場合は、P.78手順③の画面で<インポート>をクリックします。「Dropboxでスクリーンショットを共有」のチェックボックスをクリックしてチェックを付け、<OK>をクリックすると、スクリーンショットが保存されるようになります。

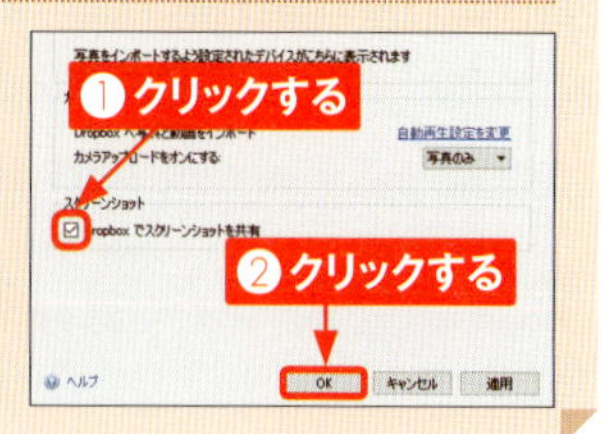

第3章 Dropboxの活用

Section 038 バックアップ機能で誤って削除したファイルをもとに戻す

Dropboxにはバックアップ機能が備わっているため、誤って削除してしまったファイルやフォルダを、あとから復元することができます。復元は、Web版Dropboxから行います。

削除したファイルやフォルダを表示する

1. Dropboxのファイル画面から、以前に削除したファイルが保存されていたフォルダをクリックして表示します。

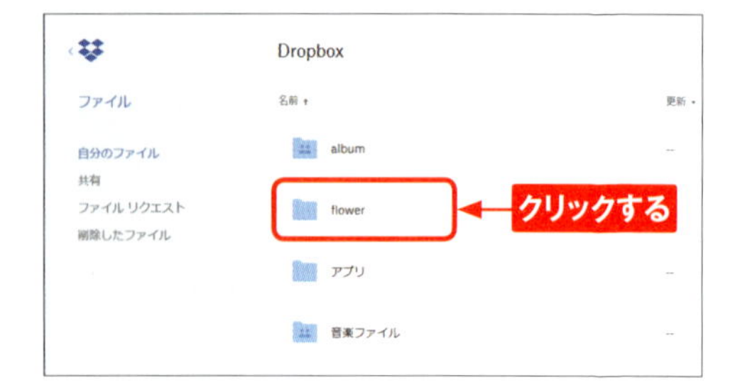

2. <削除したファイルを表示>をクリックします。

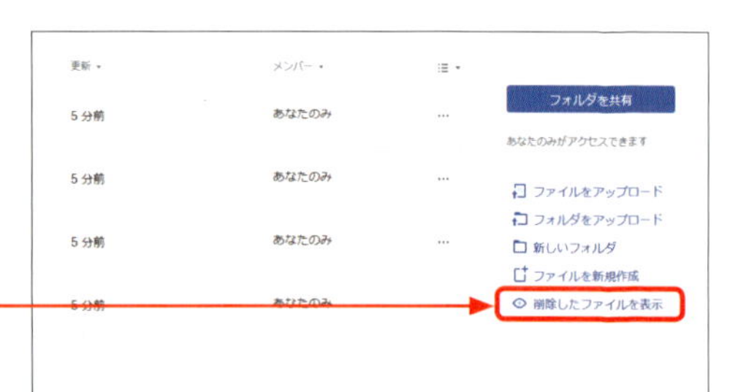

3. 削除したファイルが一覧表示されます。

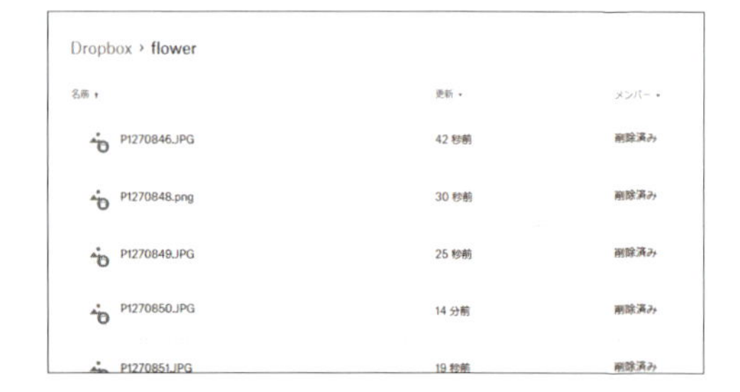

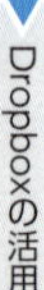

削除したファイルやフォルダを復元する

1. P.82手順①～③を参考に削除したファイルを表示し、もとに戻したいファイルをクリックします。

2. ＜復元＞をクリックします。

3. ファイルが復元されます。

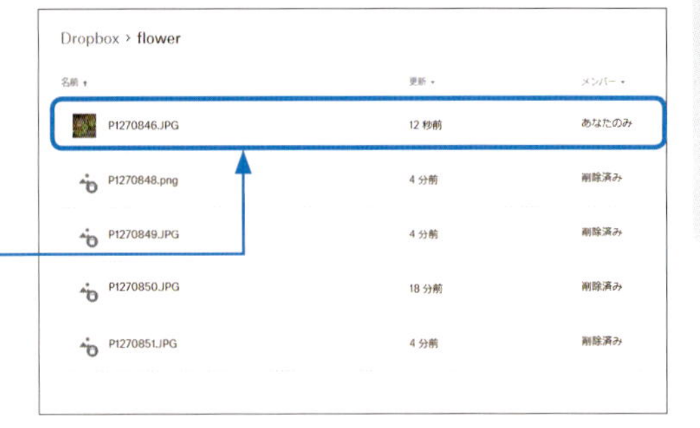

Memo 復元できる期限は?

削除した日から30日間は保存されているので、30日以内であれば復元することが可能です。削除した日から30日以上が経過してしまうと、復元できなくなってしまうので注意しましょう。

Section 039

同期フォルダ以外のフォルダを同期する

Dropboxでは通常、パソコンの「Dropbox」フォルダが同期されますが、「Dropbox Folder Sync」アプリを利用すると、それ以外のフォルダも同期させることができます。

「Dropbox Folder Sync」を使う

1 Webブラウザで「https://dropbox-folder-sync.softonic.jp/」にアクセスし、<ダウンロード>→<ダウンロード>の順にクリックします。

2 画面下部に表示されるメニューから、<実行>をクリックします。なお、Webブラウザによって表示される画面が異なります。「ユーザーアカウント制御」画面が表示された場合は、<はい>をクリックします。

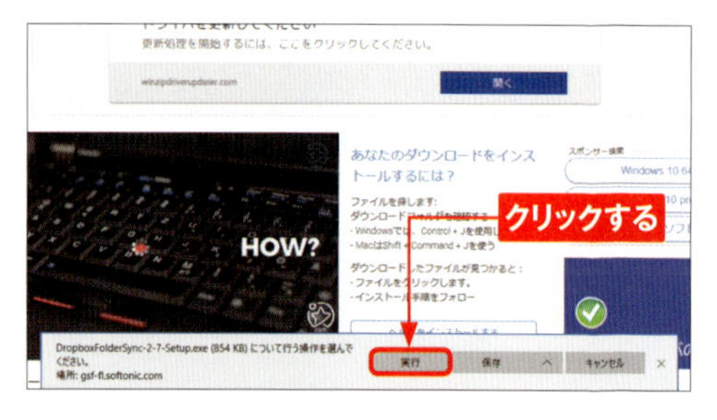

3 <Next>→<Next>→<Install>の順にクリックします。

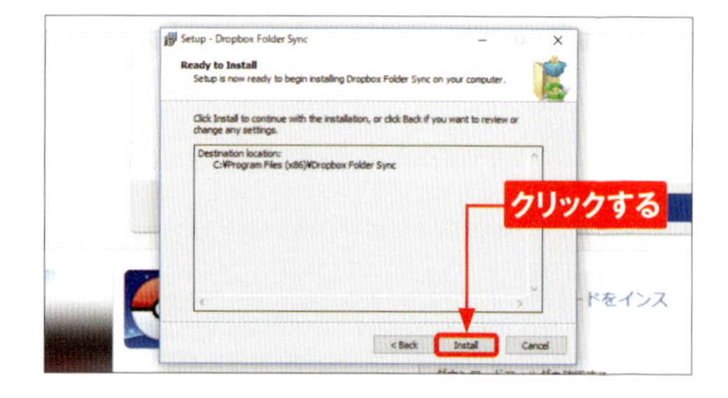

4 「Junction License Agreement」画面が表示されたら<Agree>をクリックし、<Finish>をクリックします。

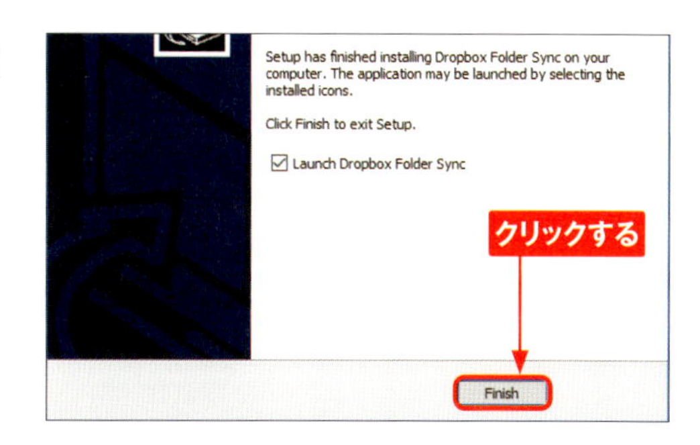

5 Dropboxとの連携を確認し、<OK>をクリックします。

6 同期させたいフォルダを右クリックし、「Dropbox Folder Sync」にカーソルを合わせて、<Sync with Dropbox>をクリックします。

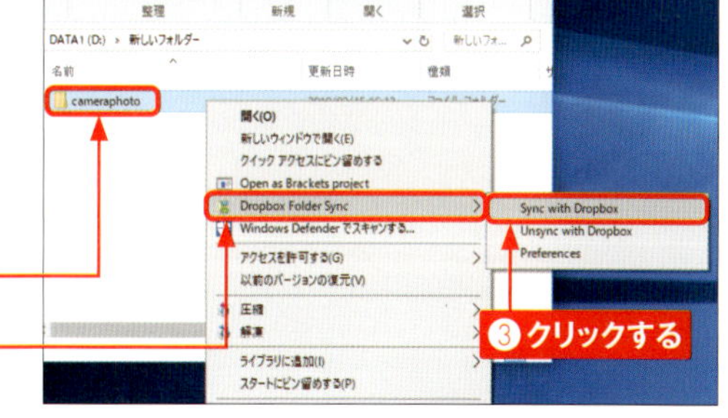

7 <OK>をクリックすると、Dropboxと同期されます。

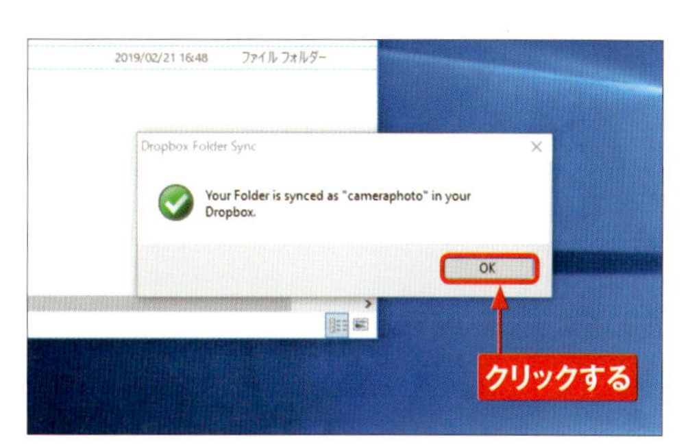

Section 040

無料で容量を増やす

Dropboxでは、ユーザーに「7つの課題」が用意されており、7つのうち5つを完了すると、使用容量250MB増加のボーナスを得ることができます。また、友人を招待することでさらに500MBの追加容量を得られます。

Dropboxの7つの課題を確認する

1 画面右上のアイコンをクリックし、<設定>をクリックします。

①クリックする
②クリックする

あなたの可能性と Dropbox の容量を増やす
伊藤健太
写真を追加
使用済み: 35.12 MB / 2.25 GB
アップグレード
設定
インストール

2 <プラン>をクリックし、<チェックリスト>をクリックします。

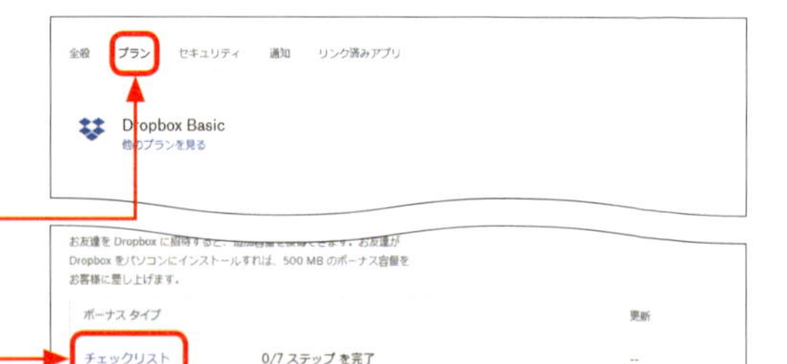

3 7つの課題が表示されます。

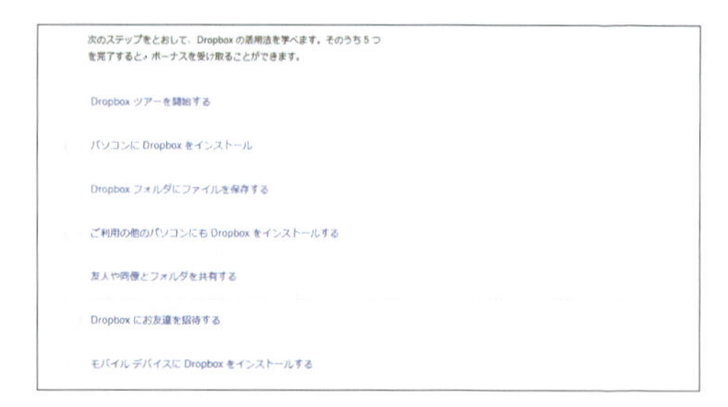

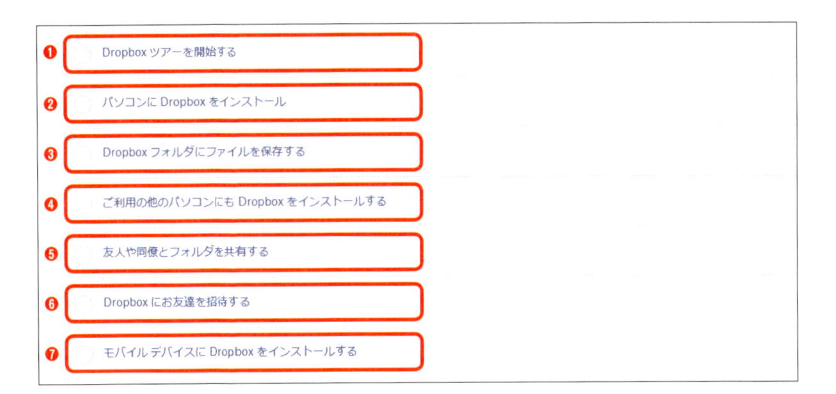

❶Dropboxツアーを開始する	Dropboxの基本がわかる動画を見ることができます。見終わると完了となります。
❷パソコンにDropboxをインストール	「Dropbox」アプリをダウンロードして、パソコンにインストールすると完了となります。
❸Dropboxフォルダにファイルを保存する	Dropboxにファイルを保存すると完了となります。
❹ご利用の他のパソコンにもDropboxをインストールする	ひとつのアカウントで、複数のパソコンにDropboxをインストールすると完了となります。
❺友人や同僚とフォルダを共有する	Dropboxの共有フォルダを利用すると完了となります。
❻Dropboxにお友達を招待する	メールなどで友人をDropboxに招待します。招待された人がDropboxに登録・インストールするたびに、あなたと友人がそれぞれ500MBの追加容量をもらえます（Memo参照）。
❼モバイルデバイスにDropboxをインストールする	Android、iPhone、iPad、BlackBerry、Kindle Fireのいずれかに「Dropbox」アプリをインストールすると、完了となります。

友人を招待する

Dropboxでは、友人をDropboxに招待することで、500MBの追加容量を得ることができます。画面右上のアイコンをクリックし、<設定>→<プラン>の順にクリックして、<お友達を招待する>をクリックします。招待する相手のメールアドレスを入力して送信すると、相手にメールが送信されます。招待した相手がメールを開いて<招待状を承諾する>をクリックし、Dropboxのアカウントを作成してパソコンにDropboxをインストールすれば、500MBが追加されます。複数の友人を招待することで、最大16GBまで容量を増やすことができます。

Dropbox Plus／Professionalにアップグレードする

有料プランのDropbox Plus／Professionalにアップグレードすると、使用できる容量が1TB／2TBに増える、使える機能が増えるなどのメリットがあります。ここでは、Dropbox Professionalへのアップグレード方法を解説します。

Dropbox Professionalにアップグレードする

1 画面右上のアイコンをクリックし、＜アップグレード＞をクリックします。

①クリックする
②クリックする

2 プランの内容の比較が表示されます。画面をスクロールしたら、ここでは「Professional」の「月間払い」を選択し、＜今すぐ購入＞をクリックします。

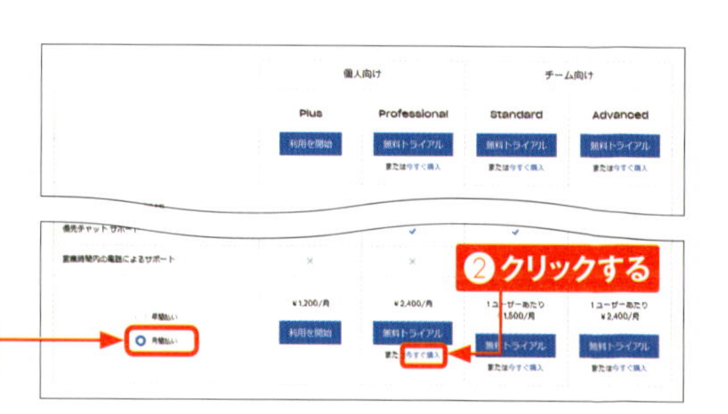

3 請求サイクルを選択します。「年間払い」と「月間払い」のどちらかをクリックします。

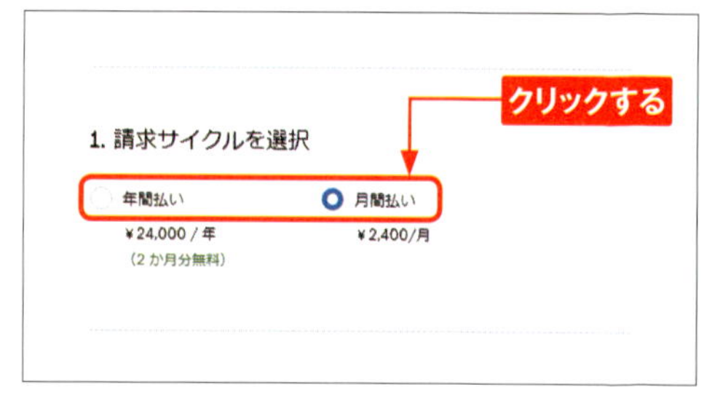

4 支払いの種類を選択し、クレジットカード情報を入力します。

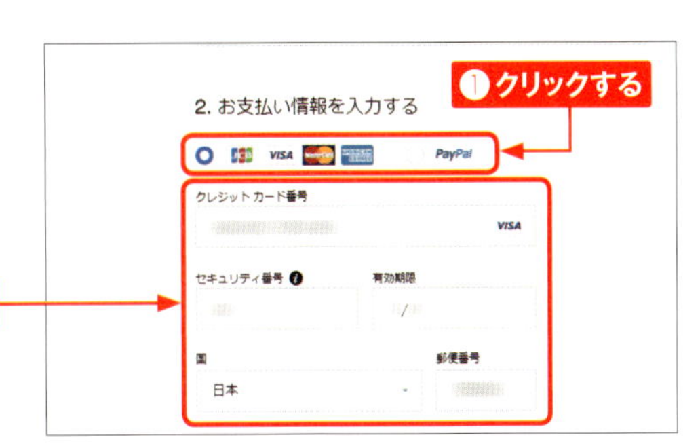

5 利用規約のチェックボックスをクリックしてチェックを付けたら、<今すぐ購入>をクリックします。

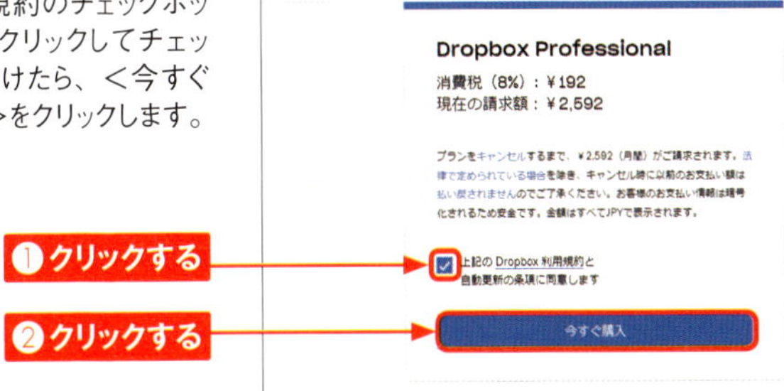

6 Dropbox Professionalへのアップグレードが完了します。

Memo 「Plus」と「Professional」の違いは?

Dropboxの個人向けの有料プランには、「Plus」と「Professional」が用意されています。両者の大きな違いは料金と使用できる容量で、Plusは月額1,200円で1TB、Professionalは月額2,400円で2TBとなっています。また、PlusはProfessionalでは利用できる「共有リンクの管理機能」や「閲覧者の履歴」などといった機能が制限されていますが、個人用としてはPlusでも問題なく使用することができるでしょう。

共有期間を設定する（Professional／Business版）

有料のDropbox ProfessionalまたはDropbox Businessにアップグレードすると、共有リンク（Sec.017参照）に有効期限を設定することができます。有効期限の設定は、リンクの共有後でも可能です。

共有期間を設定する

1 P.72手順①を参考に共有したいファイルの＜共有＞をクリックし、⚙をクリックします。

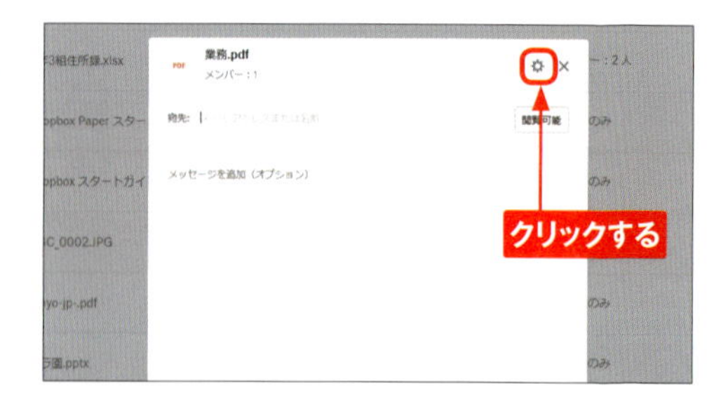

2 ＜リンクの設定＞をクリックし、「有効期間」の▭をクリックします。

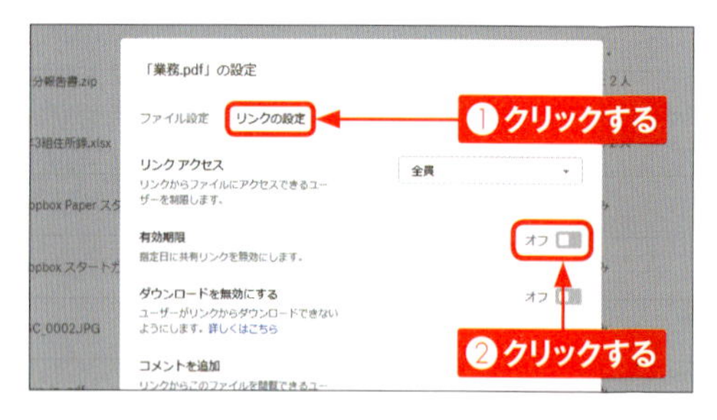

3 有効期間がオンになり、設定できるようになります。▦をクリックします。

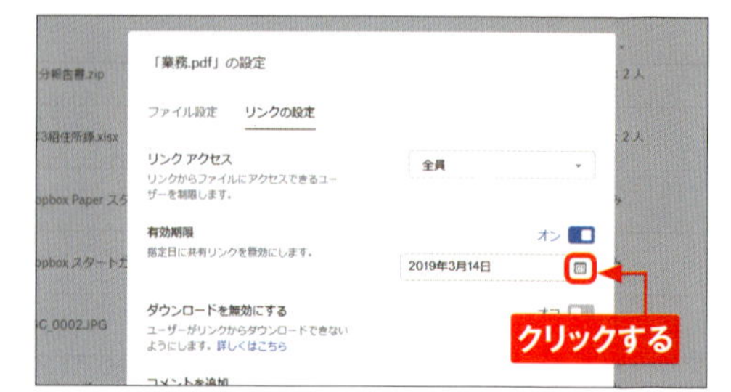

4 表示されたカレンダーから任意の日付をクリックし、＜保存＞をクリックします。

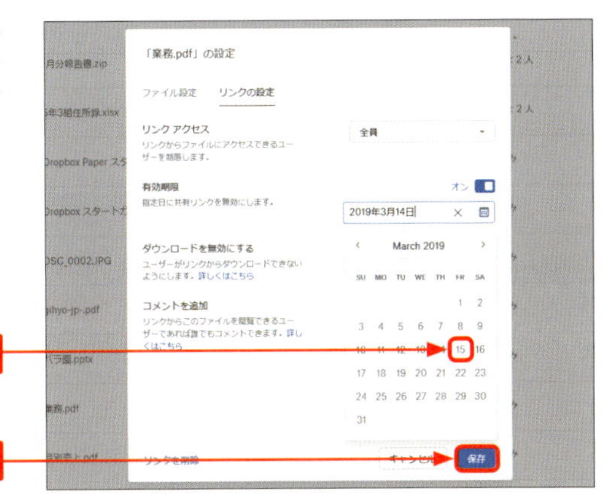

5 リンクの設定の内容を確認して、＜保存＞をクリックします。

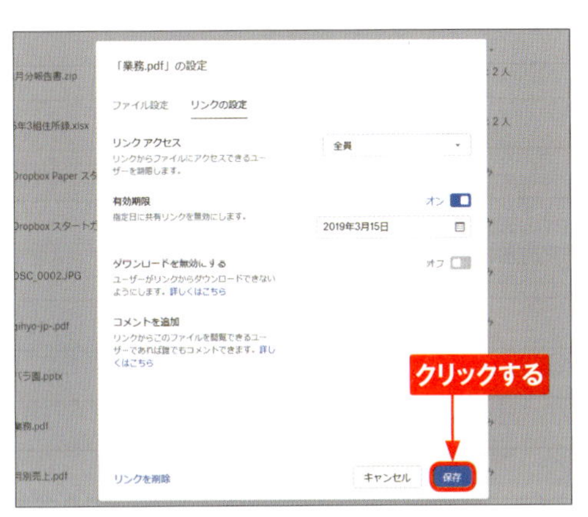

6 共有画面に戻るので、ファイルを共有したい相手のメールアドレスとメッセージを入力し、＜共有＞をクリックします。

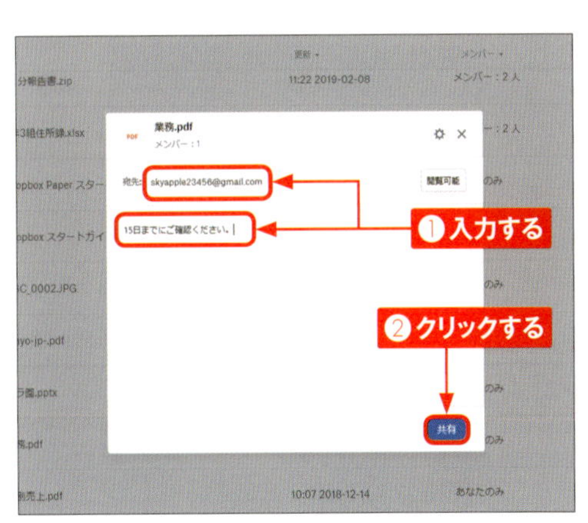

Section 043 共有ファイルにパスワードをかける(Professional／Business版)

Dropbox ProfessionalまたはDropbox Businessでは、共有ファイルにパスワードを設定することができます。共有相手はパスワードを入力しないと、ファイルを開くことができません。

共有ファイルにパスワードを設定する

① P.72手順①を参考に共有したいファイルの＜共有＞をクリックし、⚙をクリックします。

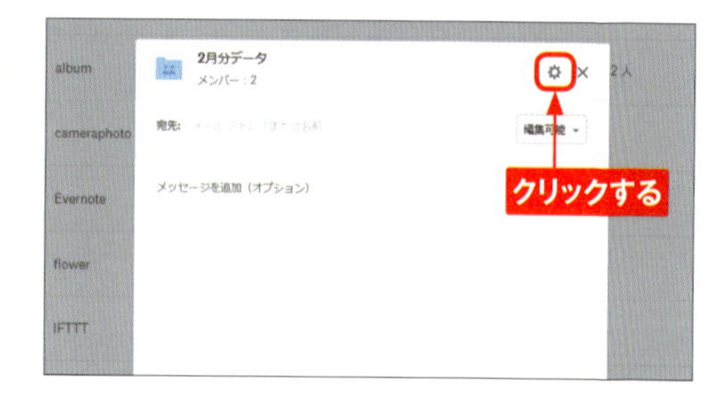

② ＜リンクの設定＞をクリックし、「リンクアクセス」の＜全員＞をクリックします。

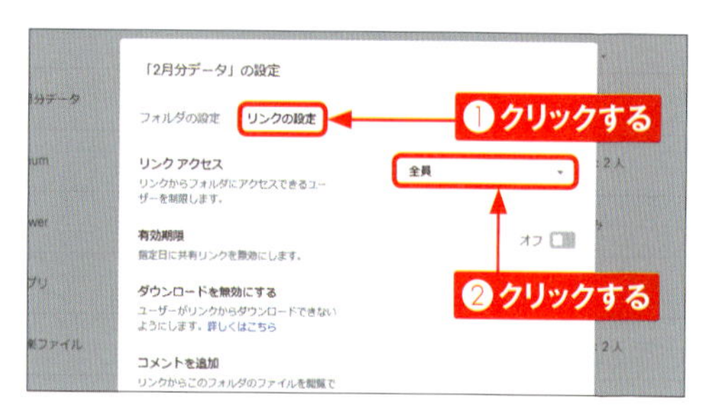

③ ＜パスワードの所有者のみ＞をクリックします。

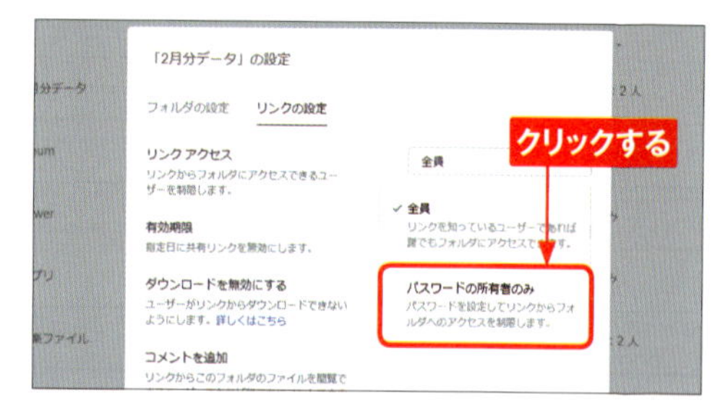

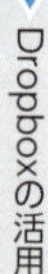

4 設定したいパスワードを入力し、<保存>をクリックします。

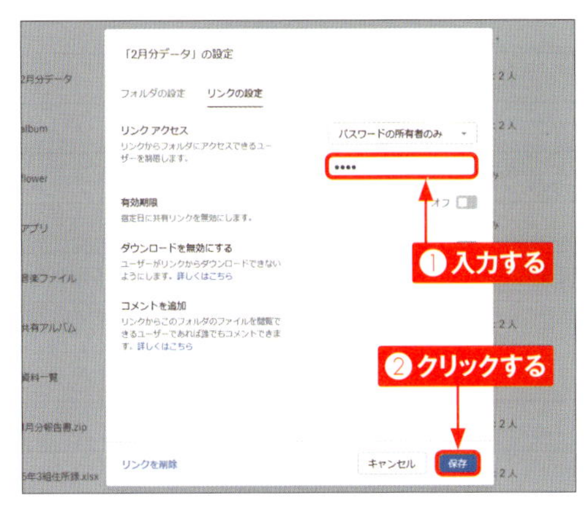

5 パスワードが設定されたリンクを共有された相手は、パスワードを入力し、<続行>をクリックします。

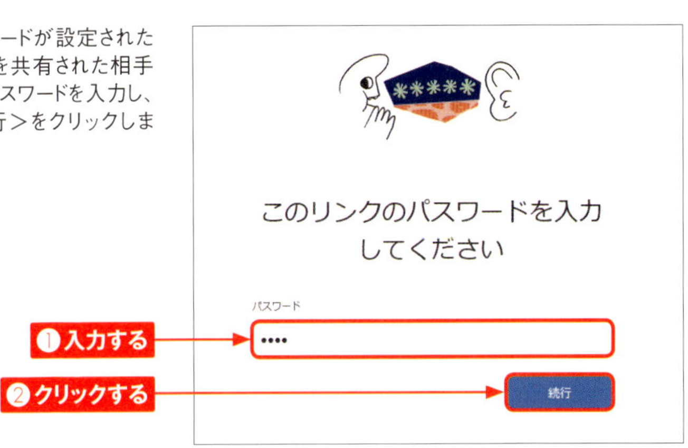

6 リンクを開くことができます。

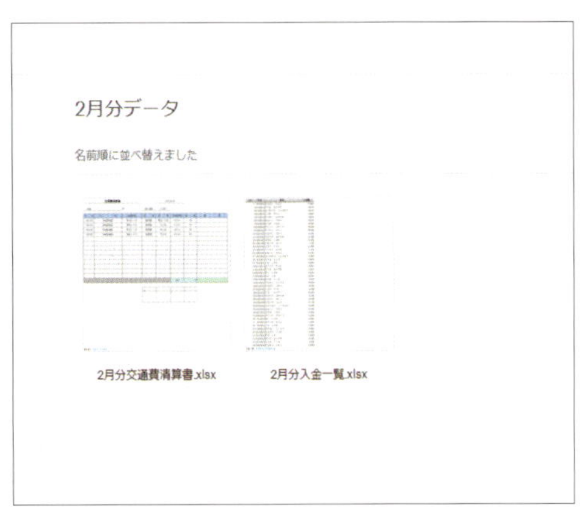

Section 044

ファイルを検索する

「コンテンツを検索」機能を利用すれば、フォルダ名やファイル名のキーワード、拡張子からファイルを検索できます。Dropbox ProfessionalまたはDropbox Businessでは、ファイル内に含まれるキーワードでも検索が可能です。

ファイルを検索する

1 ファイル画面で<コンテンツを検索>をクリックします。

2 入力欄に検索したいファイル名や拡張子を入力します。検索結果が表示されるので、任意のフォルダ名またはファイル名をクリックします。ここではファイル名をクリックします。

3 選択したファイルが表示されます。手順②でフォルダ名（<場所:○○>）をクリックすると、フォルダ内のファイルが表示されます。

ファイル内のキーワードで検索する（Pro ／ Business版）

① P.94手順②の画面で、検索したいファイル内のキーワードを入力します。検索結果が表示されるので、ファイル名をクリックします。

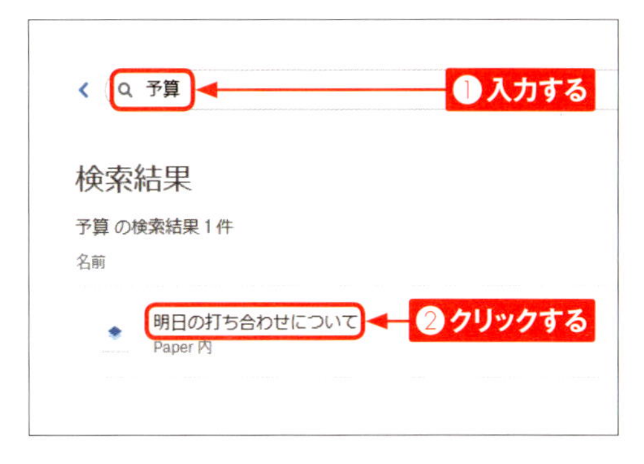

② 選択したファイルが表示されます。

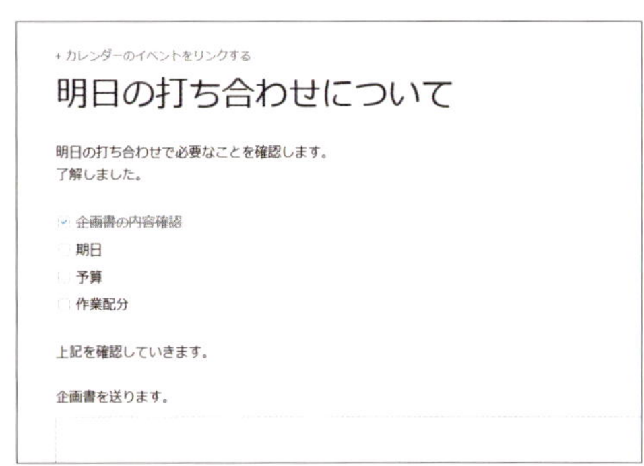

Memo Windows版Dropboxでファイルを検索する

Windows版Dropboxでも、Web版Dropboxと同様に「コンテンツを検索」機能を利用できます。パソコンのタスクトレイの をクリックし、「コンテンツを検索」欄にキーワードを入力すると、検索結果が表示されます。任意のファイルをクリックすると、Web版Dropboxでファイルが開きます。

Dropboxバッジで作業を共有する

Dropboxバッジでは、Word、Excel、PowerPointの同じファイルで作業しているユーザーを確認することができます。自分以外のユーザーが編集した内容が保存された場合、バッジから最新バージョンに更新することも可能です。

Dropboxバッジを利用して作業を共有する

1 Dropboxでほかのユーザーと共有しているファイルを開くと、Dropboxバッジが表示されます。

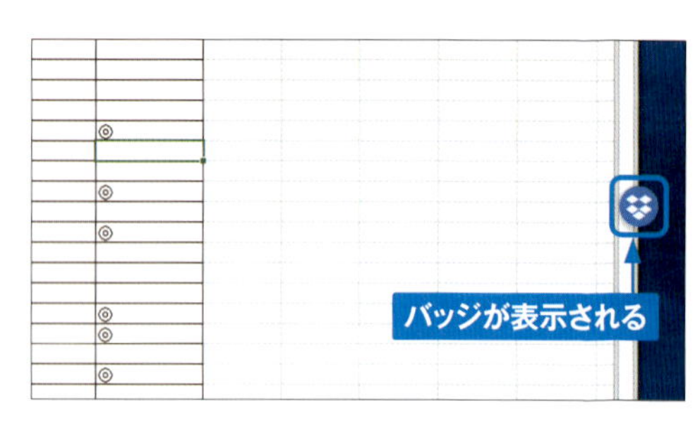

2 自分以外のユーザーがファイルを閲覧すると、Dropboxバッジにそのユーザーのアイコンが表示されます。Dropboxバッジをクリックします。

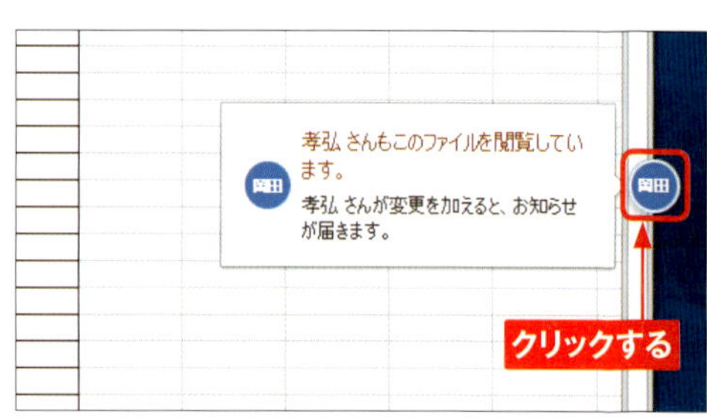

3 Dropboxのバッジのメニューが表示されます。ここからファイルを共有したり、コメントを残したりすることができます。

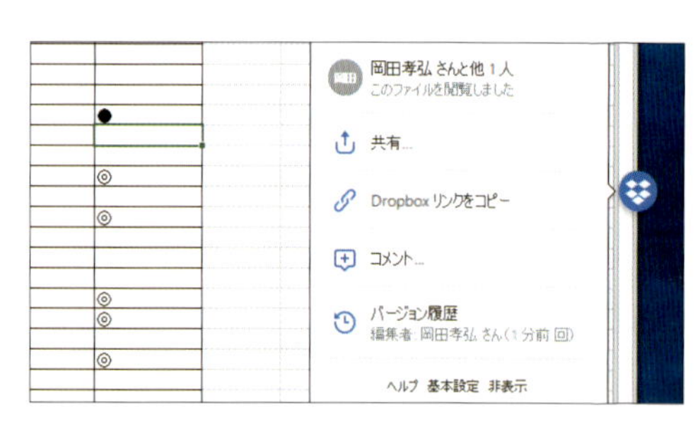

4 自分以外のユーザーがファイルを更新すると、「他のユーザーが変更内容を保存しました。」と表示されます。<最新バージョンを見る>をクリックします。

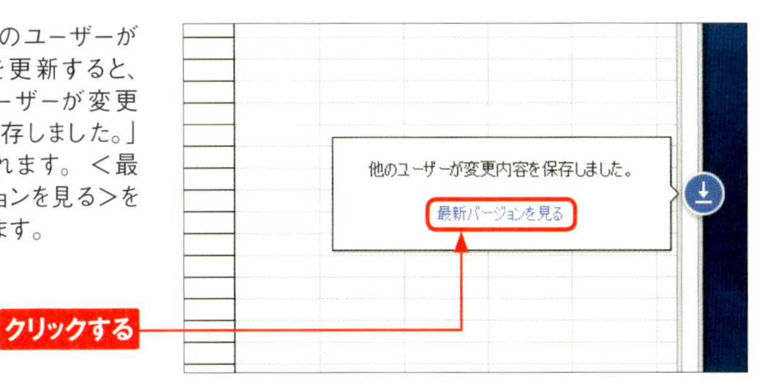

5 ほかのユーザーが保存した内容に更新されます。Dropboxバッジをクリックして<バージョン履歴>をクリックし、<バージョン履歴>をクリックします。

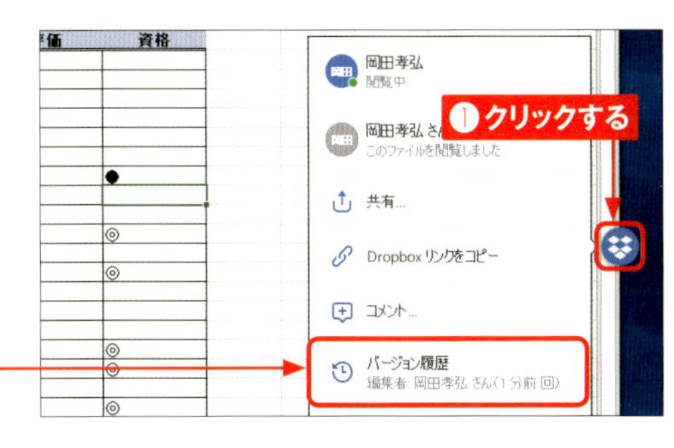

6 Dropboxに移動し、ファイルのバージョン履歴が表示されます。自分が使用していた状態に戻したい場合はそのバージョンの<復元>をクリックし、続けて<復元>をクリックします。

7 バージョンが復元されます。

第3章 Dropboxの活用

Section 046 共有ファイルを読み取り専用にする

Dropboxでは、共有フォルダ内のユーザーにファイルの読み取りのみを許可して、ファイルの追加や編集をできないように設定することができます。なお、設定はあとからでも変更できます。

共有フォルダ内のユーザーに読み取り専用権限を設定する

1. ファイル画面で読み取り専用にしたいフォルダの<共有>をクリックします。

2. 読み取り専用にしたいユーザーの<編集可能>をクリックします。

3. <閲覧可能>をクリックします。

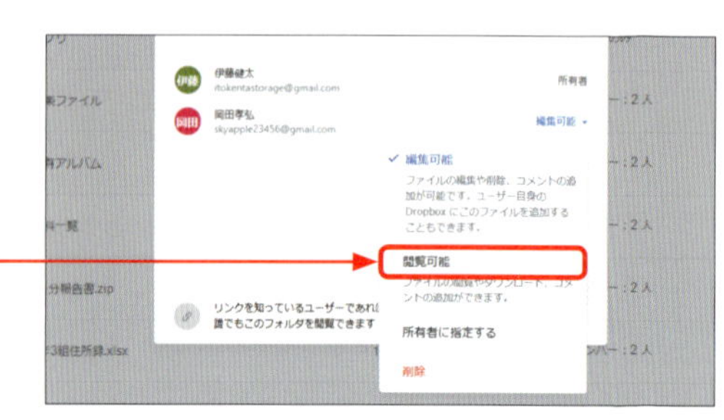

4 権限が変更されます。×をクリックして画面を閉じます。

5 読み取り専用に設定したユーザーはファイルの読み取りのみが可能で、編集ができなくなります。

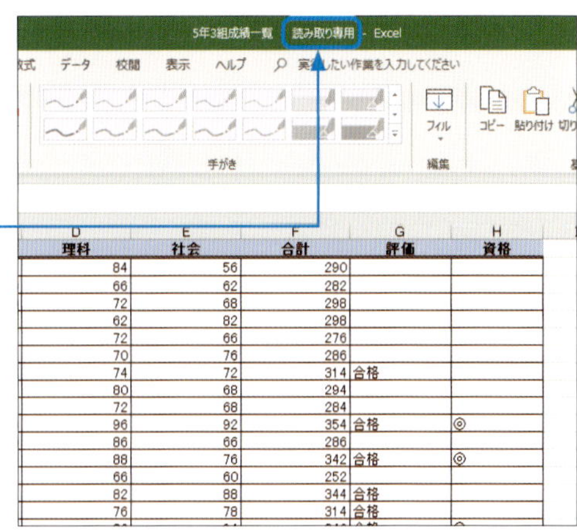

理科	社会	合計	評価	資格
84	56	290		
66	62	282		
72	68	298		
62	82	298		
72	66	276		
70	76	286		
74	72	314	合格	
80	68	294		
72	68	284		
96	92	354	合格	◎
86	66	286		
88	76	342	合格	◎
66	60	252		
82	88	344	合格	
76	78	314	合格	

Memo 所有者を変更する

共有フォルダの所有者権限は作成したユーザーに与えられます。所有者を変更したい場合は、現在の所有者がP.98手順②の画面で所有者に設定したいユーザーのメニューをクリックし、<所有者に設定する>をクリックします。

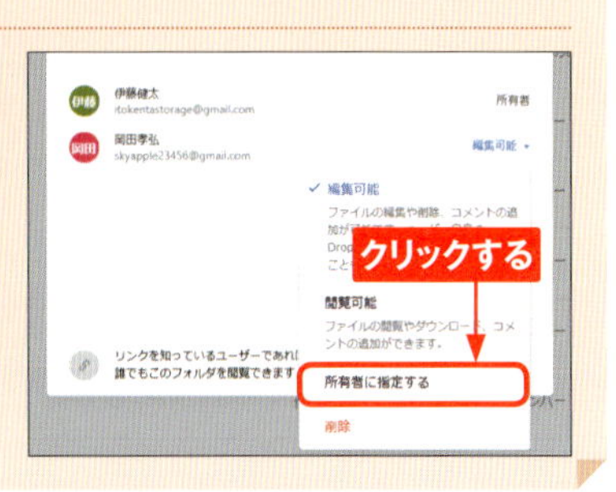

Section 047 共有しているデバイスを確認する／解除する

Dropboxでは、アカウントに連携されているデバイスを確認することができます。使用しなくなったデバイスがある場合は、デバイスのリンクを解除しておきましょう。なお、リンクを解除したデバイスからは、ファイルへのアクセスができなくなります。

デバイスのリンクを確認する／解除する

1 画面右上のアイコンをクリックします。

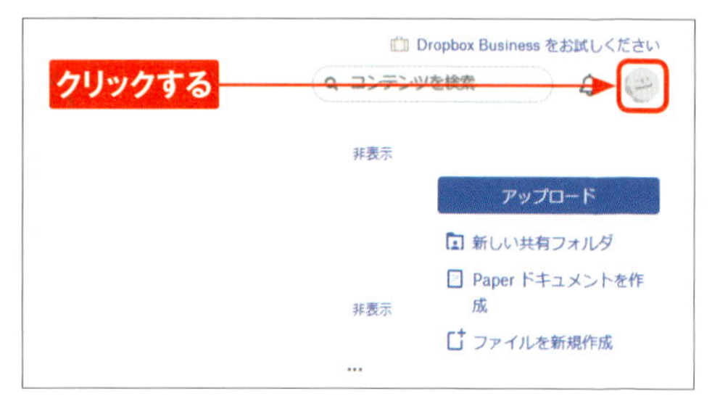

2 ＜設定＞をクリックします。

3 ＜セキュリティ＞をクリックします。

4 画面を下方向にスクロールすると、共有しているデバイスのリンクを確認できます。「デバイス」欄からリンクを解除したいデバイスの×をクリックします。

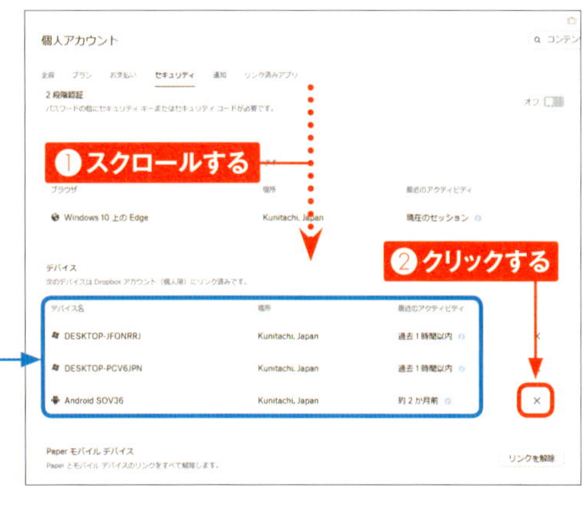

5 <リンクを解除>をクリックします。

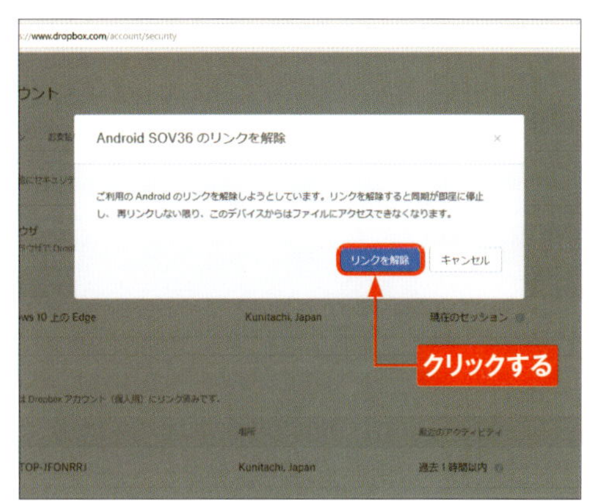

6 選択したデバイスのリンクが解除されました。

Section 048

スマートフォンで撮った写真を自動保存する

スマートフォン版Dropboxでは、撮影した写真を自動的にDropboxへ保存する「カメラアップロード」機能が利用できます。写真をそのつどDropboxに保存する手間が省けるので、バックアップにも便利です。

カメラアップロード機能で写真を自動保存する(Android)

1 Androidスマートフォンで「Dropbox」アプリを起動し、☰をタップします。

2 <設定>をタップします。

3 画面を上方向にスワイプし、<カメラアップロード>をタップします。

4 「カメラアップロード」の をタップして、 にします。

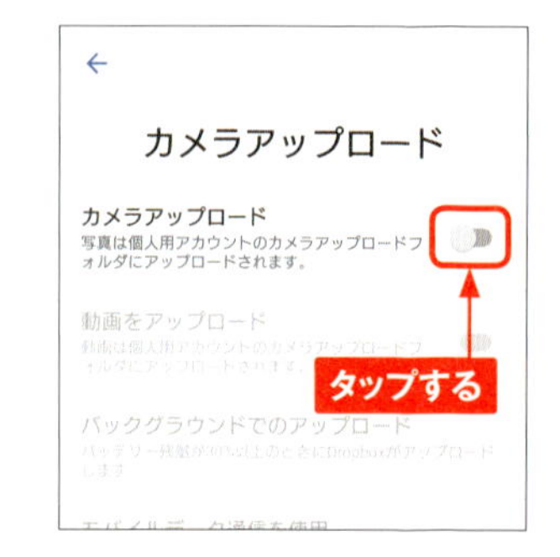

5 「カメラアップロード」がオンになります。「モバイルデータ通信を使用」の をタップします。

6 「モバイルデータ通信を使用」がオンになります。←を2回タップします。

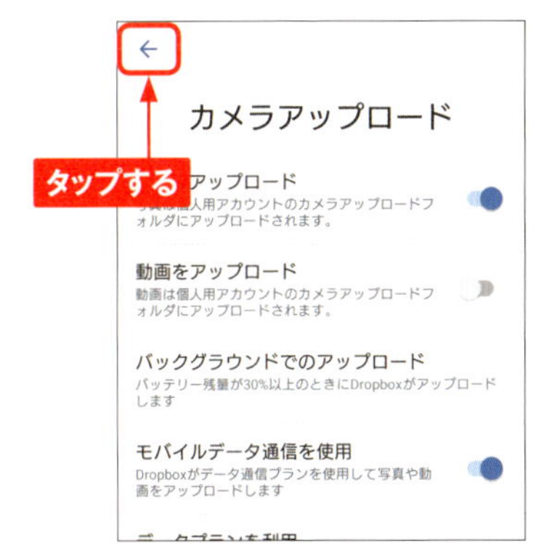

Memo モバイルデータ通信をオフにすると?

「モバイルデータ通信を使用」がオフになっていると、Wi-Fi接続しているときにだけカメラアップロードが行われます。

7 ホーム画面に戻ると、「カメラアップロード」フォルダが作成されています。<カメラアップロード>をタップします。

8 スマートフォンで撮影した写真が保存されていることを確認できます。

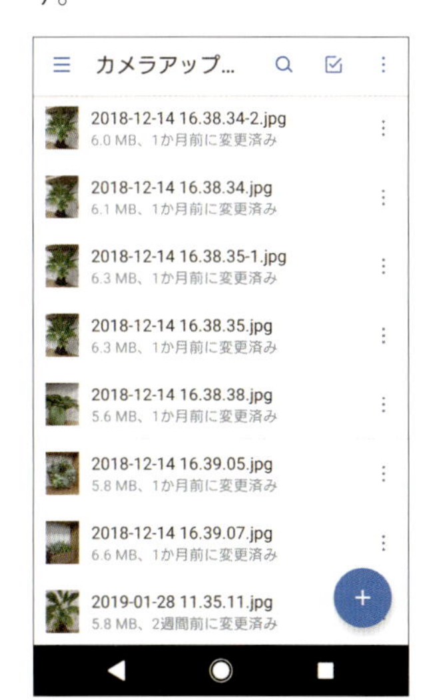

カメラアップロード機能で写真を自動保存する（iPhone）

1 iPhoneで「Dropbox」アプリを起動し、＜アカウント＞をタップします。

2 ＜カメラアップロード＞をタップします。

3 「カメラアップロード」の をタップして、 にします。

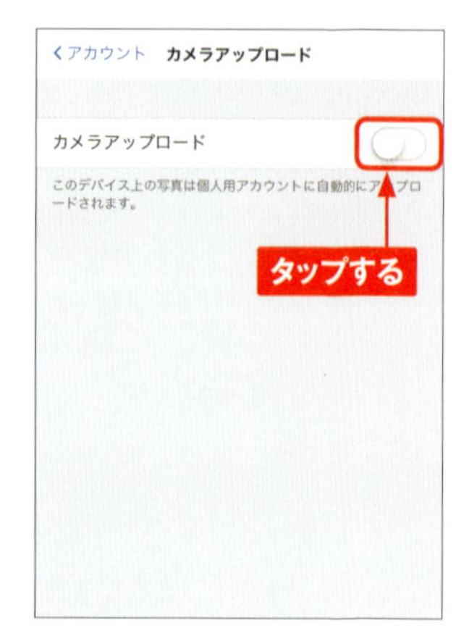

4 「携帯ネットワークを使用」の をタップしてオンにすると、モバイルデータ通信接続時にもカメラアップロード機能が実行されます。続けて＜ファイル＞をタップします。

5 「カメラアップロード」フォルダが作成されます。＜カメラアップロード＞をタップします。

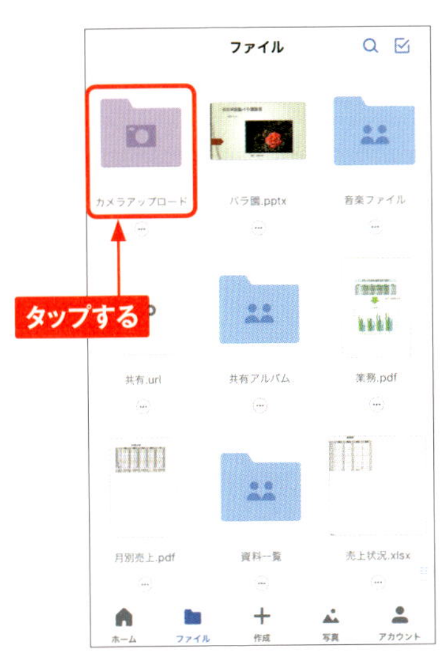

6 iPhoneで撮影した写真が保存されていることを確認できます。

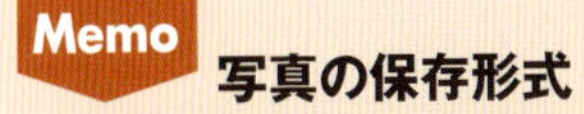

Memo 写真の保存形式

写真の保存形式についての確認画面が表示された場合は、＜JPG＞か＜HEIC＞のどちらかをタップし、＜確認＞をタップします。

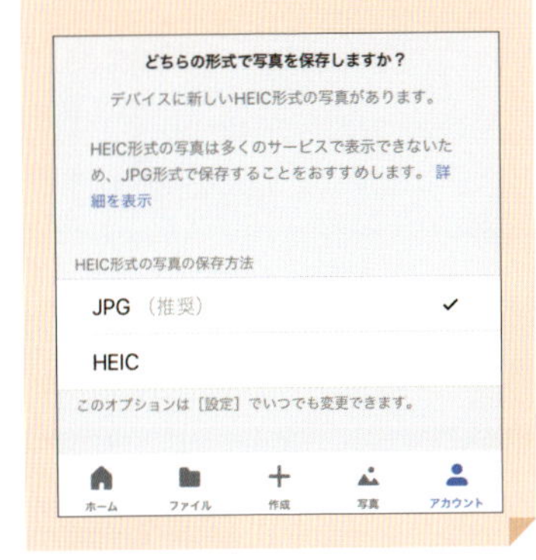

Memo バックグラウンドでのアップロードをオンにする

P.104手順④の画面で「バックグラウンドでのアップロード」の をタップし、＜有効＞→＜許可＞の順にタップすると、バックグラウンドでのアップロードをオンにできます。

デジカメの写真をDropboxに保存する

デジカメで撮影した写真も、Dropboxに保存することができます。保存すると、あとからWeb版Dropboxで表示したときに、オンラインギャラリーとして写真を見ることが可能です。

デジカメの写真を保存する

1 デジタルカメラをUSBケーブルなどでパソコンにつなぎます。

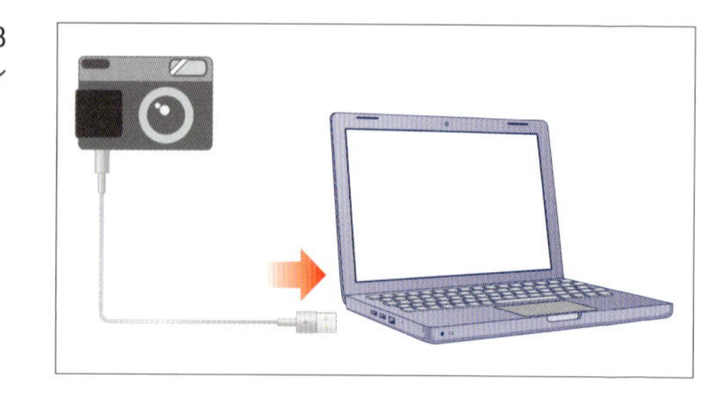

2 「カメラアップロード」画面が表示されるので、<キャンセル>をクリックします。

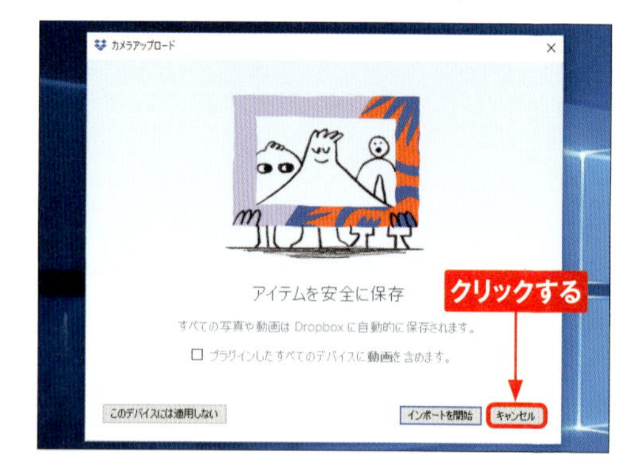

3 デスクトップのタスクバーのエクスプローラーをクリックします。

4 カメラのデータが保存されているフォルダをクリックし、Dropboxに保存したい画像が入ったフォルダをクリックします。

5 ファイル上の画像が保存されるので、「Dropbox」フォルダの任意のフォルダにドラッグ&ドロップします。

6 画像が同期されます。✅が表示されたら同期完了です。

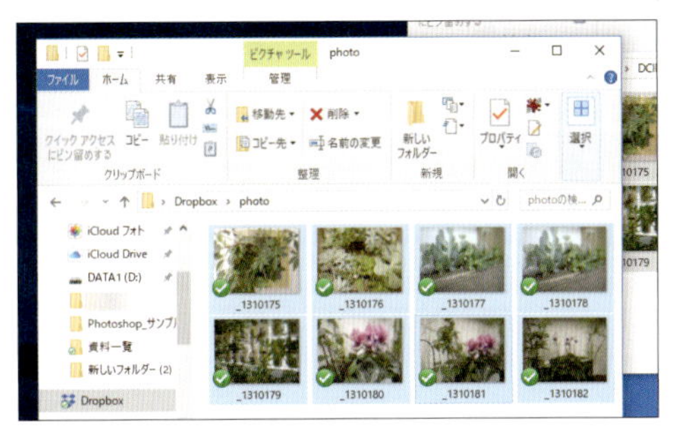

7 Web版Dropboxを表示すると、画像ファイルが保存されていることを確認できます。

Section 050 Dropbox Paperでほかのユーザーと作業を共有する

Dropbox Paperは、ドキュメントの作成、保存、共有などができる機能です。複数人での作業を1ヶ所で行うことできます。Dropboxのユーザーであれば、共有されたドキュメントを見ることが可能です。

Dropbox Paperで作業を共有する

1. Dropboxのホーム画面で<Paper>をクリックします。

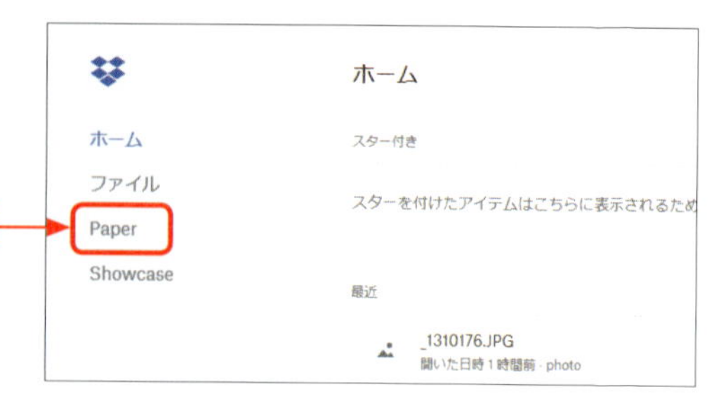

2. <使ってみる>をクリックし、次の画面で<今すぐ始める>をクリックします。

3. Dropbox Paperが利用できるようになります。<Paper ドキュメント>をクリックして作業のタイトルなどを入力し、<招待>をクリックします。招待したい相手のメールアドレスを入力し、<送信>をクリックします。

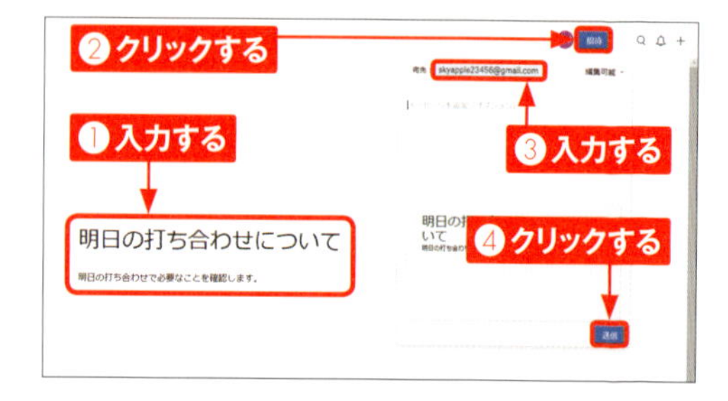

4 招待した相手がドキュメントに参加すると右上にアイコンに表示され、相手も書き込みができるようになります。

5 ドキュメントにはタスクを作成したり、ファイルや写真を挿入したりできます。

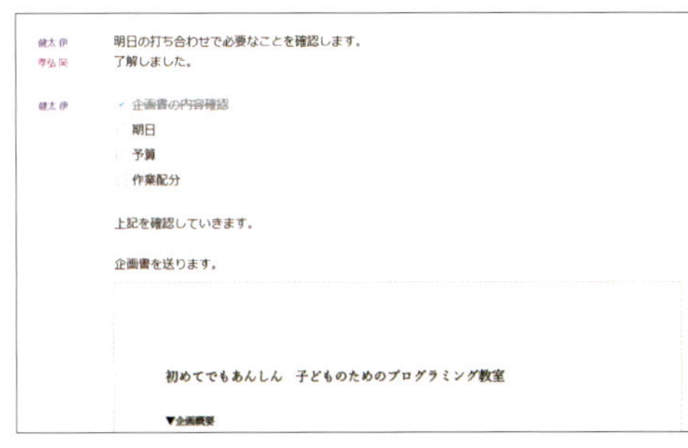

Dropbox Paperで利用できる機能

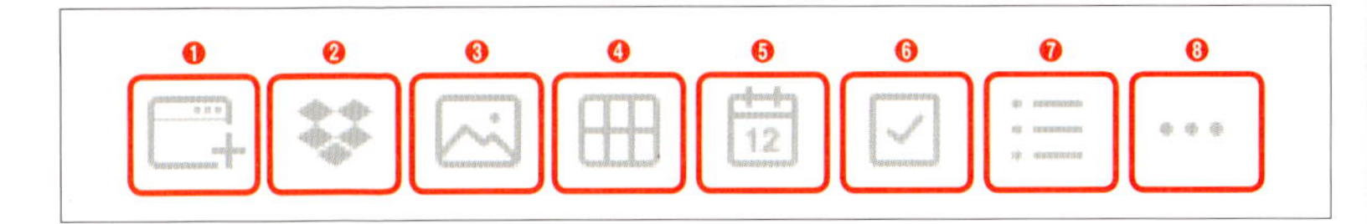

❶メディアを追加	Google DriveやYouTube、Instagramなどのメディアを挿入することができます。
❷Dropboxファイルを挿入	Dropboxに保存されているファイルや写真を挿入することができます。
❸画像を追加	パソコン上に保存されている画像を挿入することができます。
❹表を作成	表を作成・挿入することができます。
❺タイムラインを作成	カレンダーを挿入してタイムラインを作成することができます。
❻To-doリストを作成	チェックボックスを作成することができます。
❼箇条書きリストを作成	箇条書きリストを作成することができます。
❽その他のオプション	番号付きリストの作成、セクション区切りの追加、コードの追加などができます。

Dropbox Showcaseを利用する

Dropbox Showcaseは、1つのページに写真や文字を入れた作品を作ることができます。プレゼン資料やポートフォリオを作るのに便利です。なお、Dropbox ShowcaseはDropbox ProfessionalまたはDropbox Businessで利用できます。

Dropbox Showcaseの利用を開始する

1 Dropboxのホーム画面で<Showcase>をクリックします。

2 チュートリアル画面で<Showcaseを作成>をクリックし、<スキップ>をクリックします。

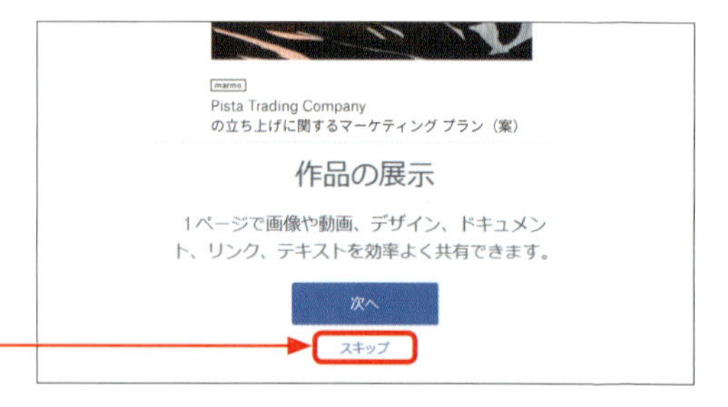

3 Dropbox Showcaseが利用できるようになります。タイトルや写真を追加して、オリジナルの作品を作りましょう。

Dropbox Showcaseでできること

●ロゴやフィーチャー画像の追加

作品の上部にオリジナルのロゴやフィーチャーしたい画像を設定できます。ビジネス利用の場合は、企業ロゴなどを入れるとよいでしょう。

●画像やテキストの追加

写真を追加すると、その写真についての説明を入れることができます。写真も文字も配置や大きさなどの変更が可能なので、自由なレイアウトが組めます。

●アクティビティの確認

Showcaseを共有しているユーザーがいると、ユーザーの行動がアクティビティに表示されます。閲覧数やコメント数、写真のダウンロード数などが確認できます。

Dropbox Showcaseを共有する

Showcaseで作品が完成したら、ほかのユーザーに共有して意見を求めましょう。Showcase作成画面上部の<共有>をクリックし、共有したい相手のメールアドレスを入力して、<送信>をクリックします。なお、共有相手は、Dropbox ProfessionalまたはDropbox Businessを利用していなくても、Showcaseの特定の場所にコメントやステッカーを残したり、写真をダウンロードしたりできます。

Section 052 2段階認証でセキュリティを強化する

大切なデータを保存している場合は、2段階認証でセキュリティを強化しましょう。2段階認証を有効にすると、ログイン時や新しいデバイスでDropboxを利用する場合に6桁のセキュリティコードの入力が必要になります。

2段階認証を有効にする

1 画面右上のアイコンをクリックし、＜設定＞をクリックします。

2 ＜セキュリティ＞をクリックし、「2段階認証」の をクリックします。

3 ＜使ってみる＞をクリックします。

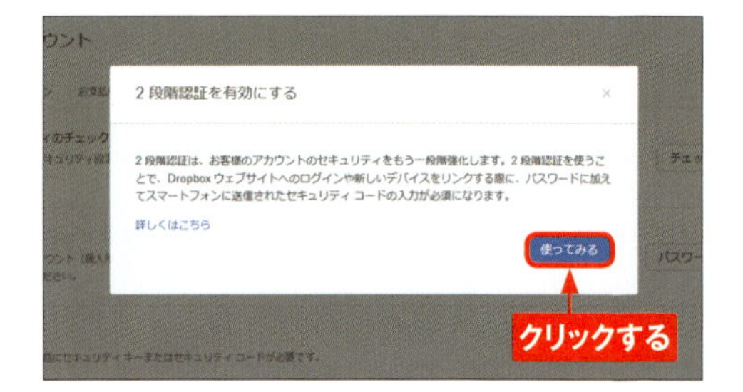

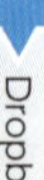

4 Dropboxアカウントのパスワードを入力し、<次へ>をクリックします。

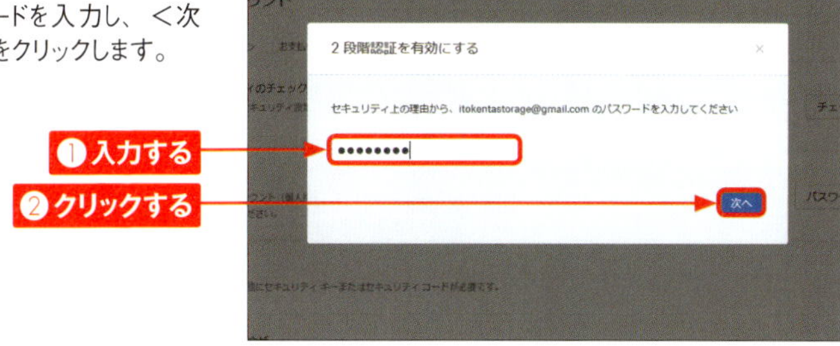

5 セキュリティコードの受信方法を選択します。ここでは「テキストメッセージを使用」を選択し、<次へ>をクリックします。

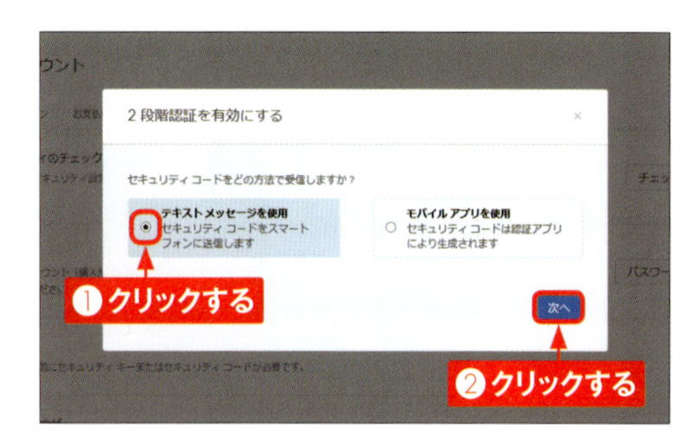

6 セキュリティコードを受信するスマートフォンの電話番号を入力し、<次へ>をクリックします。

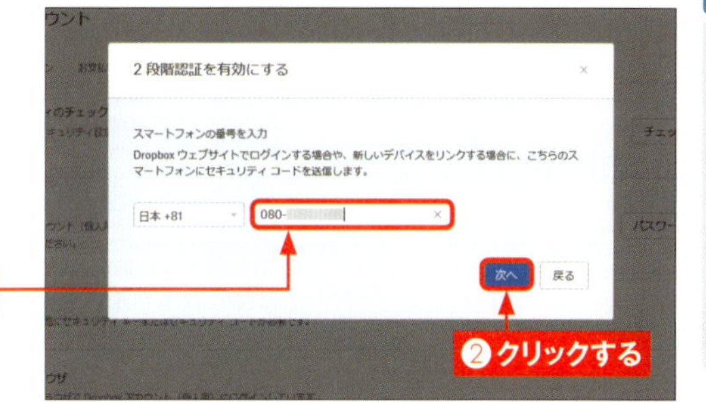

Memo モバイルアプリを利用する

手順⑤の画面で「モバイルアプリを使用」を選択し、<次へ>をクリックすると、「Duo Mobile」など、時間制限のある固有のセキュリティコードを生成するモバイルアプリを使用してログインするように設定できます。

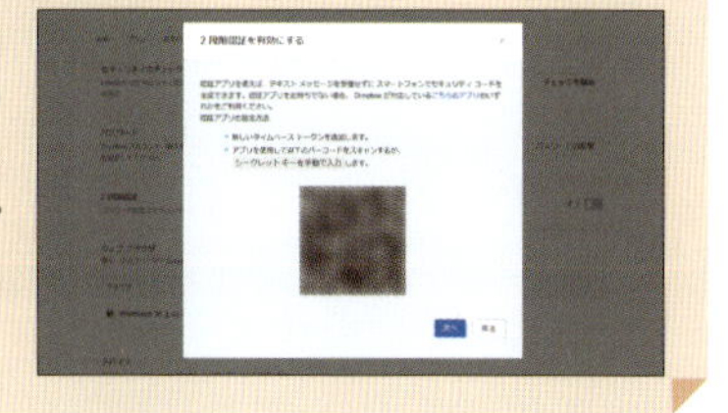

7 手順⑥で入力した電話番号にテキストメッセージが通知されます。メッセージに記載されているセキュリティコードを入力し、<次へ>をクリックします。

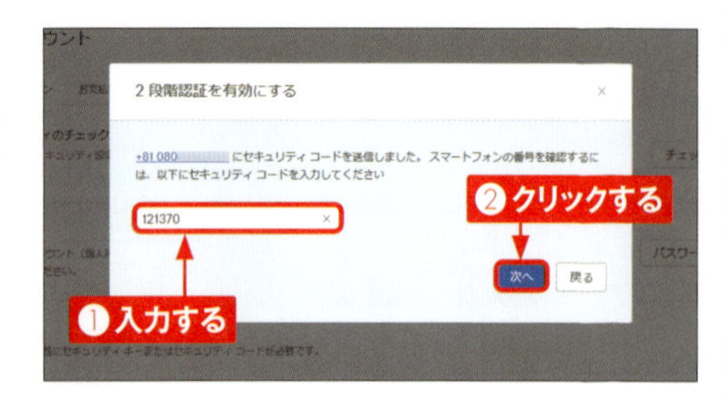

8 予備のスマートフォンを設定しておく場合はその電話番号を入力し、<次へ>をクリックします。設定しない場合はそのまま<次へ>をクリックします。

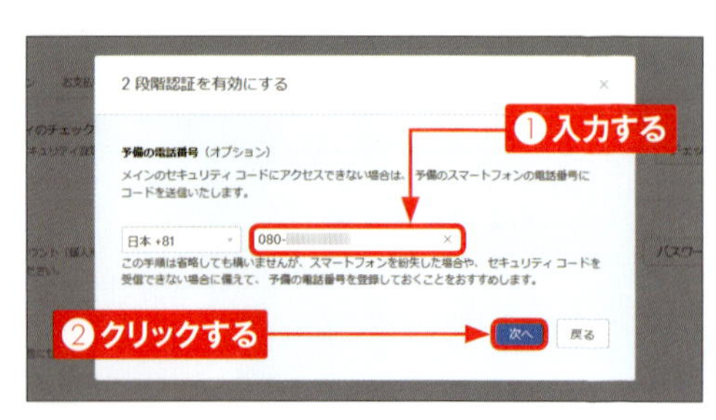

9 バックアップコードが表示されるので、紙に書き留めるなどして、安全な場所に保管しておきます。<次へ>をクリックし、次の画面でも<次へ>をクリックすると、2段階認証が有効になります。

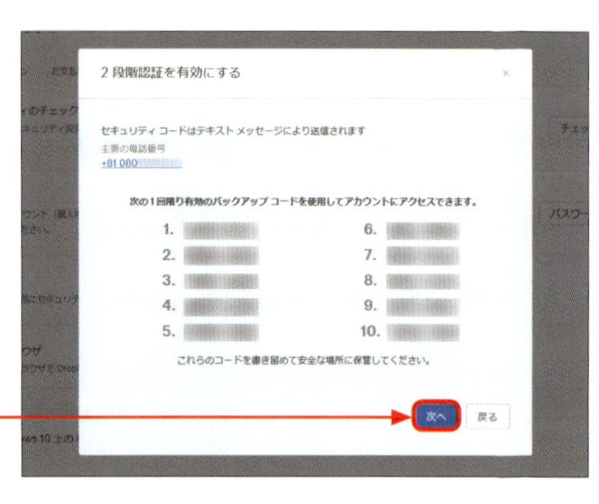

10 次回からログイン時にスマートフォンに通知されるセキュリティコードの入力が必要になります。

Section 053 パスワードを変更する

セキュリティの観点から、Dropboxアカウントのパスワードは定期的に変更することをおすすめします。パスワードを変更すると、アカウントにリンクしているすべてのデバイスで自動的に新しいパスワードが適用されます。

パスワードを変更する

① P.112手順②の画面を表示し、「パスワード」の<パスワードの変更>をクリックします。

② 上の入力欄に現在のパスワードを入力し、下の入力欄に新しく設定したいパスワードを入力したら、<パスワードの変更>をクリックします。

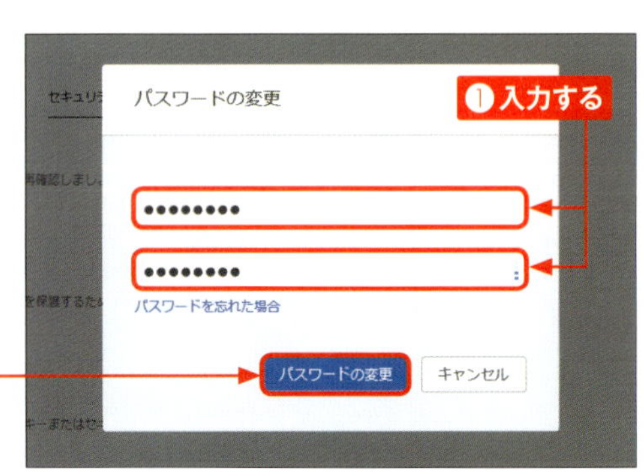

③ パスワードが変更されました。

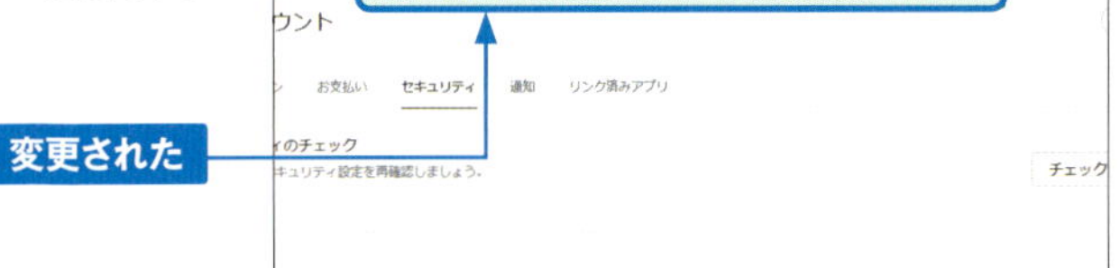

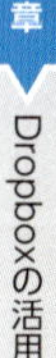

Section 054

キャッシュを削除する

オフライン時に見たファイルなどはパソコンのハードディスクにキャッシュとして保管されます。ファイルを削除してもハードディスクで操作が反映されない場合などは、手動でキャッシュを削除しましょう。

キャッシュを削除する

1 エクスプローラーを開き、アドレスバーをクリックします。

クリックする

2 入力できるようになるので、「%HOMEPATH%¥Dropbox¥.dropbox.cache」と入力し、Enterを押します。

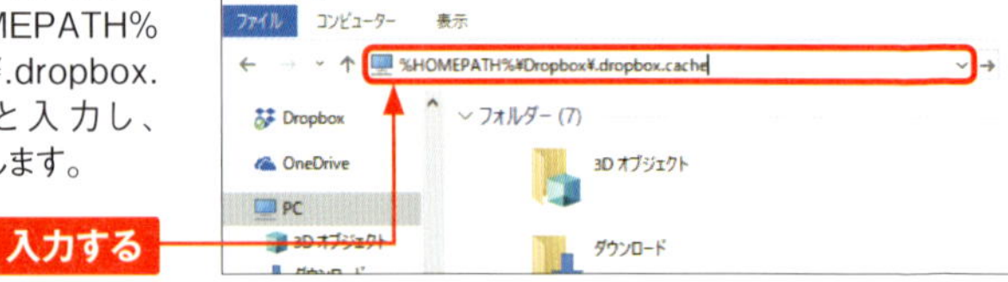

3 キャッシュファイルまたはキャッシュファイルの入ったフォルダが表示されるので、ダブルクリックします。

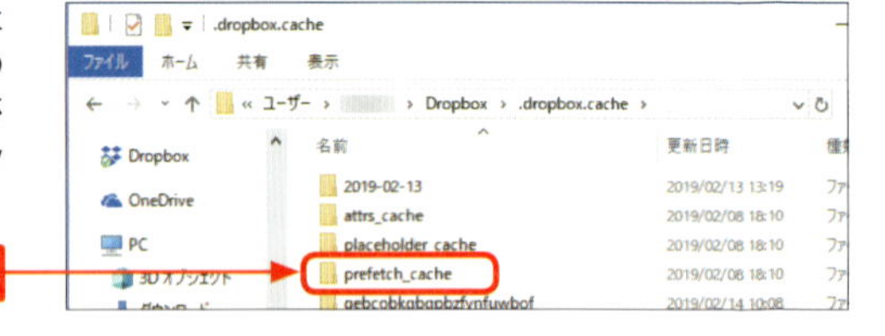

4 削除したファイルがキャッシュフォルダに保存されていればここに表示されます。通常のファイルと同様に削除もできます（キャッシュフォルダは3日ごとに自動的にクリアされます）。

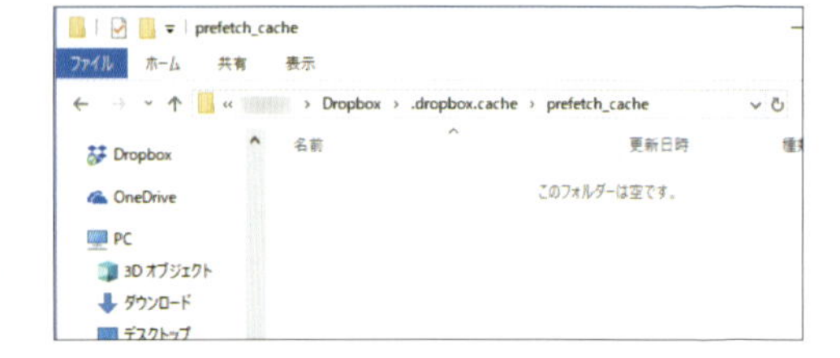

第4章

Google Driveの基本操作

Section 055 Google Driveとは?

Google Driveは、Googleが提供するクラウドストレージサービスです。ファイルを保存、新規作成、編集しながら、ほかのユーザーと共有することができます。ExcelなどのOfficeファイルの閲覧と編集にも対応しています。

Google Driveとは?

Google Driveには、写真、動画、ドキュメントなど、さまざまなファイルを保存できます。また、スマートフォン、タブレット、パソコンなどインターネット接続が利用できるデバイスであれば、どこからでもGoogle Driveにアクセスして保存したファイルを開いたり、編集、ダウンロードしたりすることができます。Google Driveのファイルをほかのユーザーと共有したい場合は、作業ベースに招待しましょう。ファイルの利用、編集、コメントを共有できます。共同作業を行う場合、データはリアルタイムで自動保存されます。なお、オフライン作業をオンにするか、ファイルをデバイスに保存すれば、オフライン環境でもファイルを利用可能になります。

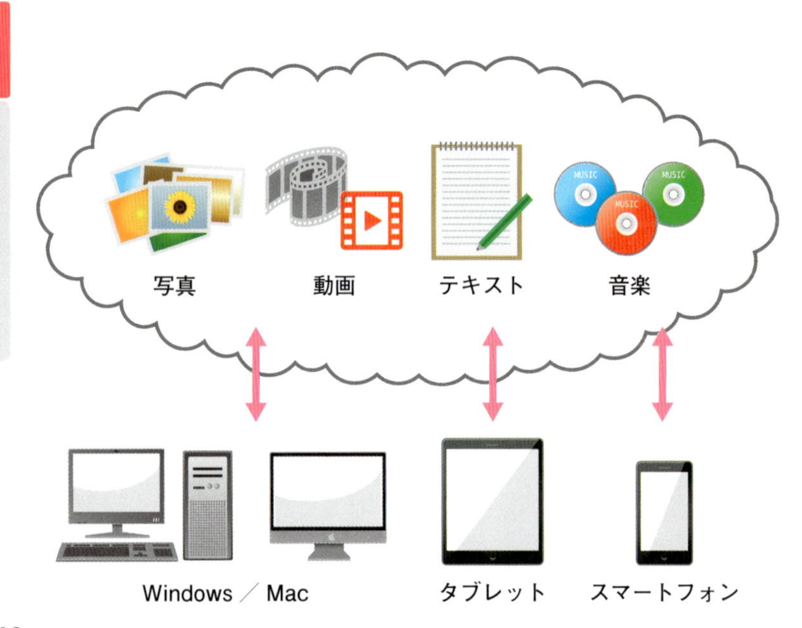

Google Driveでできること

●大容量で多機能なクラウドストレージサービス

Googleアカウントがあれば、無料で15GBまでのクラウドストレージを利用できます。ファイルを保存してほかのユーザーと共有したり、パソコン内のファイルをバックアップしたりすることができます。また、有料で容量の追加も可能です（Sec.086参照）。

●パソコン、スマートフォン、タブレットとの連携

インターネット環境さえあれば、どのデバイスからでも、Google Drive内のファイルを開いたり、編集したりすることができます。また、Google Driveアプリをインストールすれば管理をより便利に行うことができます（Sec.069～072参照）。

●オンラインでファイルの編集や管理が可能

共有設定（Sec.060参照）を行うことで、複数のメンバーで同じファイルを閲覧、編集できます。また、Offceがインストールされていないパソコンからでも、Offceファイルを利用、編集することができます。

Section 056

Googleアカウントを作成する

Googleが提供するオンラインサービスを利用するには、Googleアカウントが必要です。Google DriveやGmailなど、さまざまなサービスを1つのアカウントで利用できます。

Googleアカウントを作成する

1 WebブラウザでGoogleのサイト（https://accounts.google.com/signup?hl=ja）にアクセスし、名前、ユーザー名、パスワードを入力して、<次へ>をクリックします。

2 電話番号、生年月日、性別を入力し、<次へ>をクリックします。

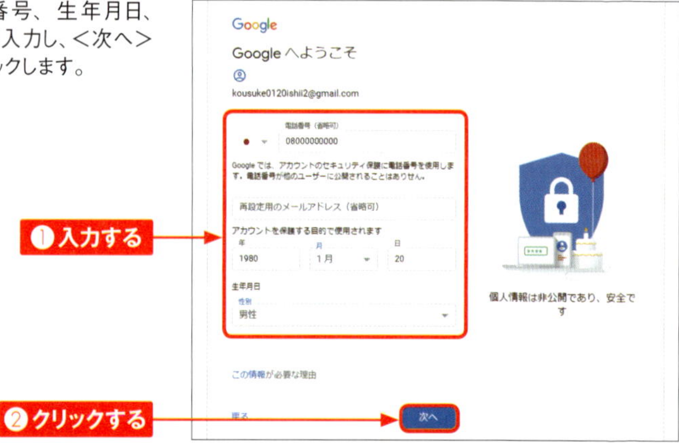

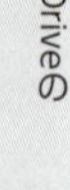

③ 「電話番号の確認」画面が表示されたら、<後で>をクリックします。

④ 「プライバシーポリシーと利用規約」画面が表示されたら、内容を確認し、<同意する>をクリックします。

⑤ Googleアカウントが作成されます。

Section 057 Google Driveを表示する

Googleアカウントを作成したら、Googleのトップページからのメニュー操作でGoogle Driveにアクセスしましょう。なお、パソコンではWeb版Google Driveを利用します（スマートフォンの場合はSec.069参照）。

Google Driveを表示する

1 Webブラウザで「https://www.google.co.jp/」にアクセスし、画面右上にある⁝⁝⁝をクリックします。

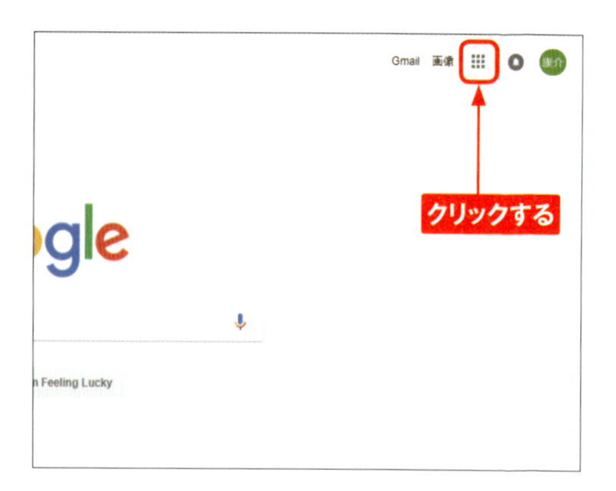

2 表示されたメニューから、<ドライブ>をクリックします。

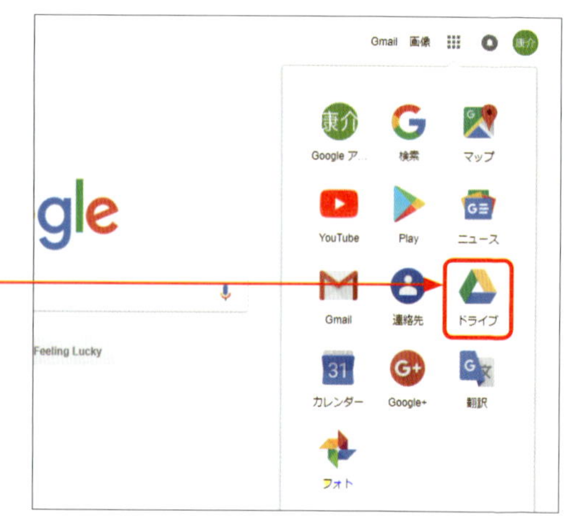

3 P.120～121で作成したアカウントが表示されていることを確認して、パスワードを入力し、<次へ>をクリックします。

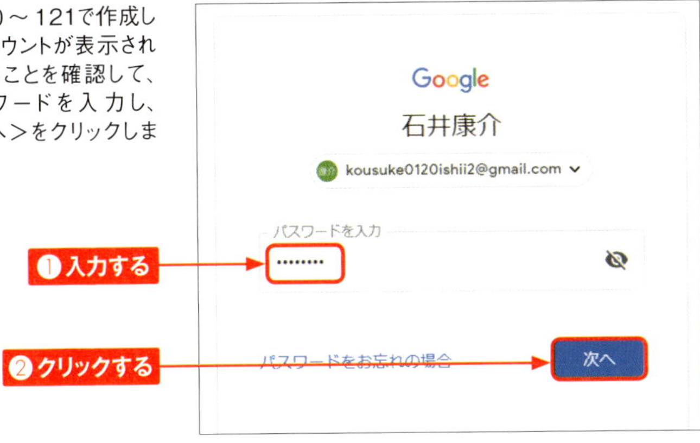

4 「アカウントの保護」画面が表示された場合は、<完了>をクリックします。

5 Google Driveが表示されます。

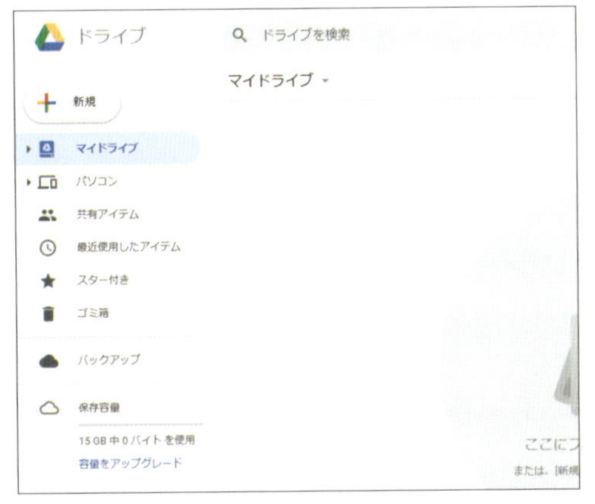

Section 058 ファイルを保存する

ファイルをアップロードして、クラウド（インターネット）上のGoogle Driveに保存すると、インターネット環境があればファイルを利用したり、ほかのユーザーと共有したりすることができます。また、パソコン上のファイルのバックアップにも利用可能です。

ファイルを保存する

1 Sec.057を参考にGoogle Driveを表示し、＜新規＞をクリックします。

ドライブ　ドライブを検索
新規
マイドライブ
パソコン
共有アイテム
クリックする

2 表示されたメニューから、＜ファイルのアップロード＞をクリックします。

マイドライブ
フォルダ
ファイルのアップロード
フォルダのアップロード
Google ドキュメント
Google スプレッドシート
Google スライド
クリックする

3 保存したいファイルをクリックし、＜開く＞をクリックします。

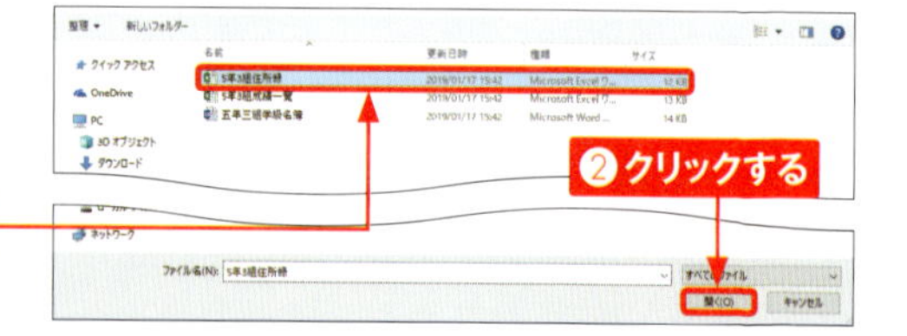

4 ファイルが保存されます。

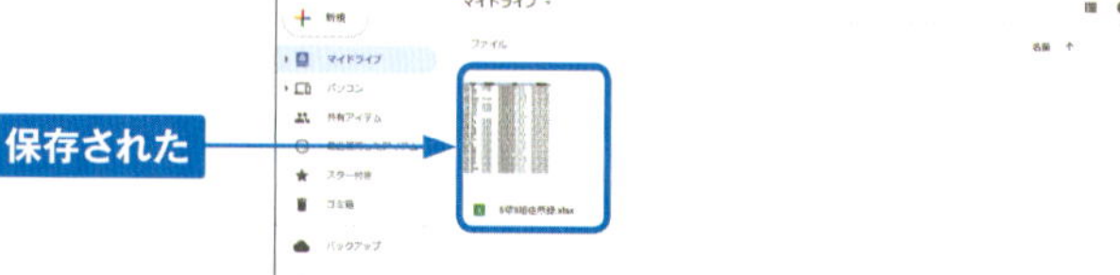

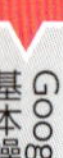

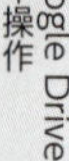

Section 059

ファイルを開く

保存したPDFファイルやOfficeファイルは、Webブラウザで表示することができます。また、Officeファイルは、GoogleドキュメントやGoogleスプレッドシートなどで開いたり、編集したりすることも可能です（Sec.064 ～ 066参照）。

ファイルを開く

1. Sec.057を参考にGoogle Driveを表示し、開きたいファイルをクリックして👁をクリックします。

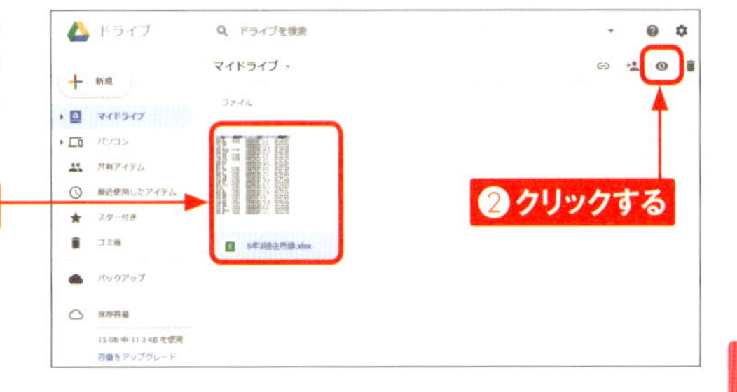

2. ファイルが表示されます。ここでは、<Googleスプレッドシートで開く>をクリックします。

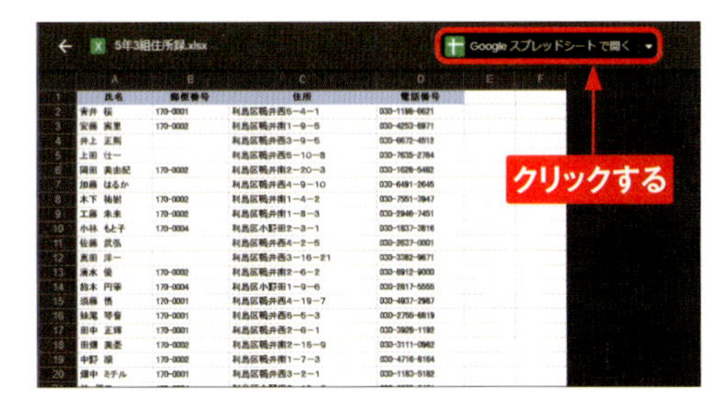

3. ファイルがスプレッドシートで表示され、編集することができます。

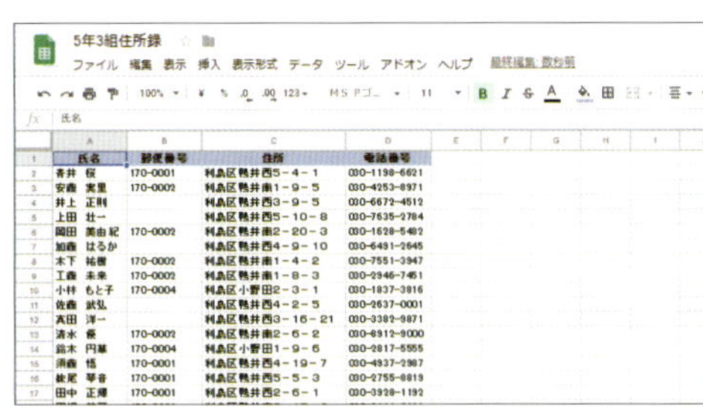

Section 060

ファイルを共有する

Google Driveで作成されたファイルや保存したファイルは、ほかのユーザーと共有できます。なお、共有相手がGoogleアカウントを作成していない場合、その共有相手はファイルの閲覧のみ行うことができます。

ファイルを共有する

① Sec.057を参考にGoogle Driveを表示し、共有するファイルをクリックして、👤+をクリックします。

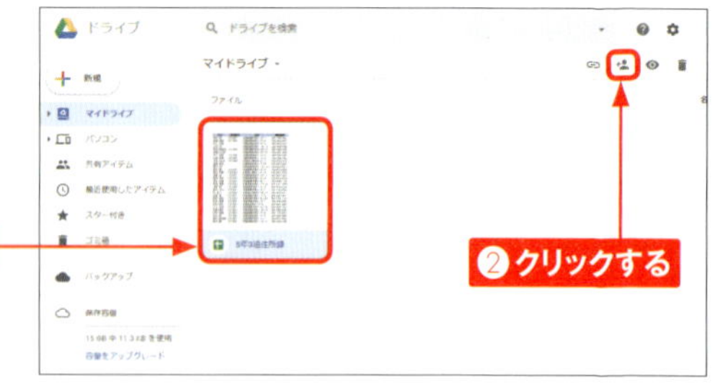

② 共有するユーザーのメールアドレスとメッセージを入力し、<送信>をクリックします。

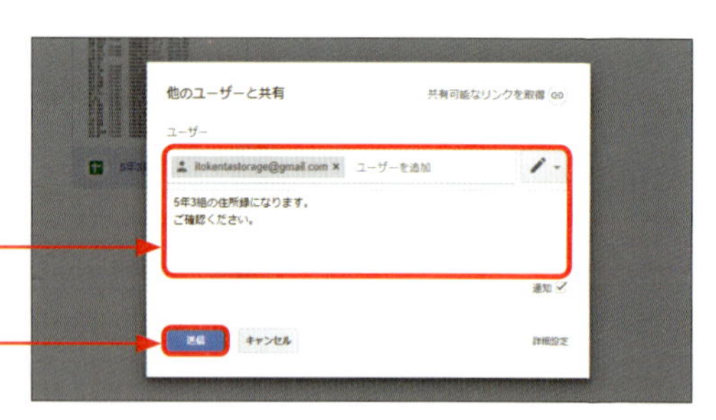

③ メールが送信され、ファイルが共有されます。☰をクリックして、リスト表示に切り替えます。

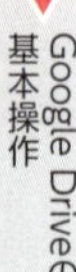

4 ファイル名の右に表示される👥で、共有されていることが確認できます。

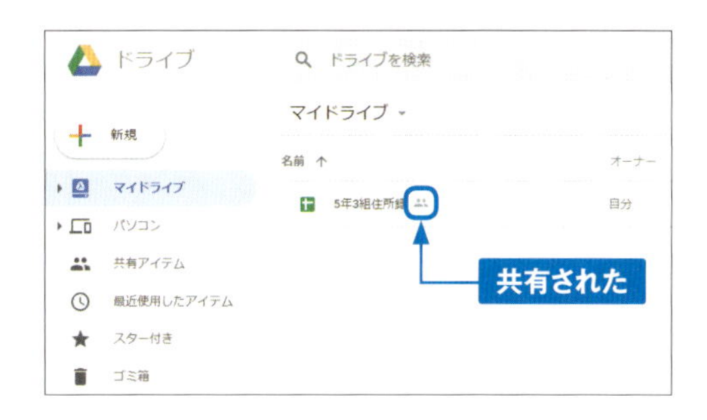

共有したユーザーを確認する

1 ＜共有アイテム＞をクリックすると、ほかのユーザーと共有したファイルが表示されます。☰をクリックして、リスト表示に切り替えます。

2 共有したユーザーが表示されます。

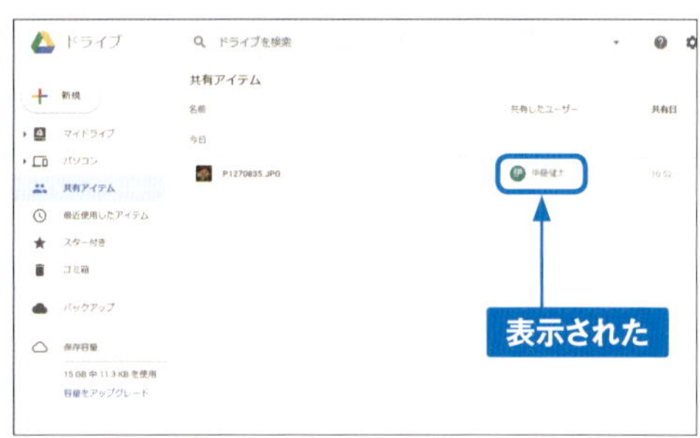

Memo ファイルのコピーを無効化する

P.126手順②の画面で＜詳細設定＞をクリックし、＜コメント権を持つユーザーと閲覧権を持つユーザーのダウンロード、印刷、コピーの機能を無効にします＞をクリックしてチェックを付けると、自分以外のユーザーによるファイルのコピーを無効化できます。

Section 061

ファイルを公開する

Google Driveで「公開」に設定されたファイルやフォルダは、Googleアカウントを作成していない人でもアクセスが可能です。公開範囲は、「リンクを知っている全員」または「ウェブ上で一般公開」のどちらかを選択できます。

ファイルを共有設定を変更する

1 Sec.057を参考にGoogle Driveを表示し、共有するファイルをクリックして、 をクリックします。

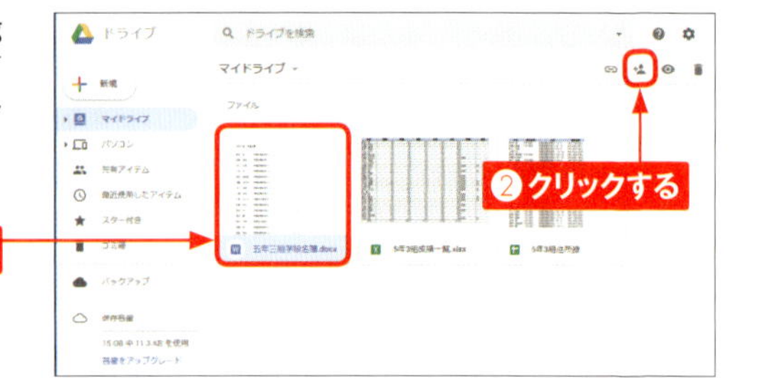

2 <詳細設定>をクリックします。

3 「自分だけがアクセスできます」の<変更>をクリックします。

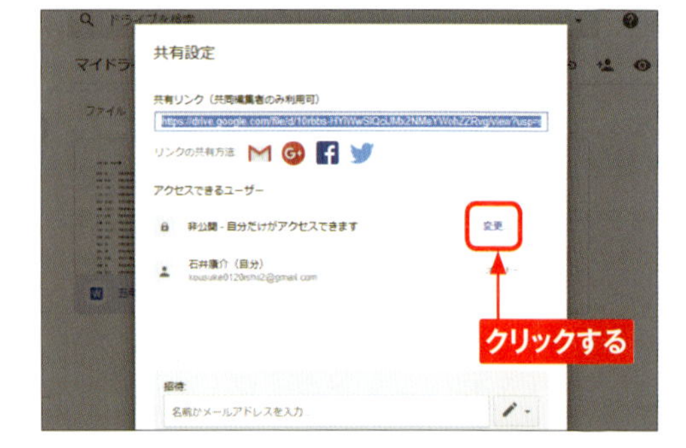

4 「リンクの共有」画面で公開範囲（ここでは＜オン-ウェブ上で一般公開＞）をクリックして設定し、＜保存＞をクリックします。

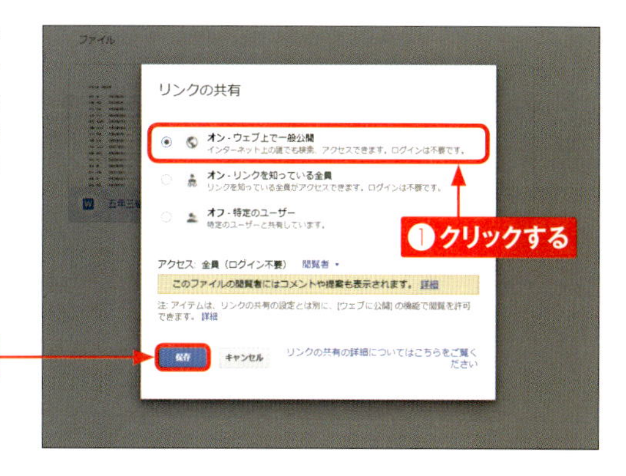

②クリックする

5 ＜完了＞をクリックします。

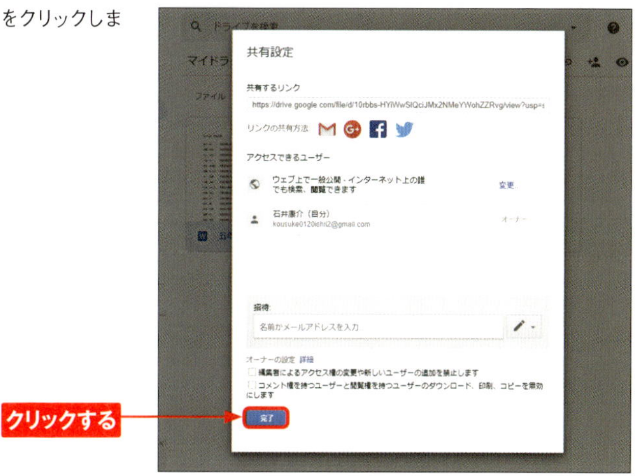

Memo **公開範囲**

手順④の「リンクの共有」画面でファイルの公開範囲を設定できます。「オン-ウェブ上で一般公開」を選択すると、インターネット上の誰でもアクセスが可能です。「オン-リンクを知っている全員」を選択すると、リンクを知っているユーザーのみアクセスできます。「オフ-特定のユーザー」を選択すると、特定のユーザーのみファイルにアクセスできます。

リンクの共有

オン - ウェブ上で一般公開
インターネット上の誰でも検索、アクセスできます。ログインは不要です。

オン - リンクを知っている全員
リンクを知っている全員がアクセスできます。ログインは不要です。

オフ - 特定のユーザー
特定のユーザーと共有しています。

アクセス: 全員（ログイン不要） 閲覧者

このファイルの閲覧者にはコメントや提案も表示されます。詳細

注: アイテムは、リンクの共有の設定とは別に、[ウェブに公開] の機能で閲覧を許可できます。詳細

Section 062

パソコンのフォルダをGoogle Driveに同期する

Google Driveとパソコンのフォルダを同期したい場合は、「バックアップと同期」をダウンロードして機能を追加します。ここでは、「バックアップと同期」のダウンロードの手順と同期方法を解説しています。

Google Driveと同期する

1 Sec.057を参考にGoogle Driveを表示し、<パソコン>→<詳細>の順にクリックします。

① クリックする

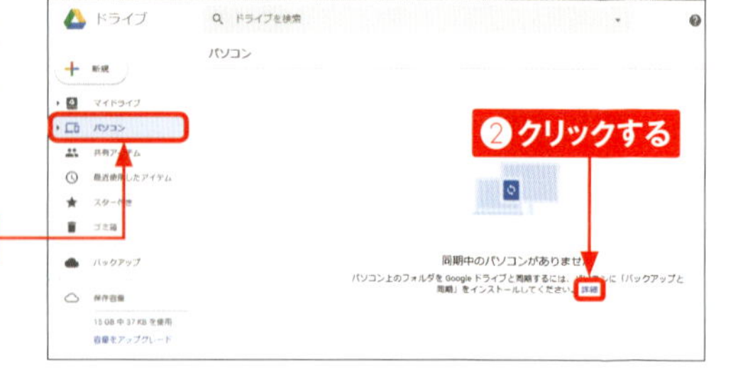

2 <Windowsの場合>をクリックし、<バックアップと同期をダウンロード>をクリックします。

① クリックする

② クリックする

Google ドライブでファイルをバックアップして同期する

ファイルをバックアップして Mac や Windows パソコンと同期することができます。

パソコン　Android　iPhone と iPad

アプリをダウンロードしてインストールする

Mac の場合

Windows の場合

バックアップと同期をダウンロードしてインストールするには、[バックアップと同期をダウンロード] をクリックします。

バックアップと同期をダウンロード

1. パソコンで [バックアップと同期をダウンロード] をクリックします。

3 「パーソナル」の<ダウンロード>をクリックします。

クリックする

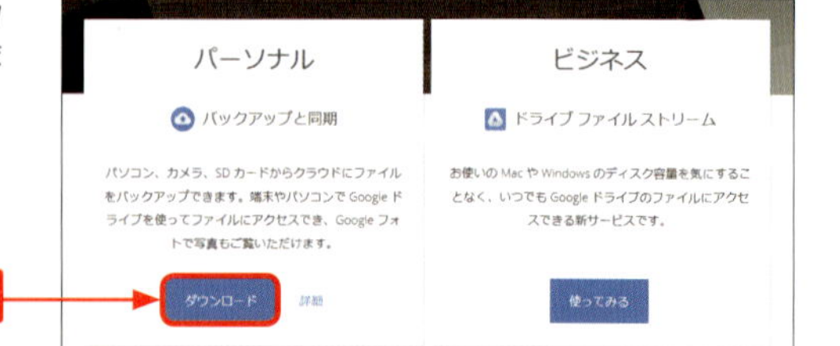

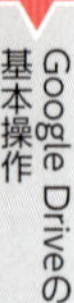

4 利用規約を確認し、＜同意してダウンロード＞をクリックします。

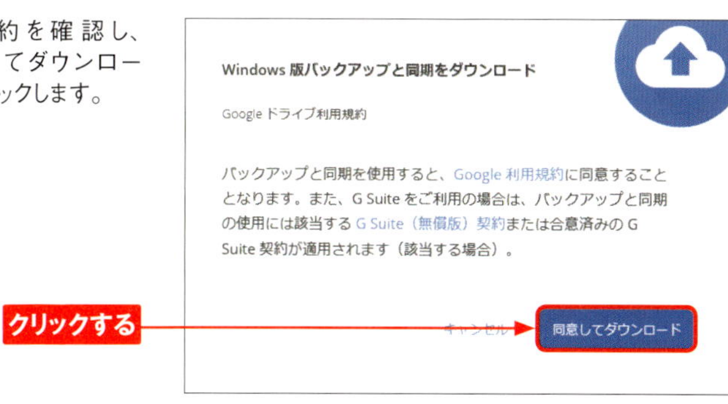

5 ＜実行＞→＜はい＞→＜閉じる＞の順にクリックします。

6 ダウンロードが完了し、「すべてのファイルにどこからでも気軽にアクセス」画面が表示されたら、＜使ってみる＞をクリックします。

7 Googleアカウントのメールアドレスを入力し、＜次へ＞をクリックします。

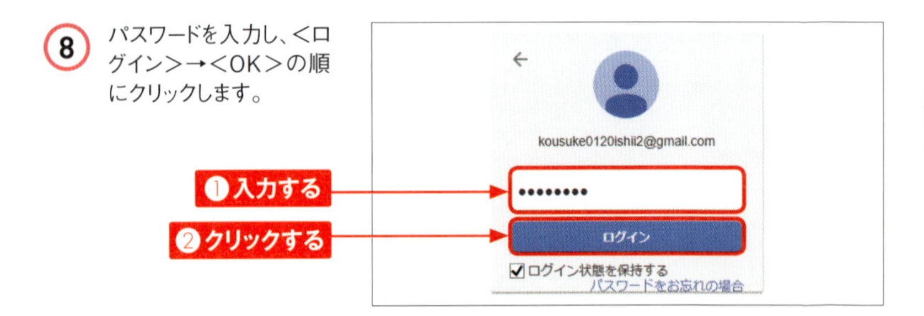

8 パスワードを入力し、＜ログイン＞→＜OK＞の順にクリックします。

9 Google Driveと同期したいパソコンのフォルダをクリックして選択し、＜次へ＞→＜OK＞の順にクリックします。

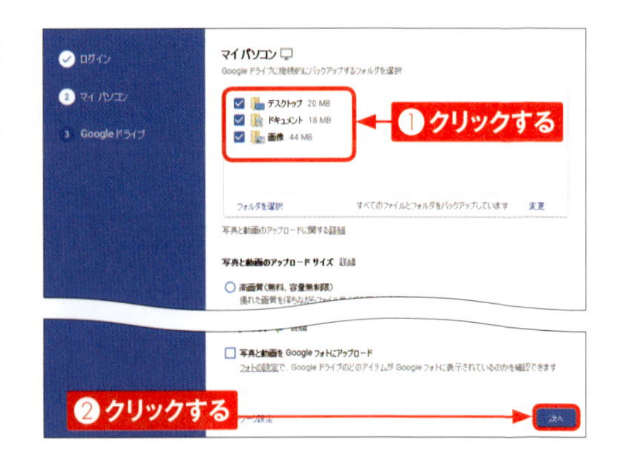

10 「マイドライブをこのパソコンに同期」のチェックボックスにチェックが付いていることを確認し、＜開始＞→＜続行＞の順にクリックします。

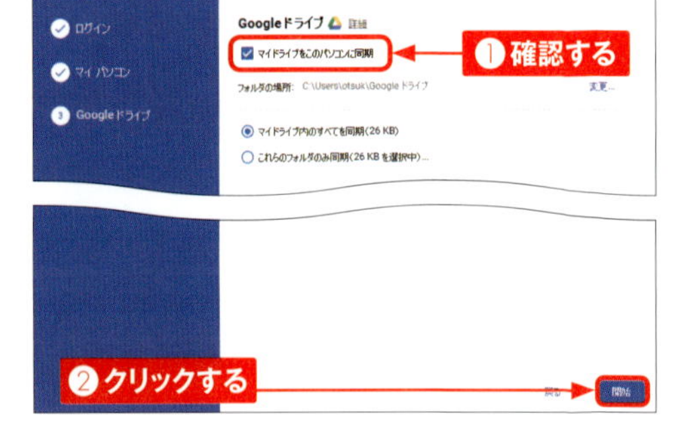

11 同期が完了します。P.130手順①の画面に戻ると、同期したパソコンが表示されています。

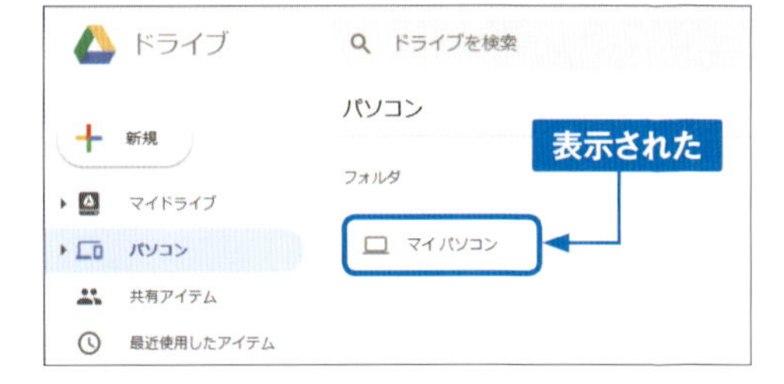

Section 063

ファイルをダウンロードする

Google Driveに保存されているファイルはパソコンにダウンロードすることができます。ダウンロードされたファイルは、「ダウンロード」フォルダに保存されます。ファイルを別の形式でダウンロードする方法は、Sec.081を参照してください。

ファイルをダウンロードする

1 Sec.057を参考にGoogle Driveを表示し、ダウンロードするファイルをクリックして、⋮→<ダウンロード>の順にクリックします。

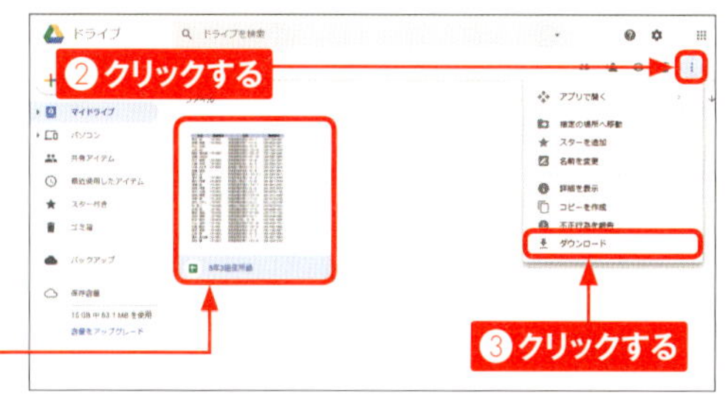

2 <保存>をクリックします。

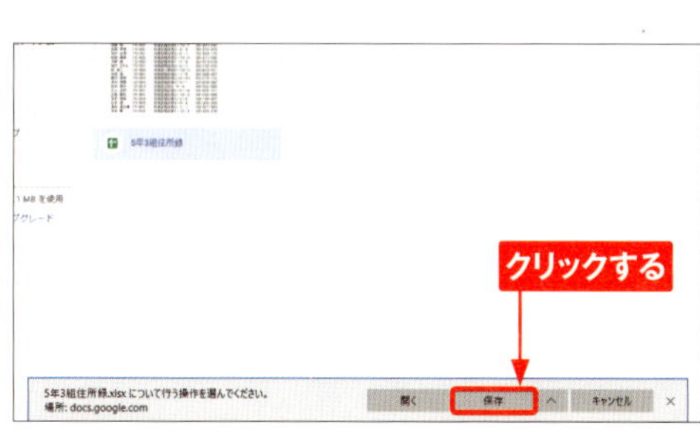

3 ダウンロードが完了します。<フォルダーを開く>をクリックすると、パソコンのエクスプローラーが表示され、ファイルがダウンロードされていることが確認できます。

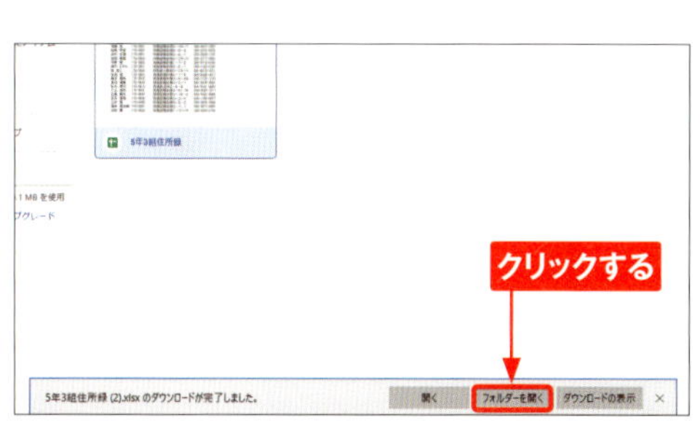

Section 064 Googleドキュメントの使い方

Google Driveでの文書の作成は「Googleドキュメント」で行います。Webブラウザ上でファイルを編集、保存することができます。また、Wordで作成されたファイルも、Googleドキュメントで編集、保存することができます。

ドキュメントを作成する

1 Sec.057を参考にGoogle Driveを表示し、＜新規＞をクリックします。

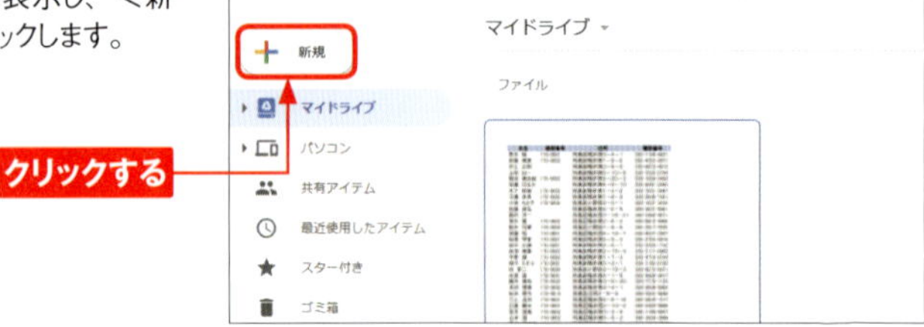

2 ＜Googleドキュメント＞をクリックします。

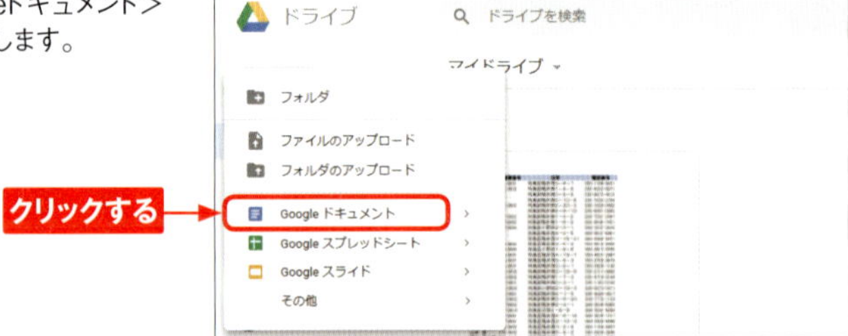

3 ファイル名を入力して、本文を入力し、×をクリックしてGoogleドキュメントを終了します。

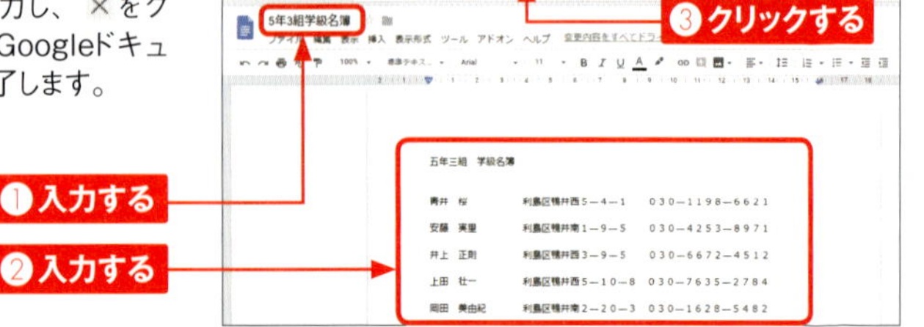

ドキュメントを編集する

1 Sec.057を参考にGoogle Driveを表示し、編集するファイルをクリックして、⋮をクリックします。

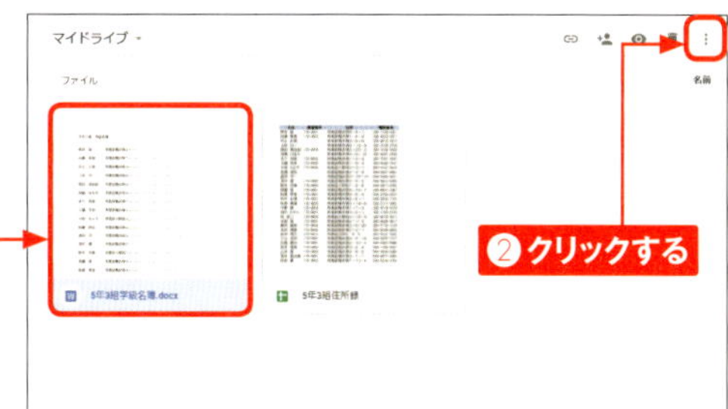

2 「アプリで開く」にカーソルを合わせ、<Googleドキュメント>をクリックします。

3 ファイルを編集し、×をクリックしてGoogleドキュメントを終了します。

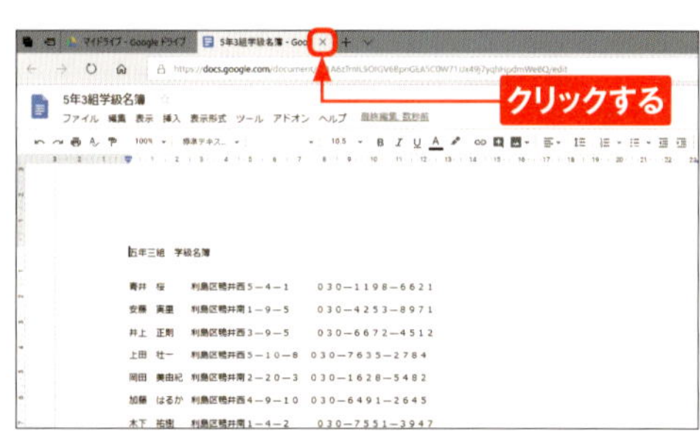

Memo ファイルは自動保存される

Google Driveはファイルを編集すると、即時に自動保存されるため、手動で保存する必要はありません。変更が保存されると「変更内容をすべてドライブに保存しました」と表示されます。

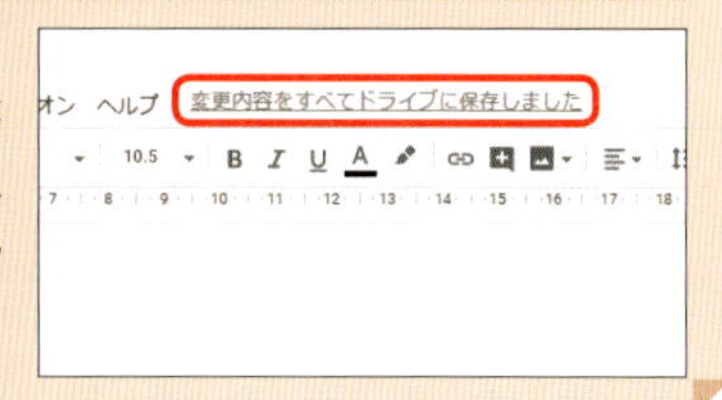

Section 065 Googleスプレッドシートの使い方

Google Drive上での表計算は「Googleスプレッドシート」で行います。Webブラウザ上で表計算やグラフなどの作成や編集、保存ができます。また、Excelで作成されたファイルも、Googleスプレッドシートで編集、保存することができます。

スプレッドシートを作成する

1 Sec.057を参考にGoogle Driveを表示し、＜新規＞をクリックします。

クリックする

2 ＜Googleスプレッドシート＞をクリックします。

クリックする

3 ファイル名を入力して、本文を入力し、×をクリックしてGoogleスプレッドシートを終了します。

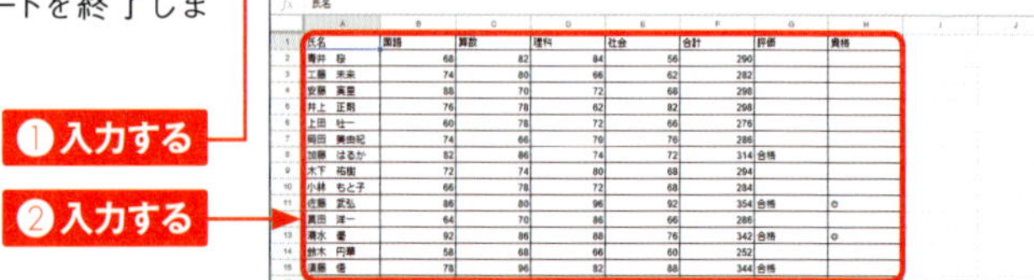

氏名	国語	算数	理科	社会	合計	評価	資格
青井　桜	68	82	84	56	290		
工藤　未来	74	80	66	62	282		
安藤　真里	88	70	72	68	298		
井上　正則	76	78	62	82	298		
上田　壮一	60	78	72	66	276		
岡田　美由紀	74	66	70	76	286		
加藤　はるか	82	86	74	72	314	合格	
木下　祐樹	72	74	80	68	294		
小林　もと子	66	78	72	68	284		
佐藤　武弘	86	80	96	92	354	合格	○
真田　洋一	64	70	86	66	286		
清水　優	92	86	88	76	342	合格	○
鈴木　円華	58	68	66	60	252		
須藤　信	78	96	82	88	344	合格	

スプレッドシートを編集する

1 Sec.057を参考にGoogle Driveを表示し、編集するファイルをクリックして、⋮をクリックします。

2 「アプリで開く」にカーソルを合わせ、<Googleスプレッドシート>をクリックします。

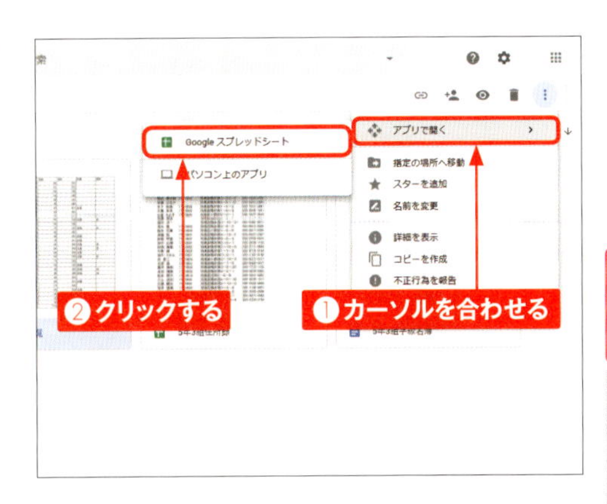

3 ファイルを編集し、×をクリックしてGoogleスプレッドシートを終了します。

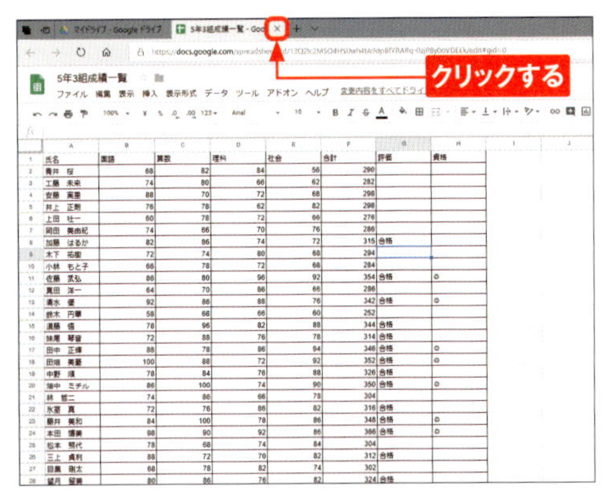

第4章 Google Driveの基本操作

Section 066

Googleスライドの使い方

Google Driveでのプレゼンテーション資料の作成は、「Googleスライド」で行います。Webブラウザ上でスライドの編集、保存ができます。また、PowerPointで作成したファイルも、Googleスライドで編集、保存することができます。

スライドを作成する

1 Sec.057を参考にGoogle Driveを表示し、＜新規＞をクリックします。

クリックする

2 ＜Googleスライド＞をクリックします。

3 ファイル名を入力して、データを入力し、×をクリックしてGoogleスプレッドシートを終了します。

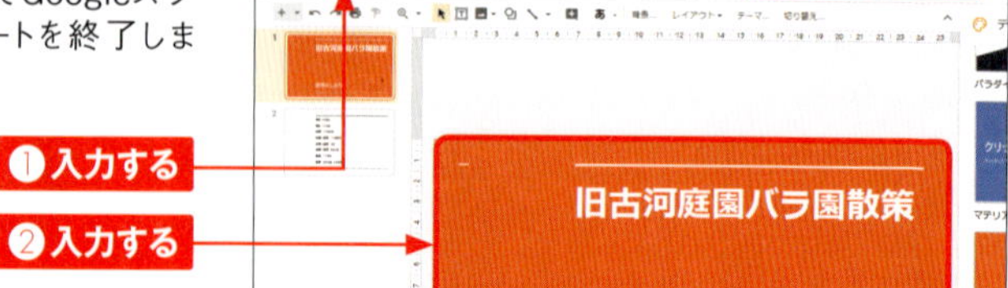

スライドを編集する

1 Sec.057を参考にGoogle Driveを表示し、編集するファイルをクリックして、⋮をクリックします。

2 「アプリで開く」にカーソルを合わせ、<Googleスライド>をクリックします

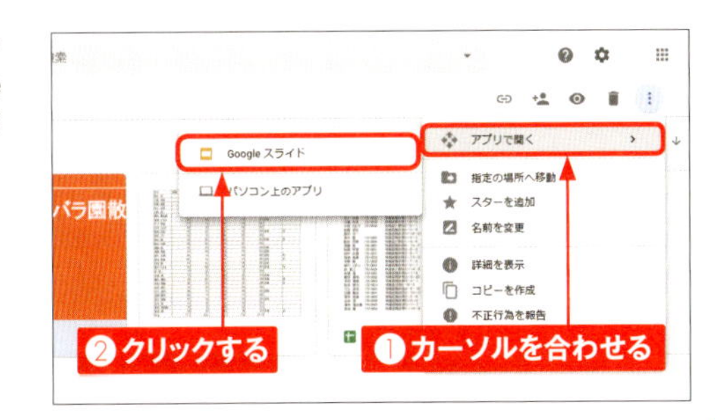

3 スライドを挿入する位置をクリックして、▼をクリックし、任意のスライドをクリックします。

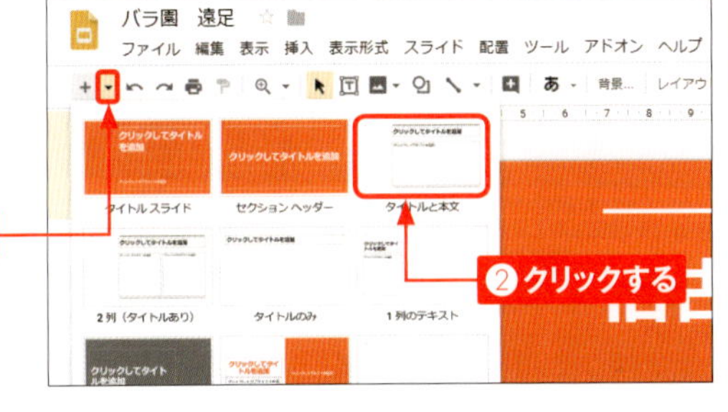

4 スライドが追加され、ファイルが編集できます。×をクリックしてGoogleスライドを終了します。

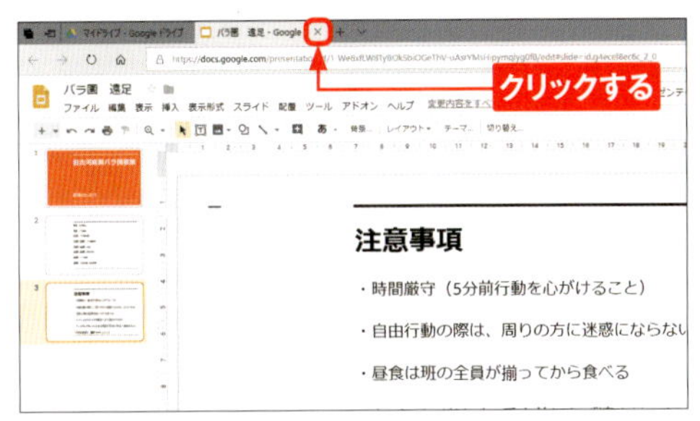

Googleフォームの使い方

Googleフォームを利用すると、アンケートフォームをかんたんに作成することができます。さまざまなテーマやロゴが利用できるので、オリジナルのアンケートフォームを作成し、共有することが可能です。

フォームを活用する

1 Sec.058手順①を参考にメニューを表示し、「その他」にカーソルを合わせ、<Googleフォーム>をクリックします。

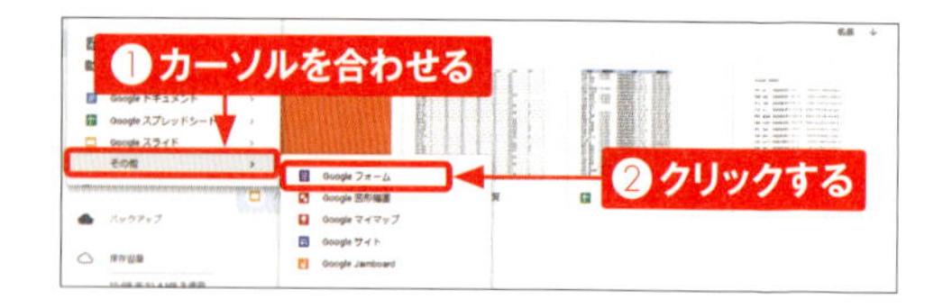

2 Googleフォームの紹介画面が表示されたら、<スキップ>をクリックします。フォームを作成し、<送信>をクリックします。

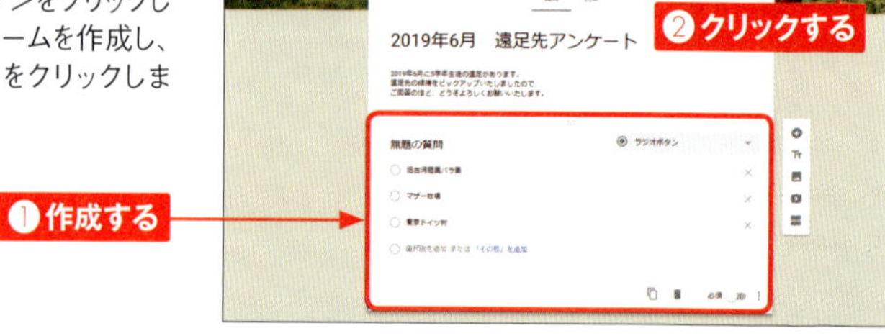

3 アンケートに回答してほしいユーザーのメールアドレスと件名、メッセージを入力し、<送信>をクリックします。をクリックすると、作成したGoogleフォームのリンクをコピーして共有することができます。

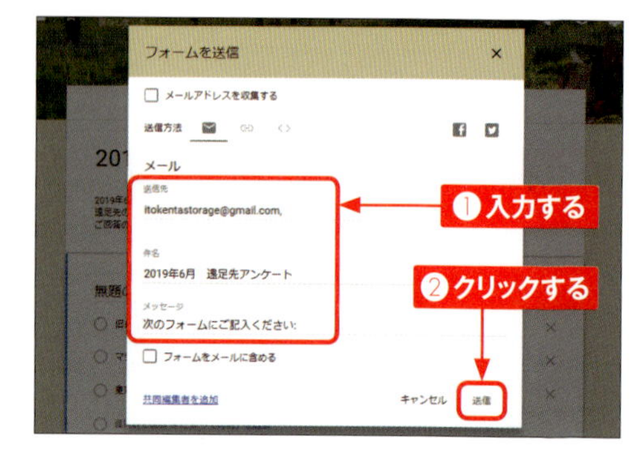

Section 068

Google図形描画の使い方

Google図形描画を使うと、オンラインで図形を描画し、描画した図形の共有ができます。また、ツールを使って画像にコメントを入れて、地図を作成することもできます。

図形を描く

1 Sec.058手順①を参考にメニューを表示し、「その他」にカーソルを合わせ、<Google図形描画>をクリックします。

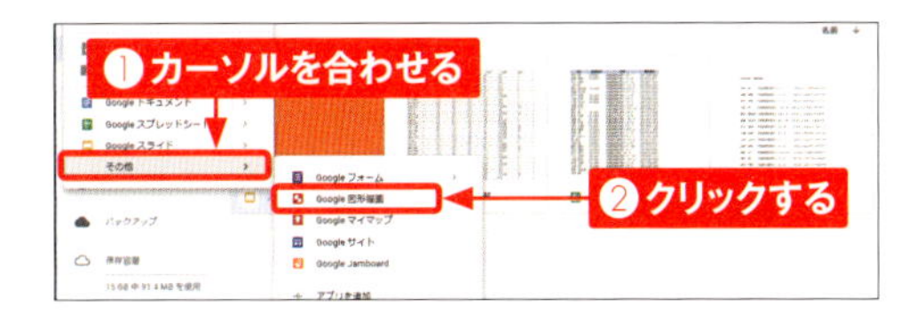

2 をクリックし、「図形」にカーソルを合わせ、任意の図形をクリックして選択します。

3 図形の描画が完了したら、ファイル名を入力し、×をクリックしてGoogle図形描画を終了します。

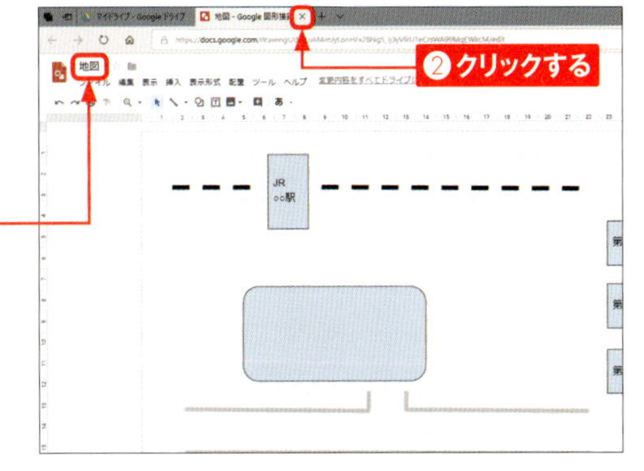

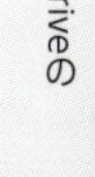

Section 069 スマートフォンでファイルを開く

スマートフォン用「Google Drive」アプリを使うと、外出先からでもGoogle Driveのさまざまな機能を利用できます。なお、Androidスマートフォンの場合「Google Drive」アプリはすでにインストールされています。

スマートフォン版Google Driveを設定する

1 スマートフォンのホーム画面で＜Google＞をタップし、＜ドライブ＞をタップします。

2 初回はGoogleアカウントへのログインが求められるので、メールアドレスを入力し、＜次へ＞をタップします。

3 パスワードを入力し、＜次へ＞→＜同意する＞→＜同意する＞の順にタップします。

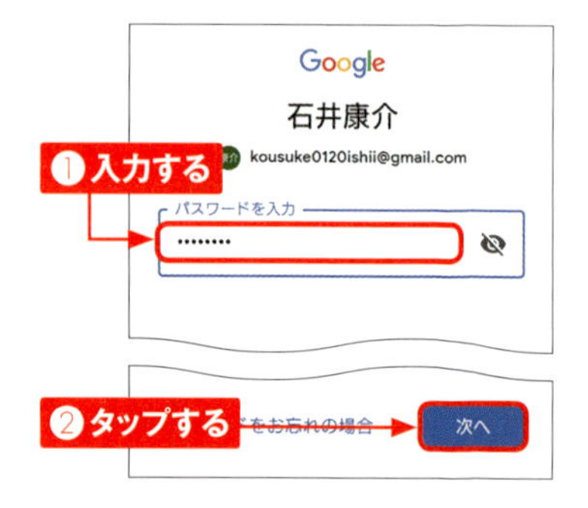

4 Google Driveの設定が完了します。

スマートフォンでファイルを開く

1 スマートフォンのホーム画面で<Google>をタップし、<ドライブ>をタップします。

2 開きたいファイルをタップします。

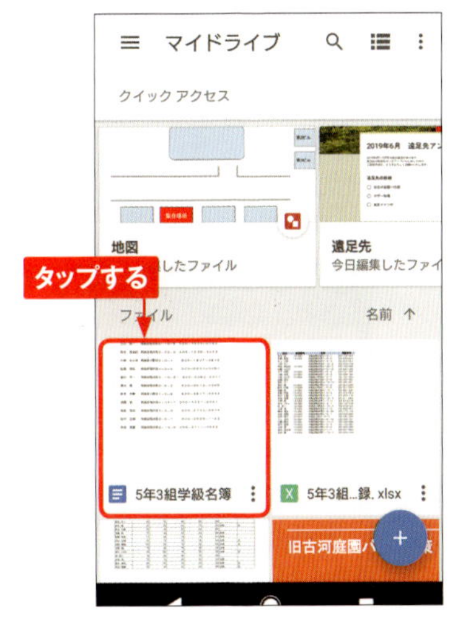

3 ファイルが表示されます。←をタップすると、ファイルが閉じます。

Memo iPhoneにインストールする

iPhoneで「Google Drive」アプリを利用したい場合は、「App Store」からインストールする必要があります。ホーム画面で<App Store>をタップし、画面下部にある<検索>をタップします。入力欄に「Google Drive」と入力し、<検索>（または<Search>）をタップします。「Google Drive」アプリをタップし、<入手>→<インストール>の順にタップします。Apple IDとパスワードを入力して、<OK>をタップすると、インストールが開始されます。インストールが完了したら、<開く>をタップし、P.142を参考にGoogle Driveを設定します。

Section 070 スマートフォンでGoogle Driveのファイルを編集する

スマートフォンでGoogle Driveに保存されているファイルを開くには、対応したアプリをインストールする必要があります。ファイルを編集したい場合は、あらかじめ対応したアプリをインストールしておきましょう。

スマートフォンでファイルを編集する

1 P.142手順①を参考にスマートフォン版Google Driveを表示して、編集したいファイルをタップします。

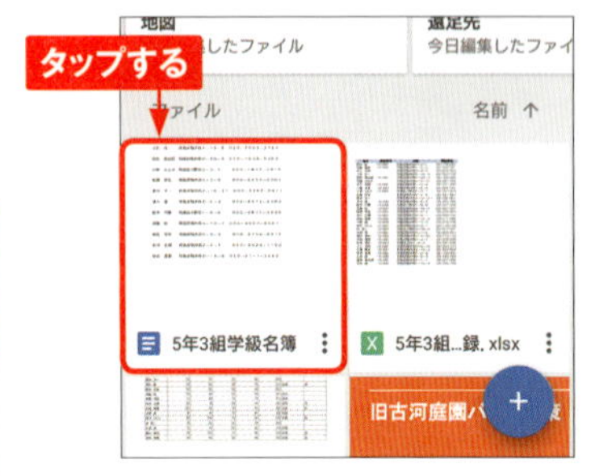

2 ファイルがプレビューで表示されます。✎をタップします。

3 編集したいファイルに対応したアプリ（ここでは「Googleドキュメント」アプリ）の紹介画面が表示されます。<ドキュメントを取得>をタップします。

4 アプリのインストール画面が表示されるので、<インストール>→<次へ>→<スキップ>の順にタップします。

5 インストールが完了したら、<開く>をタップします。

6 初回起動時は「Googleドキュメント」アプリについての説明が表示されるので、<スキップ>をタップします。

7 P.144手順②の画面に戻ります。 をタップします。

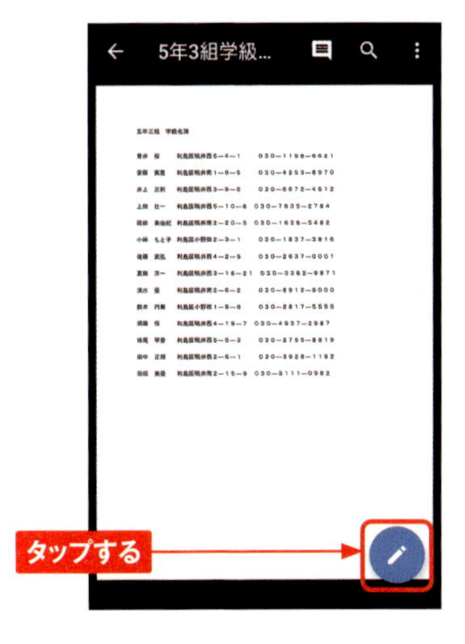

8 「Googleドキュメント」アプリでファイルが表示されます。 をタップします。

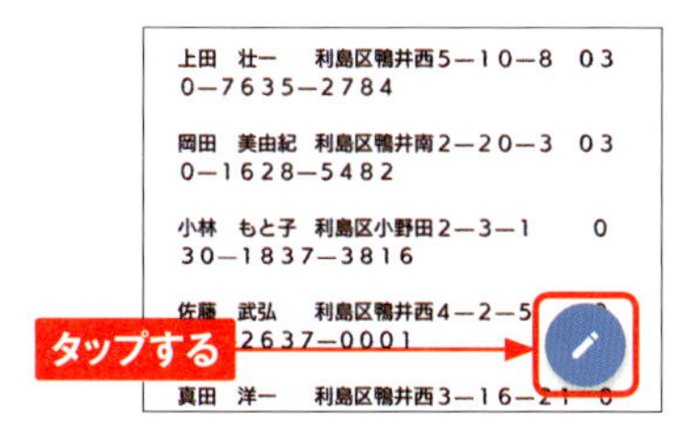

9 ファイルを編集できます。編集が完了したら、✓をタップすると、Google Driveに戻ります。

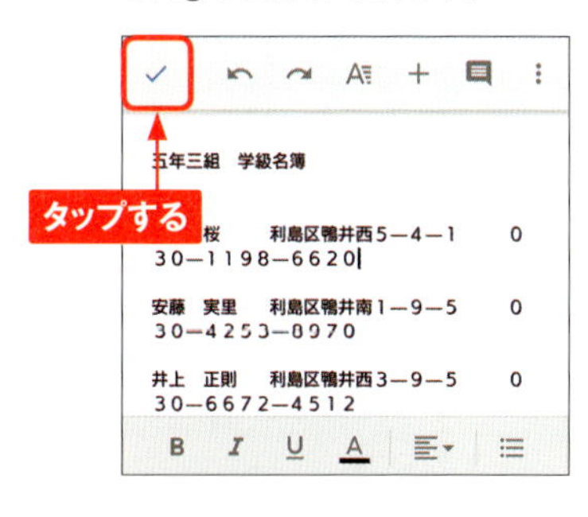

Memo **ファイルをオフラインで開く**

スマートフォン用「Google Drive」アプリは、オフライン時でもファイルを開けるように設定することができます。オフライン時に開きたいファイルの右下にある ⋮ をタップし、<オフラインで使用可>をタップしてオンにすると、オフライン時でもファイルを開くことができます。なお、Web版Google Driveでオフライン設定をする場合は、Sec.75を参照してください。

Section 071 スマートフォンで書類をスキャンする

スマートフォンの「Google Drive」アプリでは、スマートフォンのカメラを使って書類などのスキャン（取り込み）ができます。スキャンした書類は、PDFファイルで保存されます。なお、スキャンができるのはAndroid版のみになります。

書類をスキャンする

1 P.142手順①を参考にスマートフォンで「Google Drive」アプリを表示して、+をタップします。

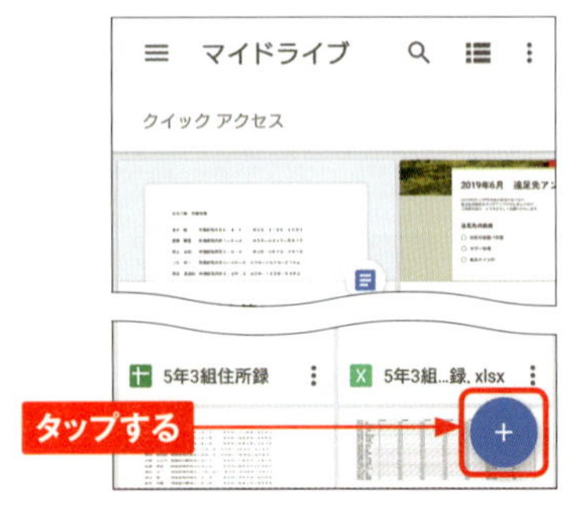

2 <スキャン>をタップします。

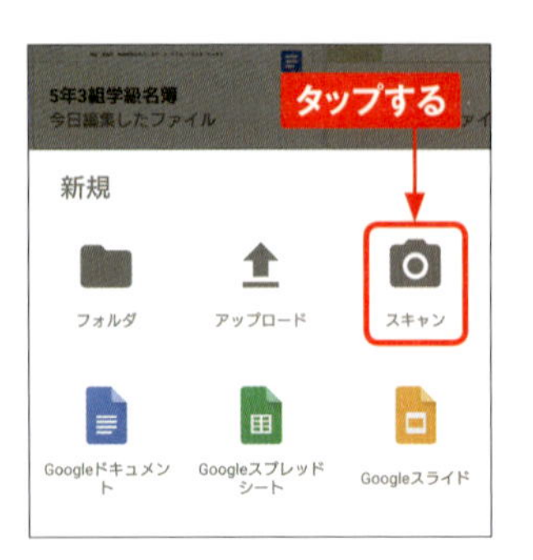

3 アクセスの許可が求められるので、<許可>をタップします。

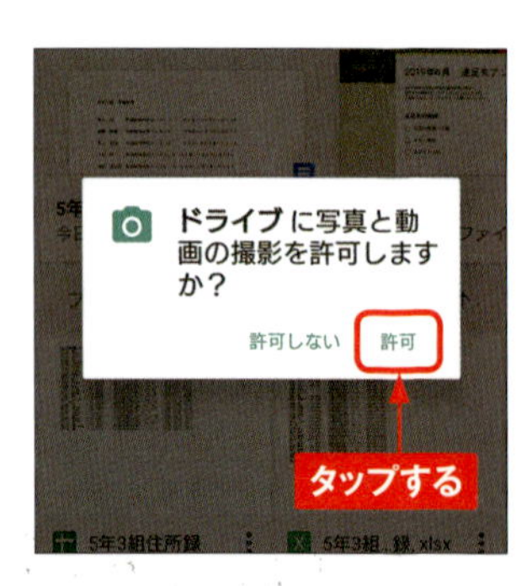

4 カメラが表示されるので、スキャンしたい書類を映し、●をタップして撮影します。

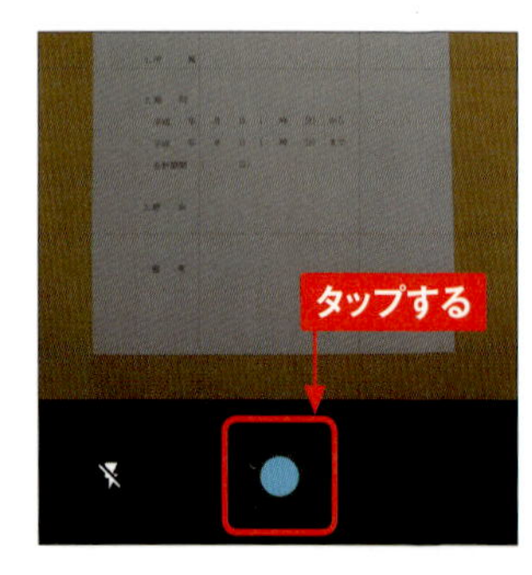

5 「PDFにスキャン」画面が表示されたら、<OK>をタップします。

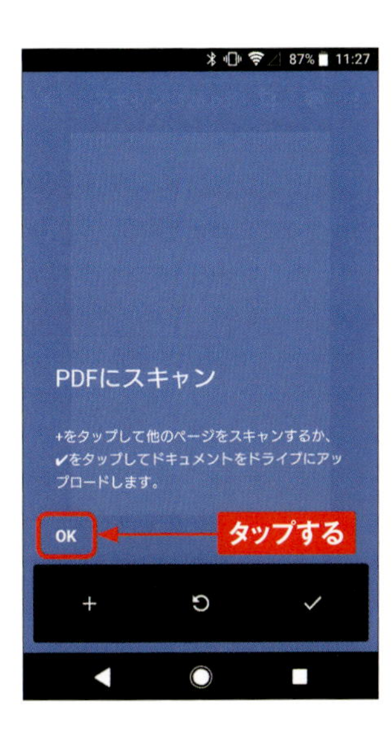

6 ☑をタップします

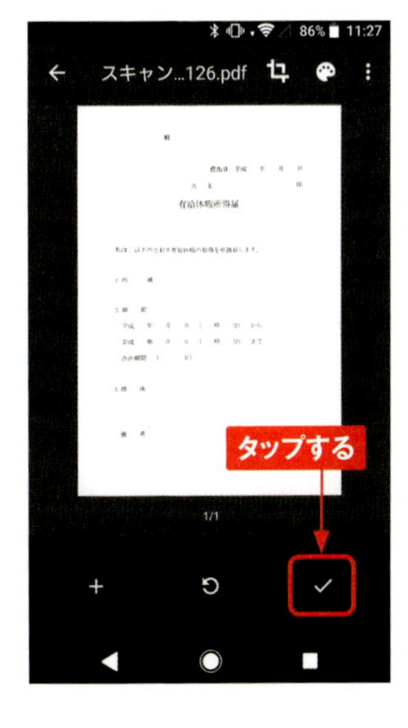

7 スキャンした書類がPDFファイルでアップロードされます。ファイルをタップします。

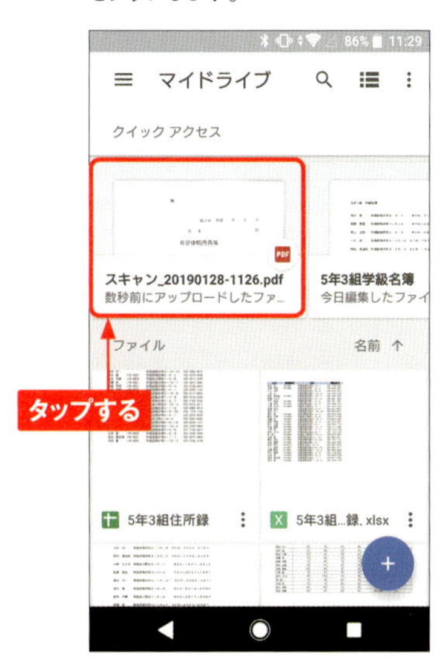

8 ファイルが表示されます。

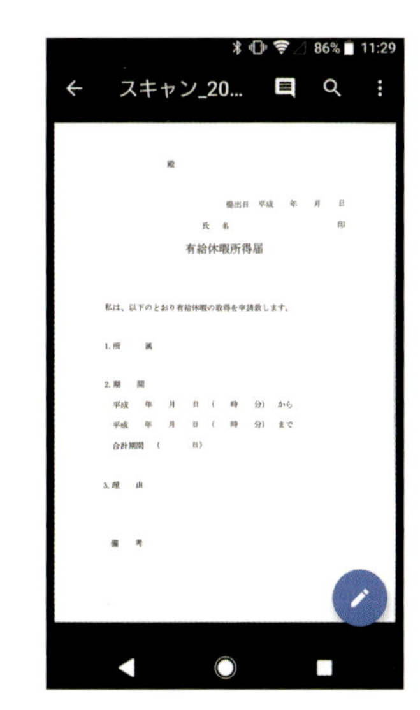

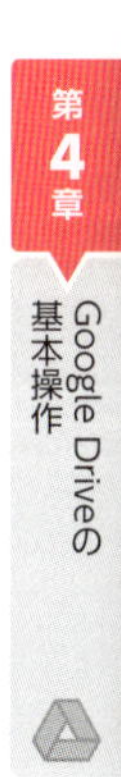

Section 072

「Googleフォト」アプリの写真を自動アップロードする

スマートフォンに保存されているすべての写真は、Google Driveに自動アップロードされるように設定できます。なお、写真を自動でアップロードするには、写真が「Googleフォト」アプリに保存されている必要があります。

「Googleフォト」アプリの写真を自動アップロードする

1 P.142手順①を参考にスマートフォンで「Google Drive」アプリを表示して、≡をタップします。

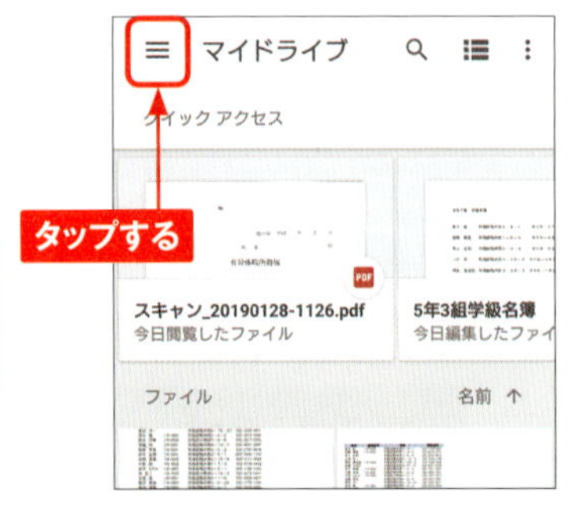

2 上方向にスワイプし、＜設定＞（iPhoneの場合は右上の⚙）をタップします。

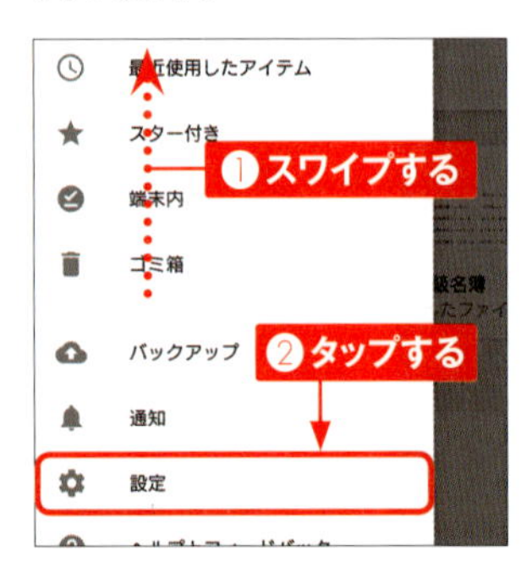

3 「Googleフォト」の＜自動追加＞→＜OK＞の順にタップします。iPhoneの場合は、＜写真＞をタップして、「Googleフォト」のフォルダ」の◯をタップします。

4 自動追加をオンにすると、「マイドライブ」画面に「Googleフォト」フォルダが表示され、写真が自動でアップロードされるようになります。

第5章

Google Driveの活用

Section 073 ファイルを検索する
Section 074 ファイルの履歴を管理する
Section 075 ファイルをオフラインで編集する
Section 076 ファイルを印刷する
Section 077 お気に入りのファイルにスターを付ける
Section 078 Gmailの添付ファイルをGoogle Driveに保存する
Section 079 WebページをGoogle Driveに保存する
Section 080 Officeからファイルを直接Google Driveに保存する
Section 081 OfficeファイルをPDFに変換する
Section 082 Officeファイルにコメントを付ける
Section 083 Googleマップのマッピングデータを管理する
Section 084 2段階認証でセキュリティを強化する
Section 085 パスワードを変更する
Section 086 Google Driveの容量を増やす

ファイルを検索する

Google Drive上に保存されているファイルやフォルダから、特定のファイルを開きたいときは、キーワードで検索することができます。目的のファイルやフォルダをすばやく見つけたいときに便利です。

ファイルを検索する

1 Sec.057を参考にGoogle Driveを表示して、検索ボックスにキーワードを入力し、Enterを押します。

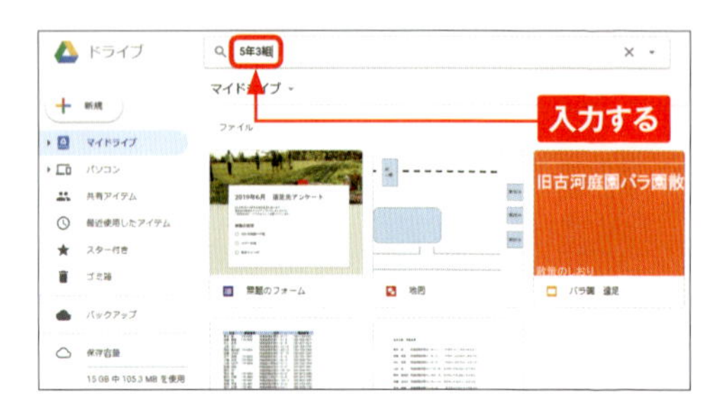

2 表示された一覧から開くファイルをダブルクリックします。

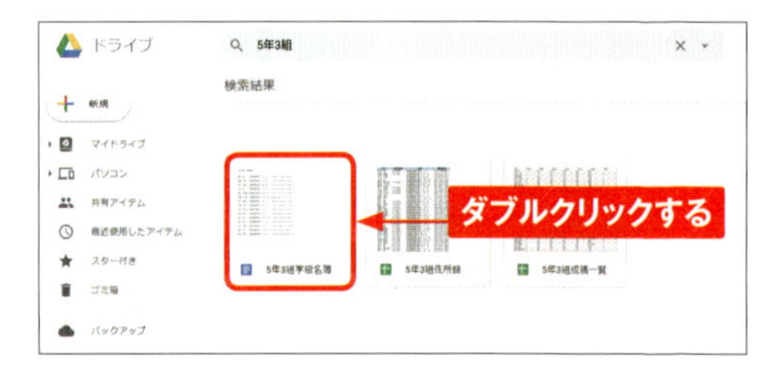

3 ファイルが表示されます。

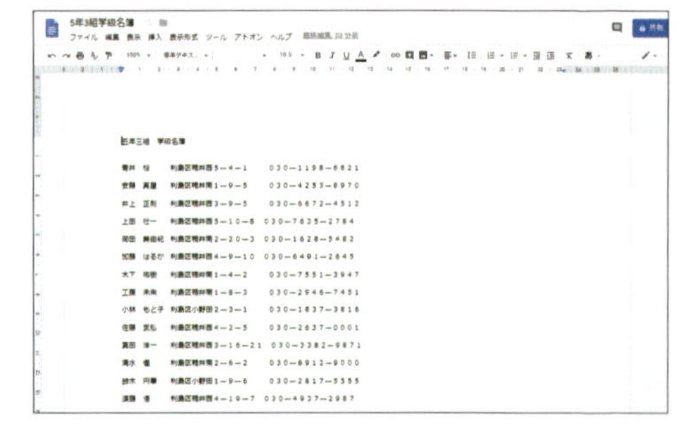

第5章 Google Driveの活用

Section 074 ファイルの履歴を管理する

Google Driveでは、変更されたファイルの履歴を「版」として管理できます。Google形式ではないファイルの場合は、保存できる版に限りがあり、1ファイルあたり100以上の版は、30日が経過すると自動的に削除されます。

ファイルの履歴を管理する

① Sec.057を参考にGoogle Driveを表示して、履歴を確認したいファイルを開き、<ファイル>をクリックします。

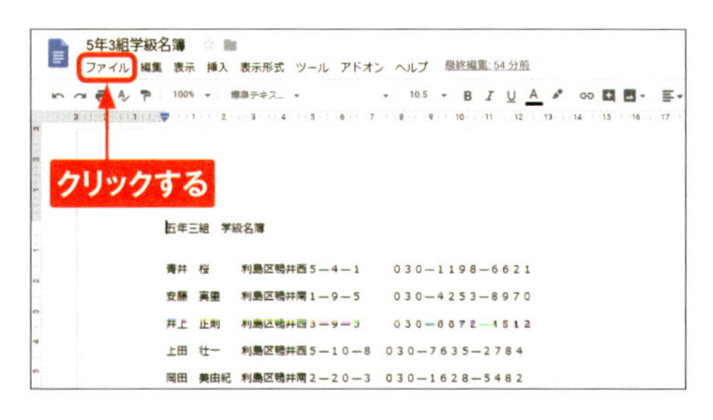

② 「変更履歴」にカーソルを合わせ、<変更履歴を表示>をクリックします。

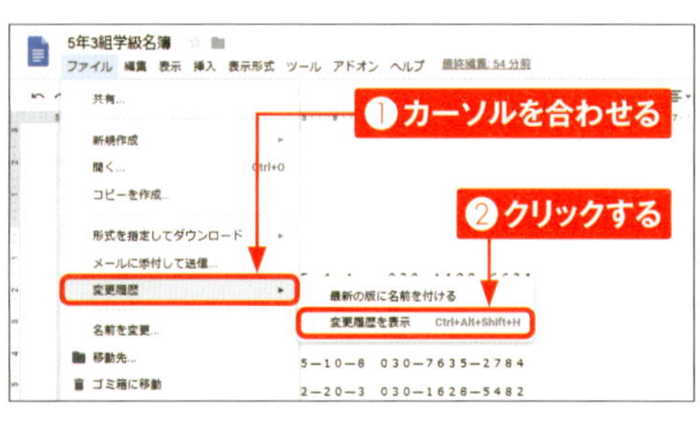

③ 画面右側に変更履歴が表示されます。ファイルを変更前の状態に戻したい場合は、戻したいファイルの履歴をクリックし、<この版を復元>をクリックします。

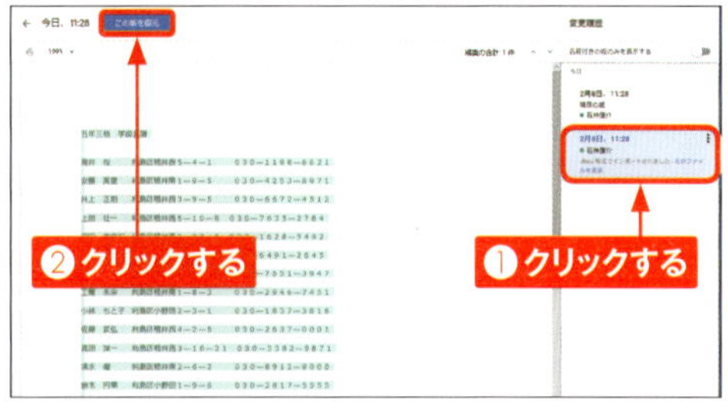

Section 075 ファイルをオフラインで編集する

オフラインアクセスをオンにすると、Google Driveに保存されたファイルをインターネットに接続せずに利用することができます。なお、オフライン時に加えた編集内容は、次回のオンライン時に同期されます。

Chromeでオフラインアクセスをオンにする

1 Sec.057を参考にGoogle Driveを表示して、⚙をクリックし、<設定>をクリックします。

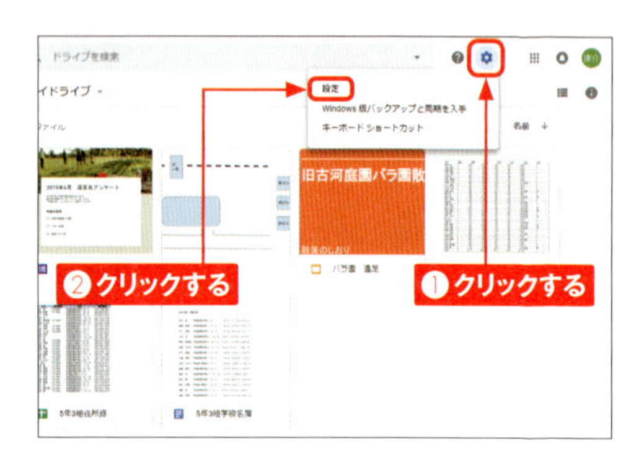

2 「Google ドキュメント、スプレッドシート、スライド、図形描画のファイルをこのパソコンに同期して、オフラインで編集できるようにする」のチェックボックスをクリックしてチェックを付け、<完了>をクリックします。

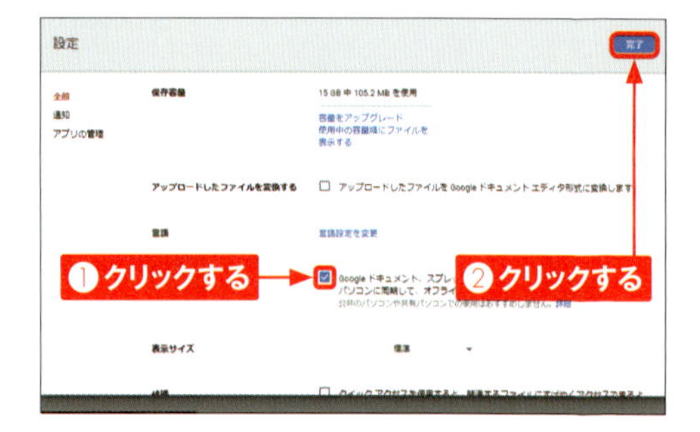

Memo オフラインアクセスが利用できるのはChromeのみ

オフラインアクセスを設定するには、WebブラウザがChromeである必要があります。ほかのWebブラウザではオフラインアクセスは利用できません。

Section 076

ファイルを印刷する

Google Driveで開いたOfficeファイルやPDFファイルは、印刷することができます。必要に応じて、「送信先」、「ページ」、「部数」、「カラー」などを設定しましょう。なお、Webブラウザによってファイルの印刷方法は異なります。

ファイルを印刷する

① Sec.057を参考にGoogle Driveを表示して、印刷したいファイルを開き、🖶をクリックします。

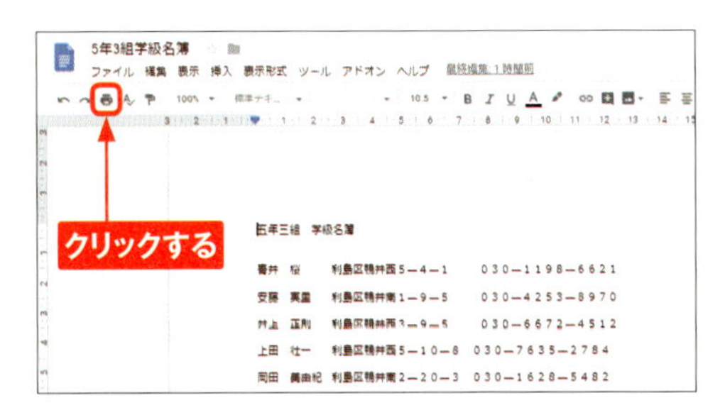

② 「送信先」、「ページ」、「部数」、「カラー」などを設定し、<印刷>をクリックして、印刷を行います。

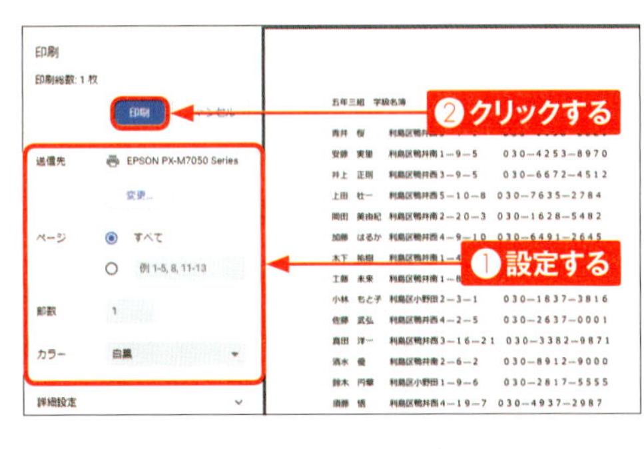

Memo　Chrome以外のWebブラウザで印刷する場合

上記の手順解説は、Chromeでの印刷方法になります。Microsoft EdgeやFirefox、SafariなどのWebブラウザで印刷する場合は、操作方法が異なります。手順①の画面で🖶をクリックすると、PDFファイルが自動的にダウンロードされます。ダウンロードが完了したら、PDFソフト上で印刷を行います。

Section 077 お気に入りのファイルにスターを付ける

Google Drive上に保存されている重要なファイルやフォルダには、「スター」という目印を付けることができます。「スター」が付けられたファイルは、もとのフォルダのほかに「スター付き」フォルダにも表示されるようになります。

ファイルにスターを付ける

1. Sec.057を参考にGoogle Driveを表示して、スターを付けたいファイルを右クリックし、<スターを追加>をクリックします。

2. ファイルにスターが付けられます。<スター付き>をクリックします。

3. スターが付いたファイルが表示されます。

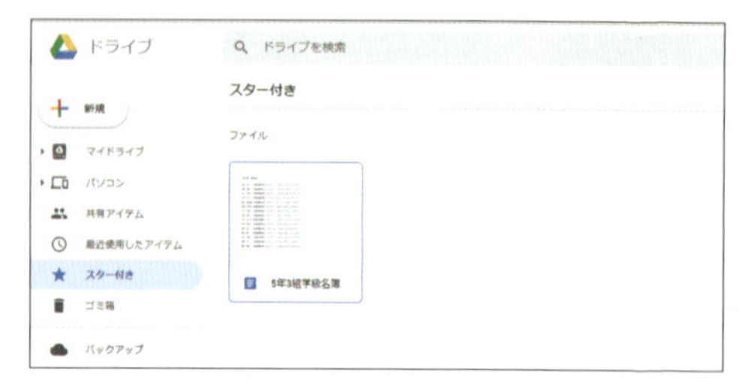

Section 078

Gmailの添付ファイルをGoogle Driveに保存する

Gmailで送受信したメッセージの添付ファイルは、Google Driveに保存することができます。Google Driveに保存すると、あとから添付ファイルの写真のみを表示できるので見つけやすくなります。

Gmailの添付ファイルを保存する

1 P.122手順②の画面で<Gmail>をクリックし、保存するファイルが添付されたメールを表示します。保存する添付ファイルにカーソルを合わせ、をクリックします。

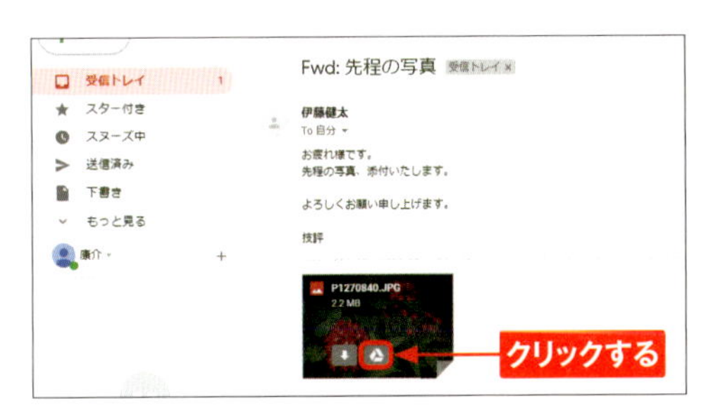

2 ファイルがGoogle Driveに保存されます。

3 Sec.057を参考にGoogle Driveを表示すると、添付ファイルが保存されています。

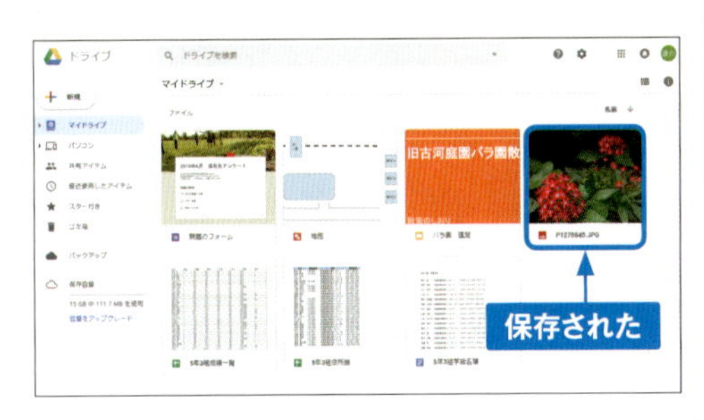

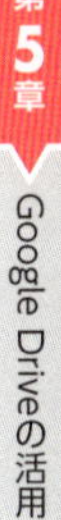

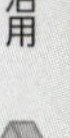

Section 079 WebページをGoogle Driveに保存する

Chromeの拡張機能である「Google ドライブに保存」をインストールすると、WebページやファイルをGoogle Driveに直接保存することができます。また、画像ファイルとしてWebページを保存することも可能です。

「Google ドライブに保存」を利用する

1 Chromeで「https://chrome.google.com/webstore/detail/save-to-google-drive/gmbmikajjgmnabiglmofipeabaddhgne」にアクセスして、<Chromeに追加>をクリックします。

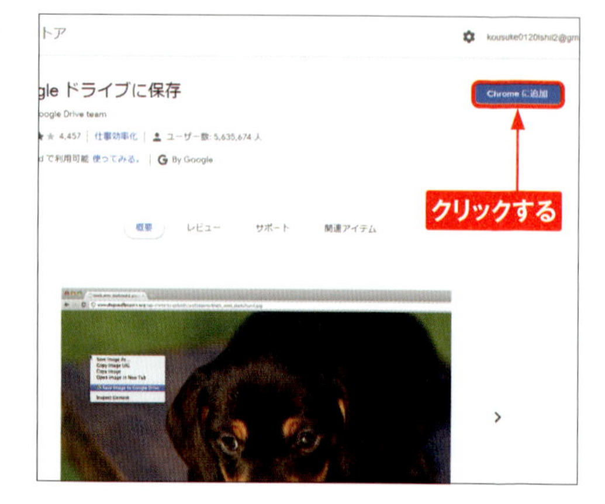

2 <拡張機能を追加>をクリックすると、Chromeに「Google ドライブに保存」の拡張機能がインストールされます。

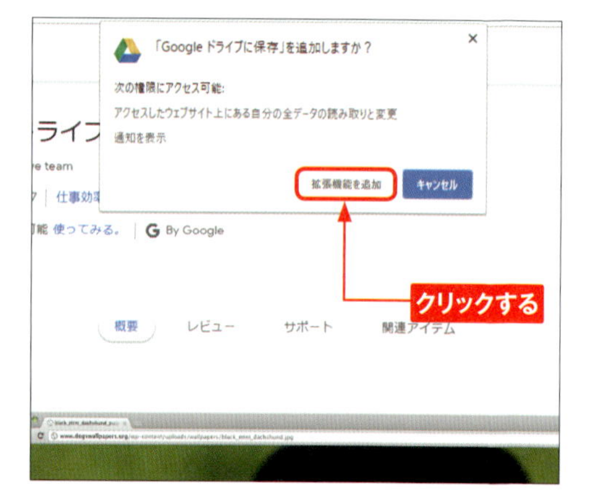

3 Webページを開き、Google Driveに保存したい画像を右クリックして、「Google ドライブに保存」にカーソルを合わせ、＜Google ドライブに画像を保存＞をクリックします。

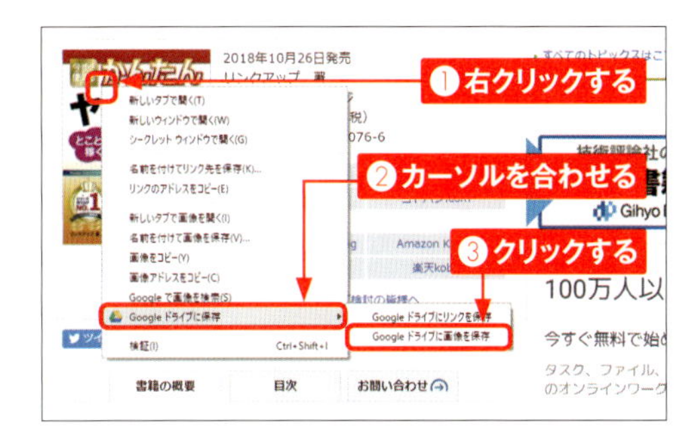

4 Googleアカウントへのアクセス許可画面で＜許可＞をクリックすると、画像が保存されます。＜閉じる＞をクリックします。

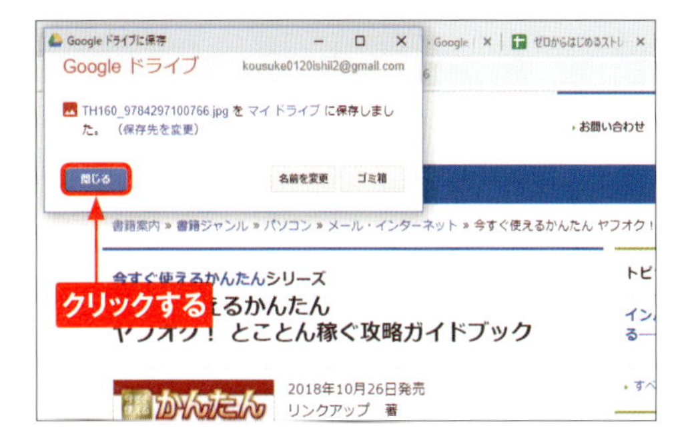

5 Sec.057を参考にGoogle Driveを表示すると、画像が保存されていることを確認できます。

Memo Webページを画像ファイルとして保存する

手順③の画面で＜Google ドライブにリンクを保存＞をクリックすると、現在開いているWebページを、画像ファイルとしてGoogle Driveに保存することができます。

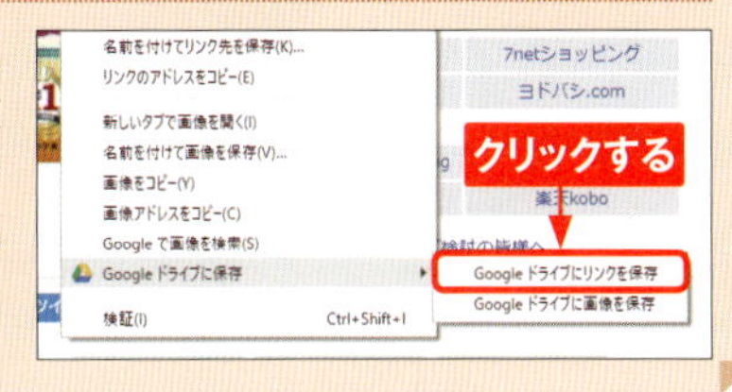

Officeからファイルを直接Google Driveに保存する

「Google ドライブ プラグイン for Microsoft Office」プラグインをインストールすると、Officeの機能を拡張して、「Google Drive」にOfficeファイルを直接保存できるようになります。

プラグイン for Microsoft Officeをインストールする

1 Webブラウザで「https://tools.google.com/dlpage/driveforoffice」にアクセスし、<ダウンロード>をクリックします。

2 <同意してインストール>をクリックします。

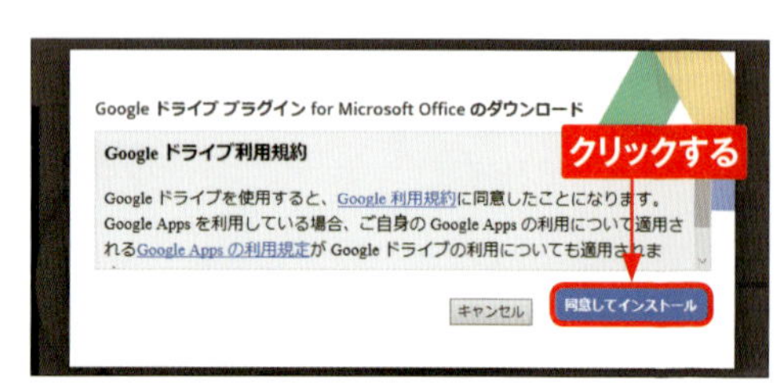

3 <実行>→<実行>の順にクリックします。

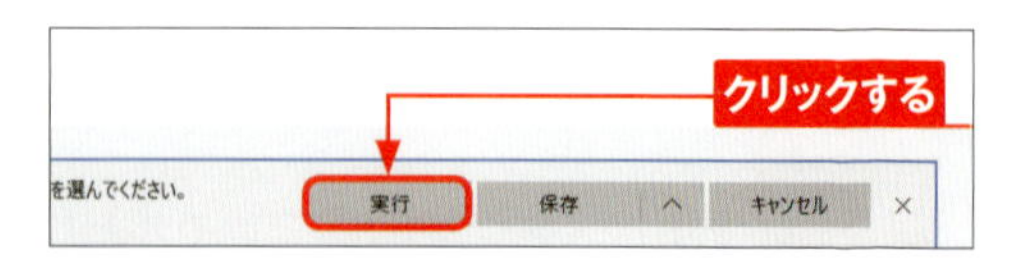

4 インストールが完了します。<閉じる>をクリックして終了します。

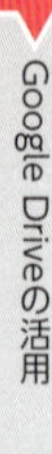

Officeから直接ファイルを保存する

1 保存したいOfficeファイルをOfficeソフトで開き、＜ファイル＞をクリックします。初回は、「Googleドライブ プラグイン for Microsoft Office」についての説明が表示されるので、＜開始＞→＜許可＞→＜完了＞の順にクリックします。

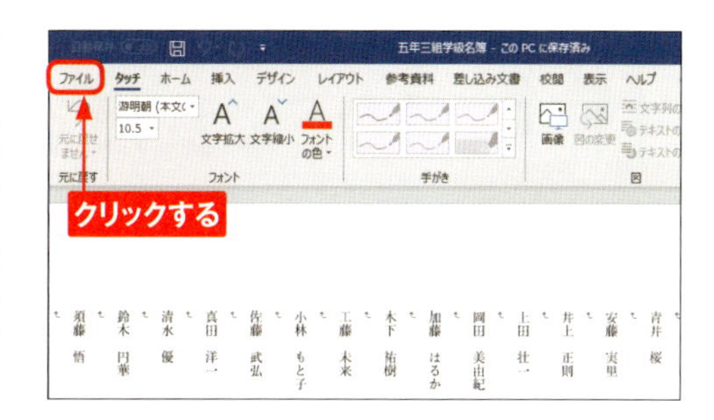

2 ＜名前を付けて保存＞をクリックし、＜Google Drive＞をクリックして、＜名前を付けて保存＞をクリックし、ファイル名と保存先を指定して＜OK＞をクリックします。

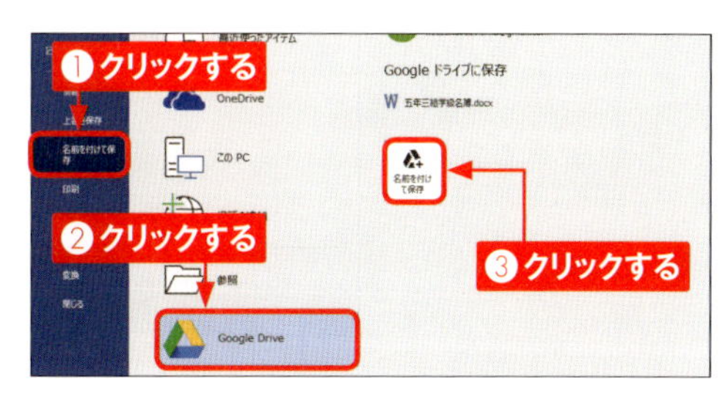

Officeから直接ファイルを開く

1 Officeで＜ファイル＞→＜開く＞の順にクリックし、＜Google Drive＞をクリックして、＜Google ドライブから開く＞をクリックします。Google Driveの画面が表示されたら、任意のファイルをクリックして、＜選択＞をクリックします。

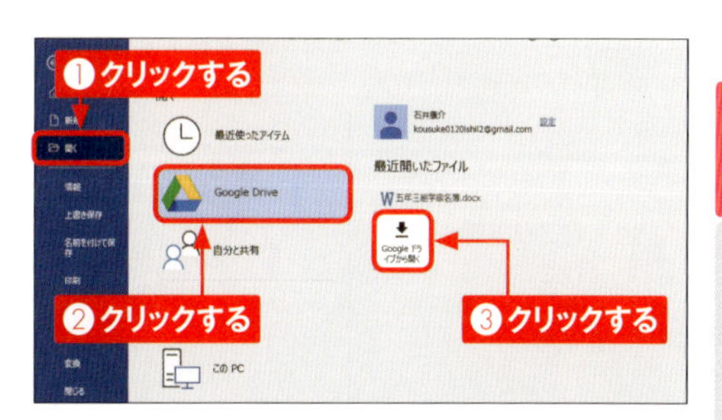

2 Google Driveに保存されているファイルが開きます。

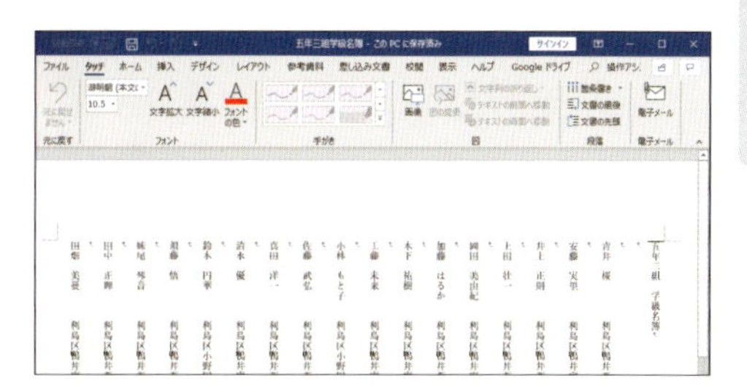

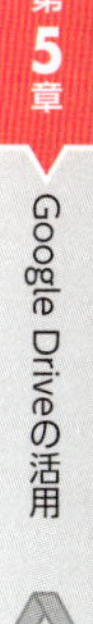

Section 081 OfficeファイルをPDFに変換する

Google Driveは、保存したOfficeファイルをPDFファイルに変換して保存することができます。ここでは、例としてドキュメントファイルをPDFファイルに変換して保存します。

形式を指定して保存する

1 Sec.057を参考にGoogle Driveを表示し、保存するファイルをクリックして、⋮をクリックします。

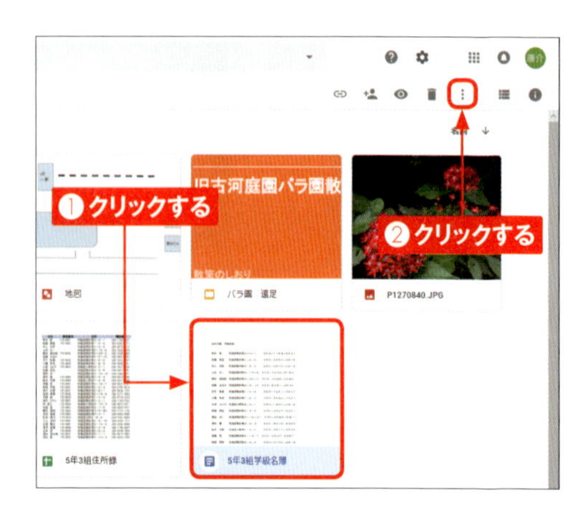

2 「アプリで開く」にカーソルを合わせ、<Googleドキュメント>をクリックします。

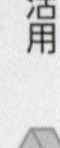

3 ドキュメントが表示されたら、＜ファイル＞をクリックします。

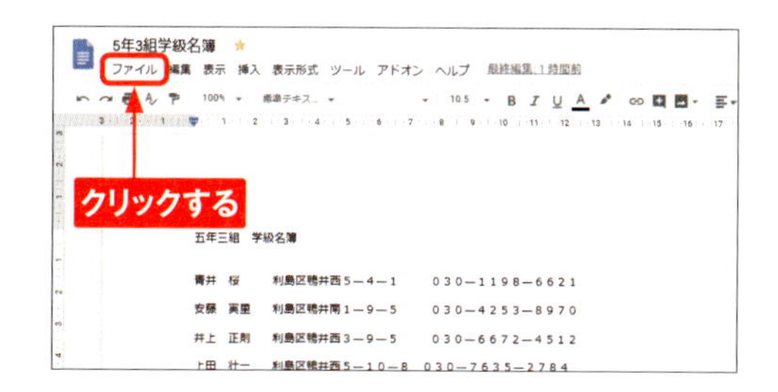

4 「形式を指定してダウンロード」にカーソルを合わせ、＜PDFドキュメント（.pdf）＞をクリックします。

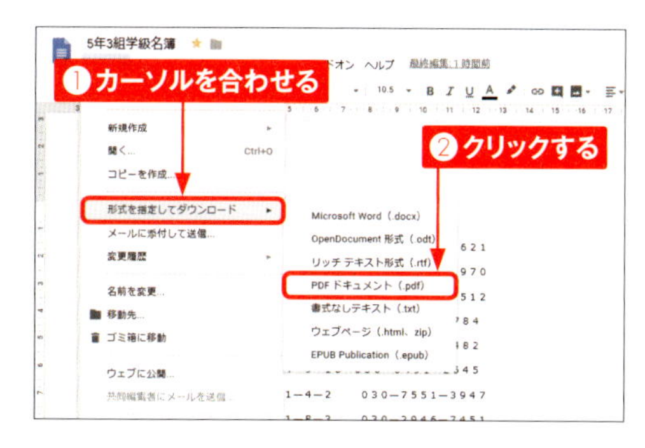

5 ＜保存＞をクリックします。

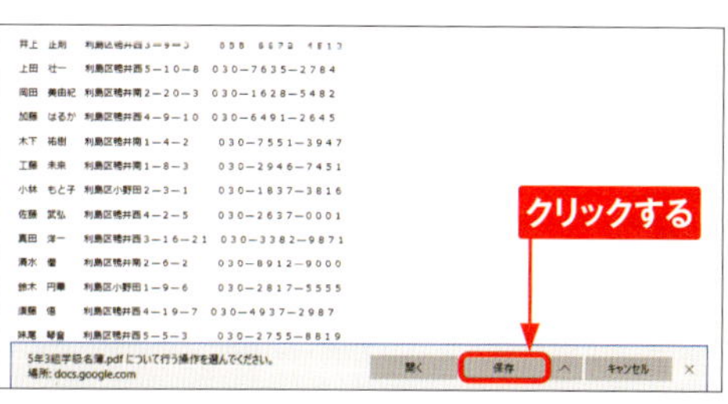

6 ドキュメントがPDFファイルに変換され、エクスプローラーの「ダウンロード」フォルダに保存されます。

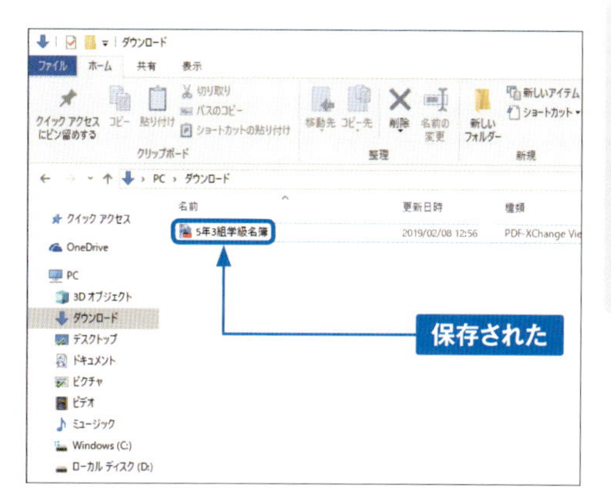

Section 082

Officeファイルにコメントを付ける

Google Driveでは、Officeファイルにコメントを付けることができます。コメントはプレビュー表示から付けられるので、本文を編集することなく共有相手にコメントを伝えることができます。

Officeファイルにコメントを付ける

1 Sec.057を参考にGoogle Driveを表示し、<共有アイテム>をクリックして、コメントを付けたいOfficeファイルをクリックし、をクリックします。

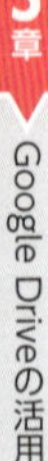

2 ファイルがプレビューで表示されます。をクリックします。

3 コメントを付けたい箇所をドラッグして選択し、■をクリックします。

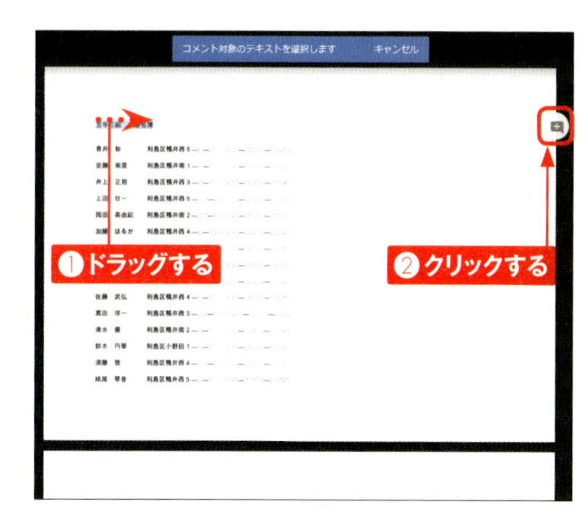

4 コメントを入力し、<コメント>をクリックします。

5 ファイルにコメントが付きます。■をクリックして終了します。

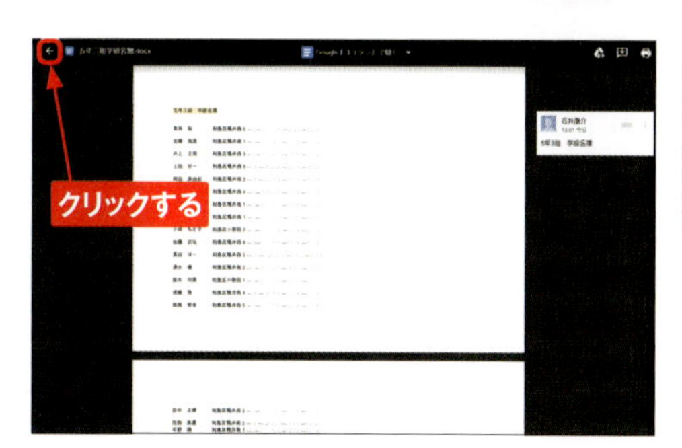

Section 083

Googleマップのマッピングデータを管理する

「Google マイマップ」を使うと、複数のレイヤを登録できるため、複数の地図をまとめて1つのファイルで管理することができます。よく利用する場所の地図は、Google Driveに保存しておきましょう。

Google マイマップで地図を管理する

1 Sec.057を参考にGoogle Driveを表示し、<新規>をクリックします。

2 「その他」にカーソルを合わせ、<Googleマイマップ>をクリックします。

3 アプリが開きます。マイマップに登録する住所を入力し、🔍をクリックします。

4 <無題の地図>をクリックし、任意の地図タイトルを入力して、<保存>をクリックします。

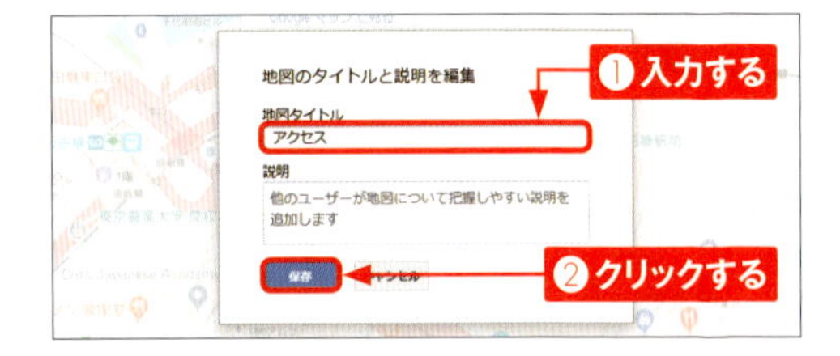

5 ＜無題のレイヤ＞をクリックし、任意のレイヤ名を入力して、＜保存＞をクリックします。

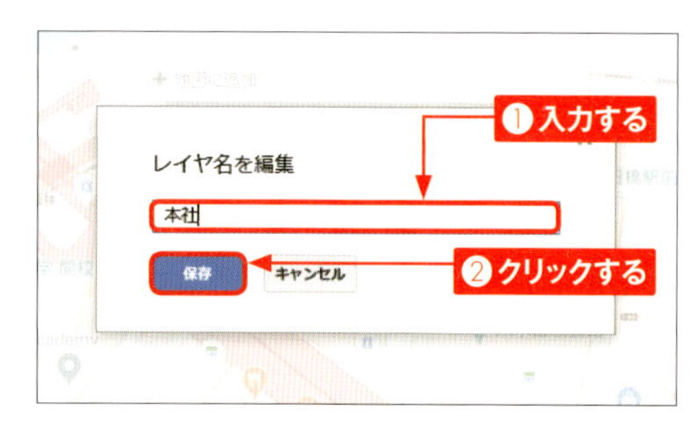

6 ＜地図に追加＞をクリックします。

7 地図が設定されます。×をクリックして、Google マイマップを終了します。

8 地図が保存されました。

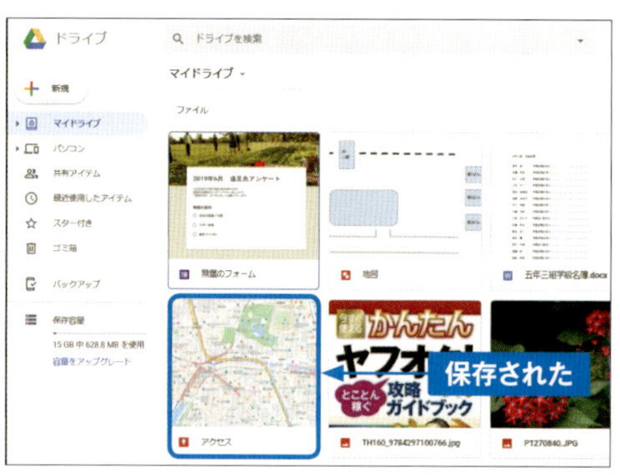

Section 084

2段階認証でセキュリティを強化する

Googleアカウントにログインする際、パスワードだけでは不安という場合は、2段階認証の設定をしましょう。2段階認証の設定を行うことで、ログインする際に確認コードが必要になり、よりセキュリティを強化できます。

Googleアカウントに2段階認証の設定を行う

1 WebブラウザでGoogleアカウントのサイト（https://myaccount.google.com/）にアクセスし、＜セキュリティ＞をクリックします。

2 「Googleへのログイン」の＜2段階認証プロセス＞をクリックします。

3 ＜開始＞をクリックします。

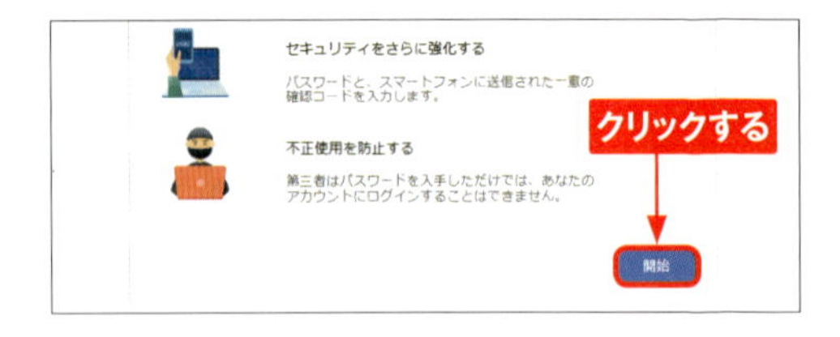

4 Googleアカウントのパスワードを入力し、＜次へ＞をクリックします。

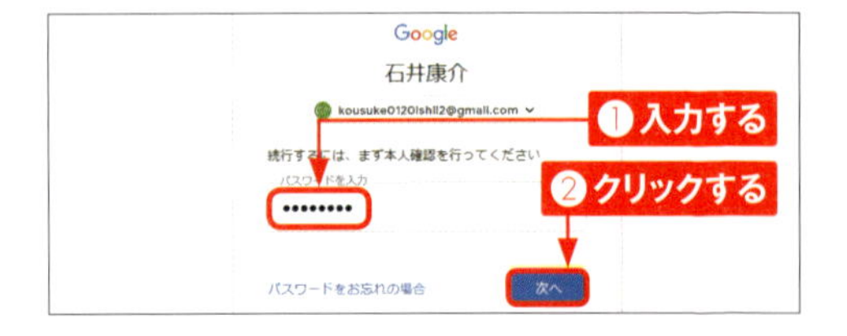

5 電話番号を入力し、<テキストメッセージ>をクリックして、<次へ>をクリックします。

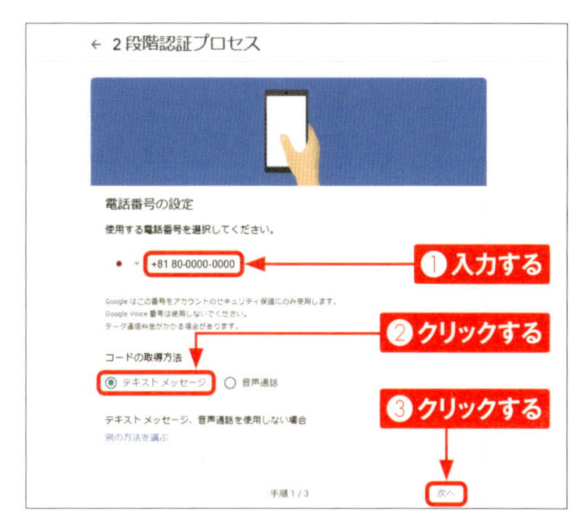

6 受信したSMSに記載してある確認コードを入力し、<次へ>をクリックします。

7 <オンにする>をクリックします。

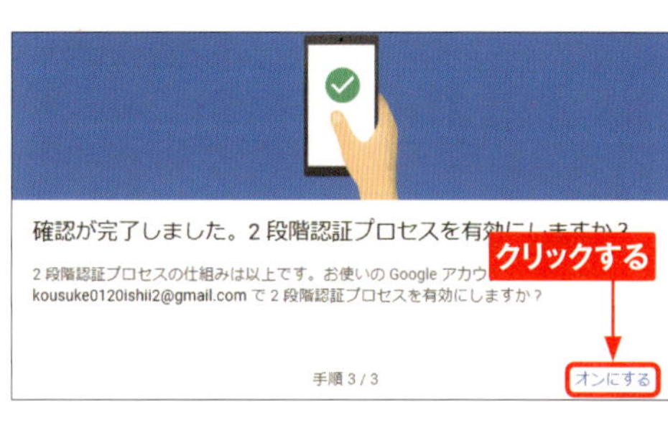

8 2段階認証が有効になります。

Section 085 パスワードを変更する

Googleアカウントは、Google DriveやGmailなど、さまざまなGoogleサービスで共通に使用します。アカウント作成時に設定したパスワードは、いつでも変更することが可能です。

パスワードを変更する

1 WebブラウザでGoogleアカウントのサイト（https://myaccount.google.com/）にアクセスし、<セキュリティ>をクリックします。

2 「Googleへのログイン」の<パスワード>をクリックします。

③ 現在のアカウントのパスワードを入力し、<次へ>をクリックします。

④ 「新しいパスワード」と「新しいパスワードを確認」に新しいパスワードを入力し、<パスワードを変更>をクリックすると、パスワードを変更できます。

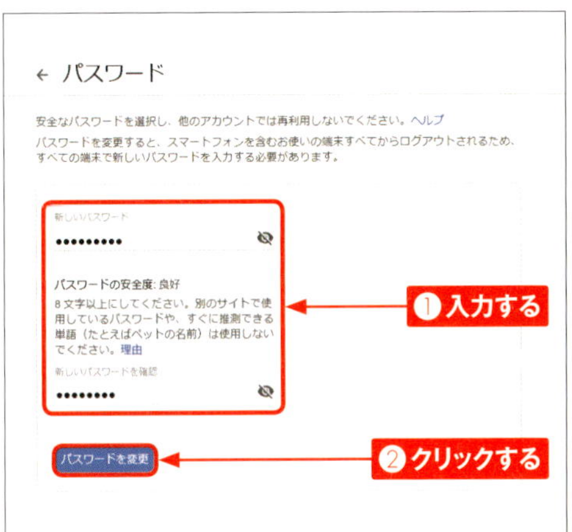

Memo パスワードを忘れた場合

現在のアカウントのパスワードを忘れてしまった場合は、パスワードを再設定しましょう。手順③の画面で入力欄下部にある<パスワードをお忘れの場合>をクリックし、画面の指示に従ってパスワードの再設定を行います。再設定したパスワードは忘れないようメモなどに残しておくとよいでしょう。

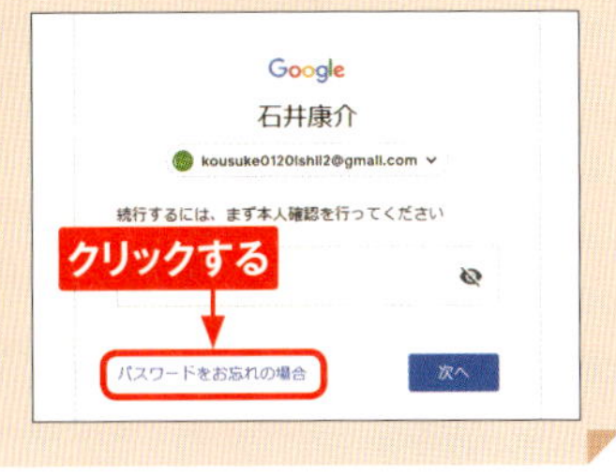

第5章 Google Driveの活用

Google Driveの容量を増やす

Google Driveの初期容量は15GBです。写真や動画を保存したり、大量のファイルのバックアップを行ったりすると、空き容量が足りなくなる場合があります。その際には、必要な容量を追加購入することができます。

容量を追加する

1 Sec.057を参考にGoogle Driveを表示し、<容量をアップグレード>をクリックします。

2 任意の容量を選択し、<アップグレード>をクリックします。

3 「Google One 利用規約」画面が表示されたら、<同意する>をクリックします。

4 任意の支払い方法をクリックし、画面の指示に従って購入します。

Memo プランの選択

ストレージの容量は、無料で提供される15GBのほかに、100GB、200GBが選択できます。また、手順②の画面で<その他のプラン>をクリックすると、2TB、10TB、20TB、30TBが表示できます。

OneDrive編

第6章

OneDriveの基本操作

Section 087 OneDriveとは?
Section 088 WindowsにOneDriveをインストールする
Section 089 WebブラウザからOneDriveを利用する
Section 090 ファイルの表示方法を変更する
Section 091 WebブラウザからWordファイルを編集する
Section 092 WebブラウザからExcelファイルを編集する
Section 093 WebブラウザからPowerPointファイルを編集する
Section 094 ほかのユーザーとファイルを共有する
Section 095 共有するユーザーを追加する/削除する
Section 096 スマートフォンに「OneDrive」アプリをインストールする
Section 097 スマートフォンでOfficeファイルを開く/編集する

OneDriveとは?

OneDriveは、Microsoftが提供するクラウドストレージサービスです。複数のパソコン間でかんたんにファイルを共有することができます。また、WebブラウザでOfficeファイルの利用や作成、編集ができます。

OneDriveとは?

OneDriveは、テキストや写真、動画などさまざまなファイルを保存しておける、クラウドストレージサービスです。Microsoftアカウントがあれば、標準で5GBの容量を無料で利用できます。また、Windows 8.1 ／ Windows 10には、標準でOneDriveアプリがプレインストールされているため、かんたんにファイルの作成、編集を行うことが可能です。

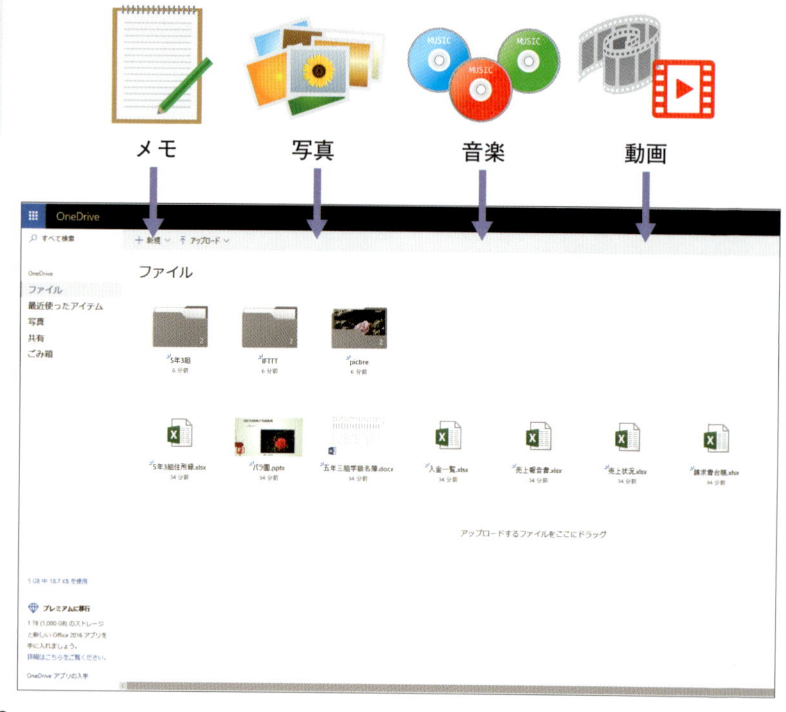

OneDriveでできること

●パソコン、スマートフォン、タブレットと同期

OneDriveアプリをインストールしたWindowsやMacには「OneDrive」フォルダが作成されます。パソコンにMicrosoftアカウントでサインインすると、パソコンとOneDriveが同期され、フォルダ内にファイルを作成すると、自動的にOneDriveにもファイルが作成されます。OneDriveにアップロードされたファイルは、ほかのデバイスからでも利用、編集することができます。

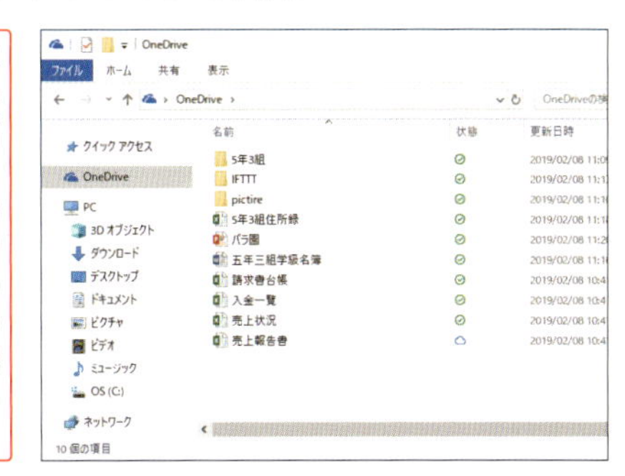

●オンラインでファイルの編集や管理が可能

OneDrive上のファイルは共有設定を行うと、ほかのユーザーの閲覧、ダウンロード、編集が可能になります。また、Office製品がインストールされていないパソコンでも、Webブラウザから「Microsoft Office Online」を使用して、ファイルの利用、作成、編集ができます。「Microsoft Office Online」にはWord Online、Excel Online、PowerPoint Onlineがあり、さまざまなデバイスからアクセスして作業できます。

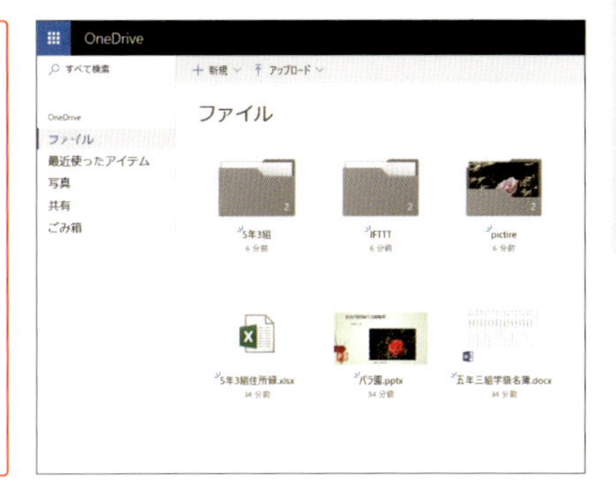

●容量の追加が可能

OneDriveは、標準で5GBまでの容量を無料で利用できますが、1TBまでの容量を追加購入することもできます。よりたくさんのファイルを保存したい場合やビジネスで利用したいときなどは、容量を追加しておくのがおすすめです。

WindowsにOneDriveをインストールする

Windows 8.1、Windows 10のパソコンでは、OneDriveはプレインストールされています。何らかの理由でアンインストールしている場合は、OneDriveのダウンロードサイトから再インストールします。

Windows版OneDriveをインストールする

① WebブラウザでWindows用OneDriveのダウンロードサイト（https://onedrive.live.com/about/ja-jp/download/）にアクセスします。＜ここをクリックしてダウンロードしてください。＞をクリックします。

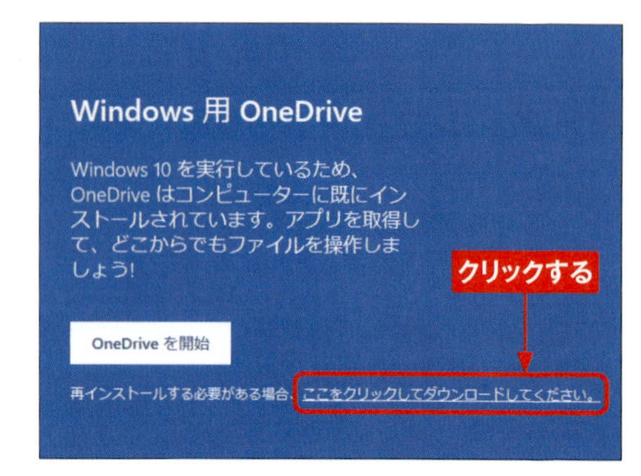

② 画面下部に表示されるメニューから＜実行＞をクリックします。

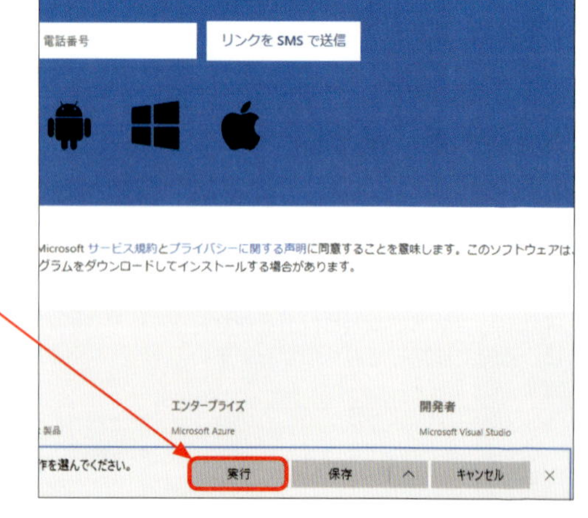

③ ダウンロードが開始されます。

④ ダウンロードが完了すると、セットアップが開始されます。

⑤ インストールが完了し、Windows版OneDriveが表示されます。

Memo **エクスプローラーに表示される「OneDrive」フォルダ**

OneDriveがインストールされていると、エクスプローラーに「OneDrive」フォルダが表示され、Web版OneDriveと同期できるようになります。なお、本書ではWeb版OneDriveの操作のみ解説します。

Section 089 WebブラウザからOneDriveを利用する

OneDriveは、Webブラウザかエクスプローラーで操作します。WebブラウザでMicrosoftアカウントにサインインすれば、外出先でもかんたんにOneDriveを利用できます。

WebブラウザからOneDriveを利用する

1. WebブラウザでOneDriveのWebサイト（https://onedrive.live.com/about/ja-jp/）にアクセスします。<サインイン>をクリックします。

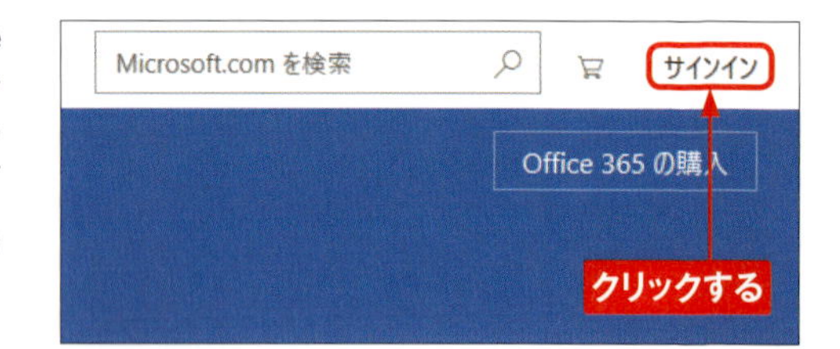

2. Microsoftアカウントを入力し、<次へ>をクリックします。

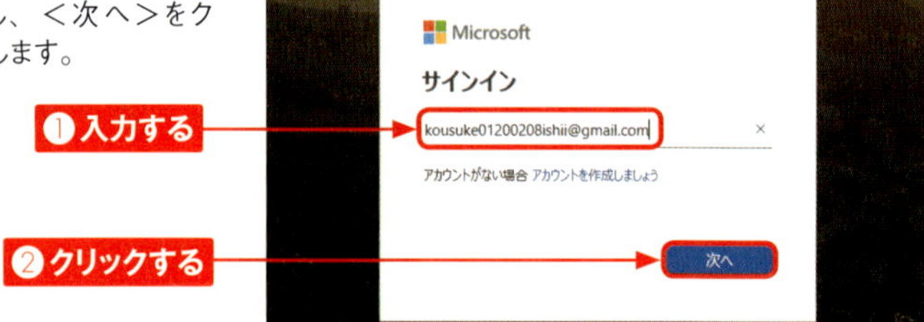

3. パスワードを入力し、<サインイン>をクリックすると、Web版OneDriveが表示されます。

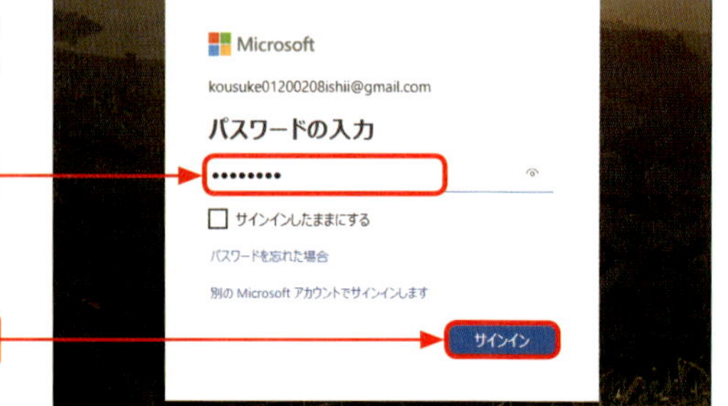

ファイルをアップロードする

1. P.176を参考にWeb版OneDriveを表示したら、<アップロード>をクリックし、<ファイル>をクリックします。

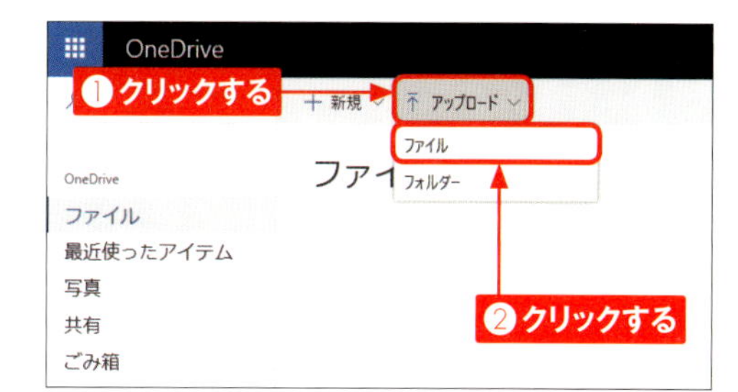

2. アップロードするファイルをクリックし、<開く>をクリックします。

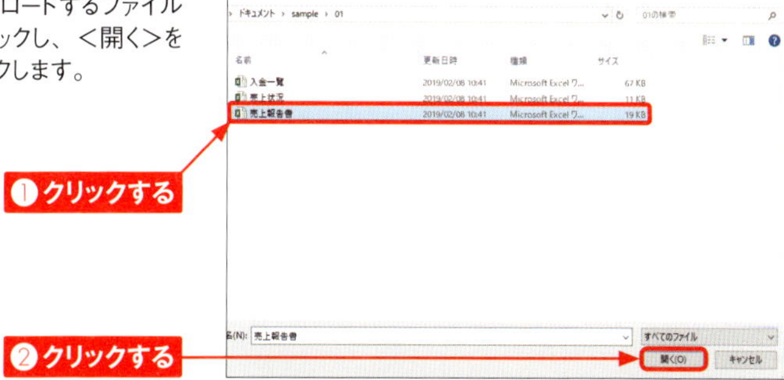

3. 選択したファイルがアップロードされます。

Memo Microsoftアカウントとは

Microsoftアカウントは、OneDriveなどのMicrosoftのWebサービスの利用に必要となります。Windows 8.1/10ではサインインに必要なので、すでに作成済みの場合がほとんどです。新しく作成する場合は、P.218を参照してください。

Section 090

ファイルの表示方法を変更する

Web版OneDriveでは、ファイルの表示形式を変更できます。「縮小表示」ではファイルがタイルで表示され、縮小表示画像でファイルの中身が確認できます。「詳細表示」ではファイルの詳細を確認しながら操作できます。

WebブラウザからOneDriveを利用する

1. P.176を参考にWeb版OneDriveを表示し、田をクリックして、<リスト>をクリックします。

2. 詳細ビューに切り替わります。続いて<並べ替え>をクリックします。

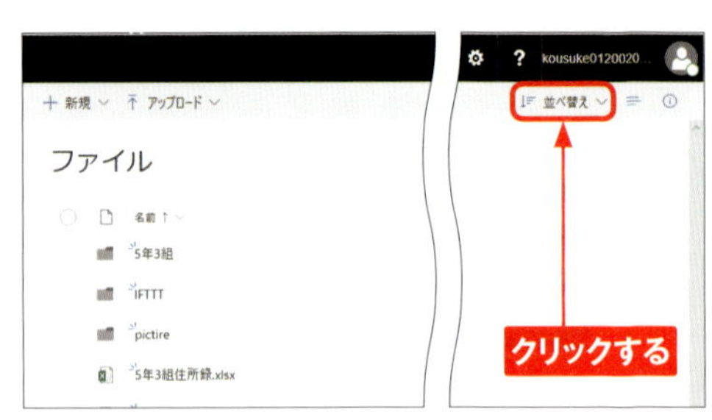

Memo ファイルの並べ替え順序をカスタマイズする

P.179手順③の画面で<並べ替え順序を変更>をクリックすると、ファイルをドラッグして好きな場所に移動することが可能です。<並べ替え順序を保存>をクリックすると、並べ替え順序が保存されます。

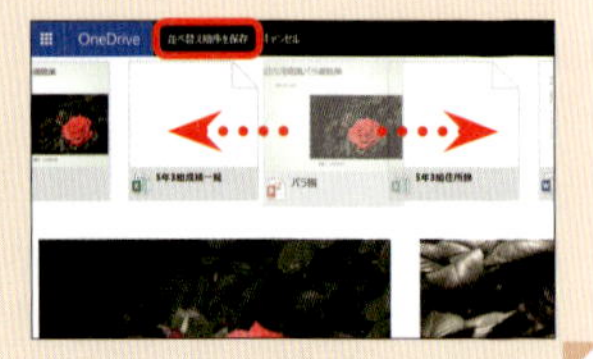

3 任意のカテゴリ（ここでは＜更新日＞）をクリックします。

4 ファイルが並べ替えられました。

5 ＜並べ替え＞をクリックすると、現在の並べ替えのカテゴリが確認できます。

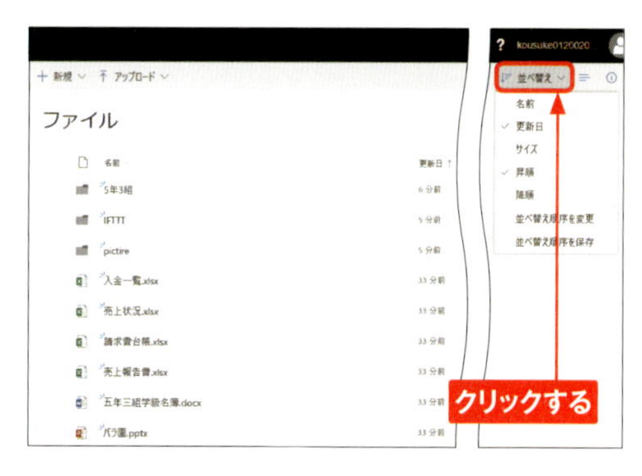

Memo 並べ替えのカテゴリ

並べ替えのカテゴリには「名前」、「変更日」、「サイズ」があります。その場に応じた並べ替えのカテゴリを選択することで、ファイルが見つけやすくなります。また、それらの並べ替えの順序は「昇順」もしくは「降順」から選択できます。

Section 091 WebブラウザからWordファイルを編集する

OneDrive内に保存された文書は、Webブラウザの「Word Online」で編集することができます。なお、より高度な機能を利用して編集したい場合は、「Word」アプリから編集します（P.181Memo参照）。

WebブラウザからWordファイルを編集する

① P.176を参考にWeb版OneDriveを表示し、編集するWordファイルをクリックします。

② Word Onlineの編集画面が表示されます。

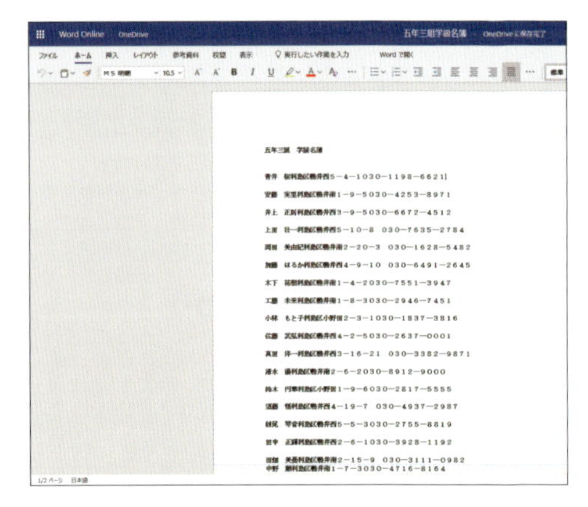

3 内容を編集したら、×をクリックします。

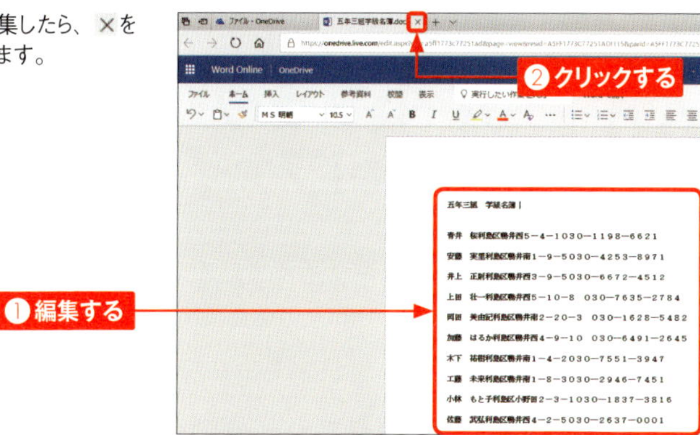

4 「たった今」と表示され、編集したファイルが保存されます。

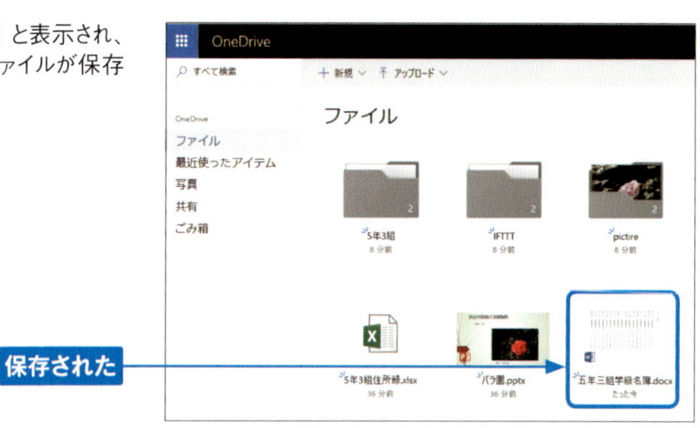

Memo 文書をWordで編集する

OneDrive上に保存された文書は、Webブラウザの「Word Online」から編集することができますが、マクロなどの高度な機能を利用して編集したい場合は、Officeの「Word」アプリから編集します（あらかじめ「Word」アプリのインストールが必要）。P.180手順①の画面で編集したいWordファイルを右クリックし、<Word で開く>をクリックします。なお、「Word」アプリは起動する前に、確認画面が表示されます。

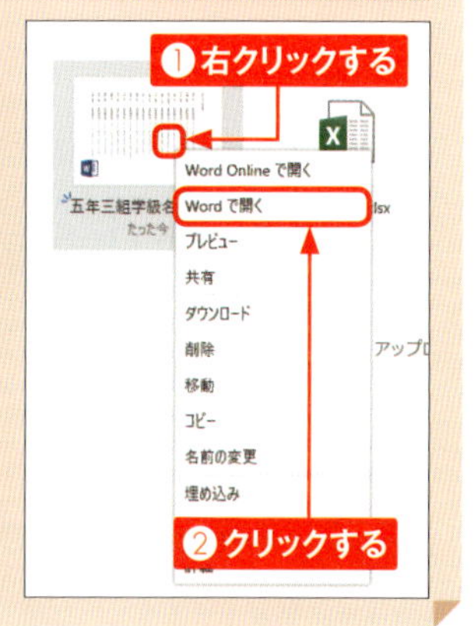

Section 092

Webブラウザから Excelファイルを編集する

OneDrive内に保存された表計算ファイルは、Webブラウザの「Excel Online」で編集することができます。なお、図形を挿入するなどの機能を利用して編集したい場合は、「Excel」アプリから編集します（P.183Memo参照）。

WebブラウザからExcelファイルを編集する

1. P.176を参考にWeb版OneDriveを表示し、編集するExcelファイルをクリックします。

クリックする

2. Excel Onlineの編集画面が表示されます。

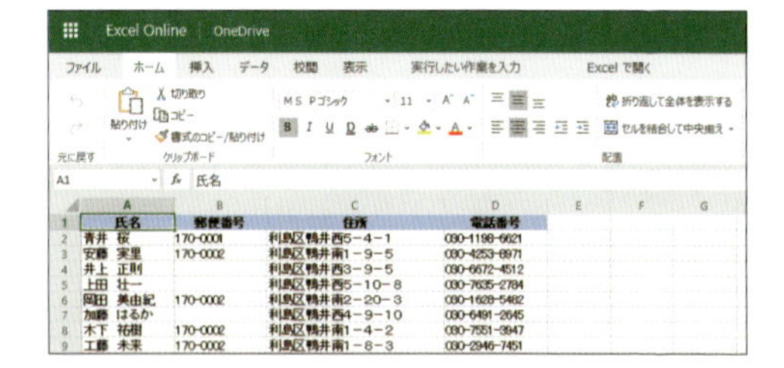

Memo　Excel Onlineでファイルを新規作成する

手順①の画面で<新規>をクリックすると、ファイルを新規作成できます。Excel Onlineの新規ファイルには<Excelブック>と<Excelアンケート>の2つが存在し、用途によって使い分けることができます。アンケートを作成する際は<Excelアンケート>をクリックして選択しましょう。

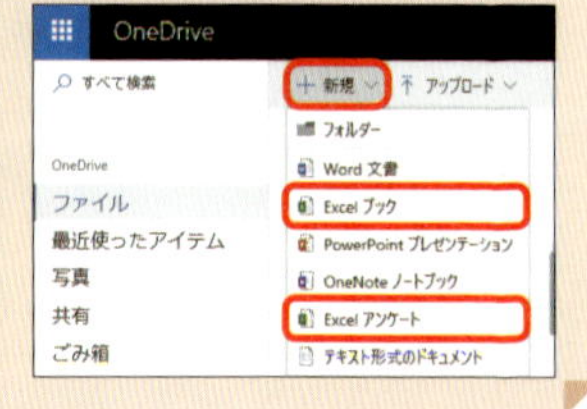

③ データの内容を編集したら、×をクリックします。

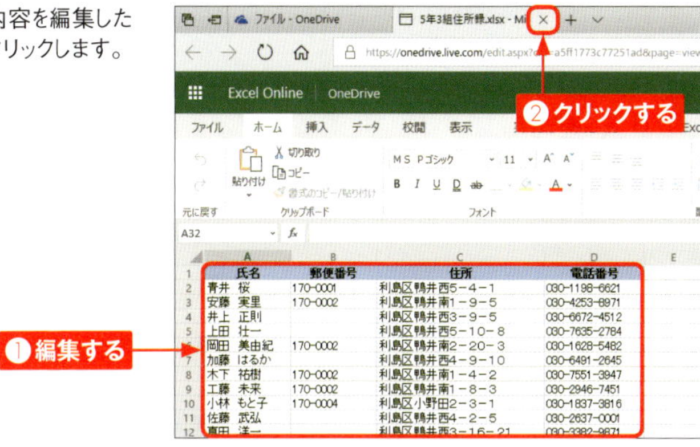

④「たった今」と表示され、編集したファイルが保存されます。

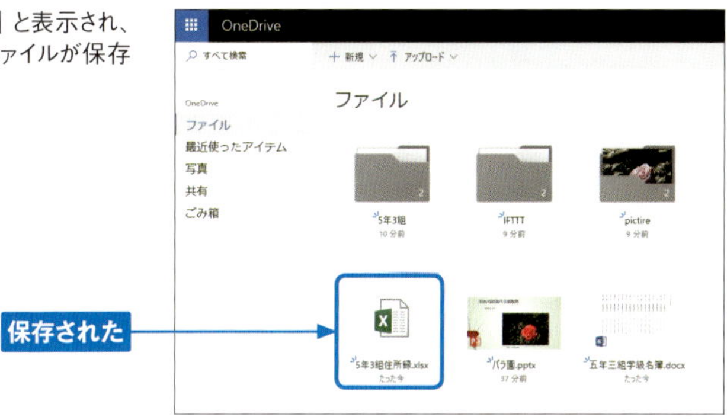

Memo 表を「Excel」アプリで編集する

OneDrive内に保存された表計算ファイルは、Webブラウザの「Excel Online」から編集することができますが、図形の挿入などの高度な機能を利用して編集したい場合は、Officeの「Excel」アプリから編集します（あらかじめ「Excel」アプリのインストールが必要）。OneDriveの「ファイル」画面で編集するExcelファイルを右クリックし、<Excelで開く>をクリックします。なお、「Excel」アプリは起動する前に、確認画面が表示されます。

Section 093 WebブラウザからPowerPointファイルを編集する

OneDrive内に保存されたスライドは、Webブラウザの「PowerPoint Online」で編集、プレゼンテーションの実行ができます。より高度な機能を利用して編集したい場合は、「PowerPoint」アプリから編集します（P.185Memo参照）。

WebブラウザからPowerPointを編集する

1. P.176を参考にWeb版OneDriveを表示し、編集するPowerPointファイルをクリックします。

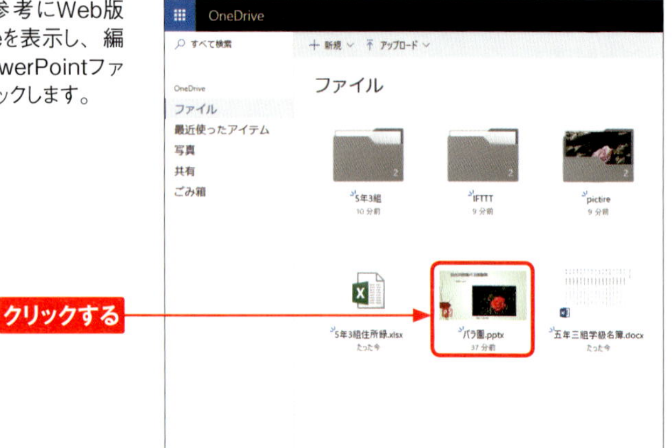

2. PowerPoint Onlineの編集画面が表示されます。

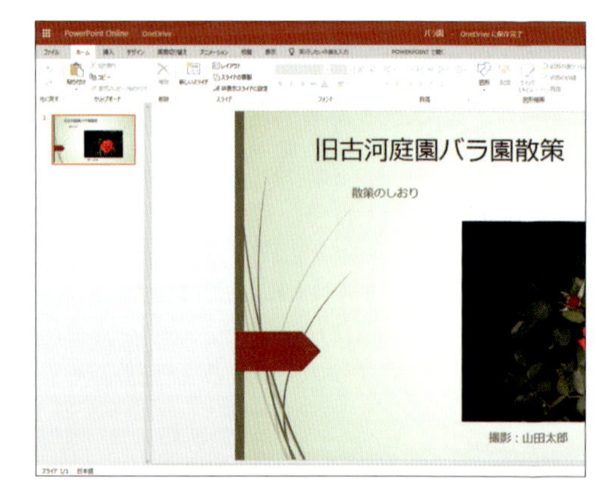

3 スライドの内容を編集したら、×をクリックします。

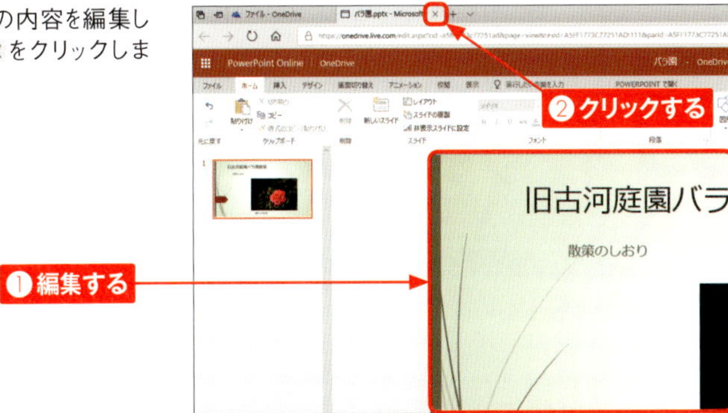

4 「たった今」と表示され、編集したファイルが保存されます。

スライドを「PowerPoint」アプリで編集する

OneDrive上に保存されたスライドは、Webブラウザの「PowerPoint Online」から編集することができますが、グラフの追加などの高度な機能を利用して編集したい場合は、Officeの「PowerPoint」アプリから編集します（あらかじめ「PowerPoint」アプリのインストールが必要）。P.184手順①の画面で編集するPowerPointファイルを右クリックし、<PowerPoint で開く>をクリックします。なお、「PowerPoint」アプリは起動する前に、確認画面が表示されます。

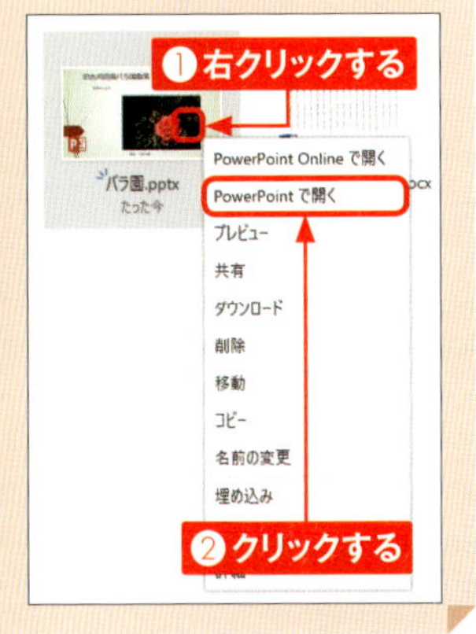

ほかのユーザーとファイルを共有する

OneDriveで作成またはアップデートされたファイルは、ほかのユーザーと共有できます。共有されたユーザーにファイルの編集を許可することで、共同作業が可能になります（Sec.105参照）。

ほかのユーザーとファイルを共有する

1 P.176を参考にWeb版OneDriveを表示し、共有するファイルを右クリックして<共有>をクリックします。

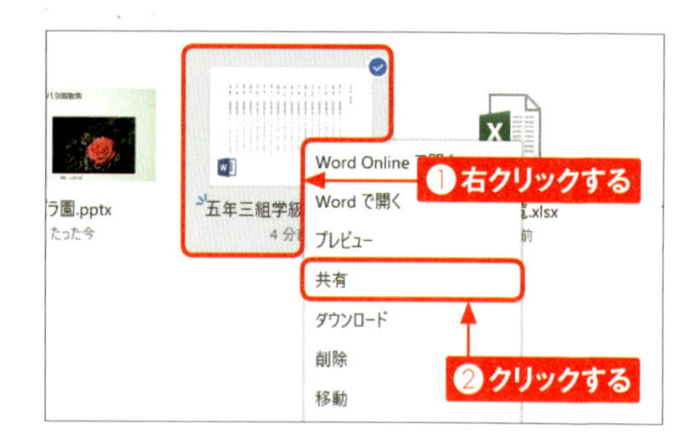

2 <メール>をクリックします。

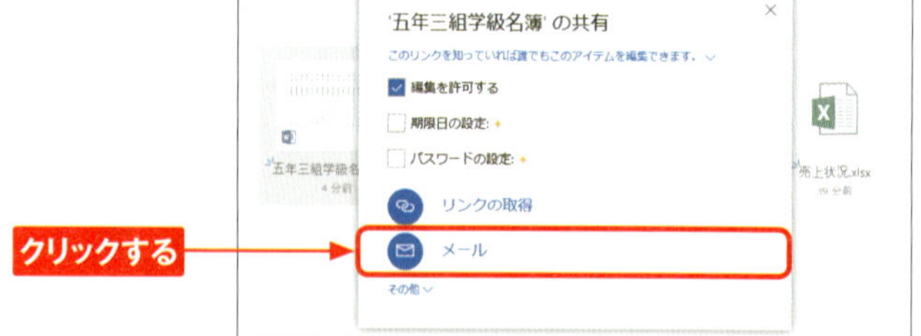

3 宛先とメッセージを入力し、<共有>をクリックします。

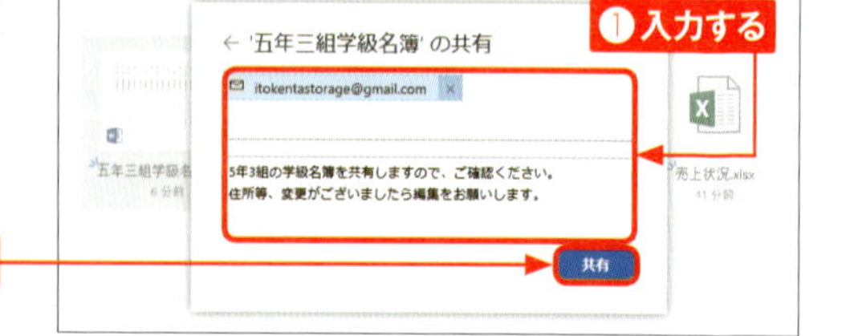

4 共有したファイルを確認したい場合は、左側にあるメニューから＜共有＞をクリックします。

共有ファイルへのリンクを受信する

1 共有ファイルへのリンクが添付されたメールを表示し、＜OneDriveで表示＞をクリックします。

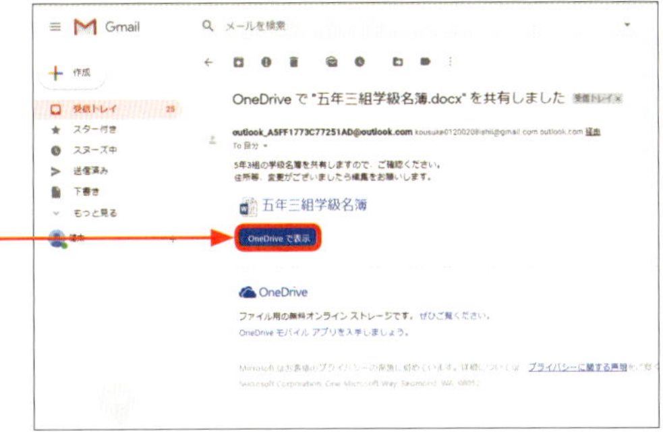

2 共有ファイルがMicrosoft Office Onlineで表示されます。

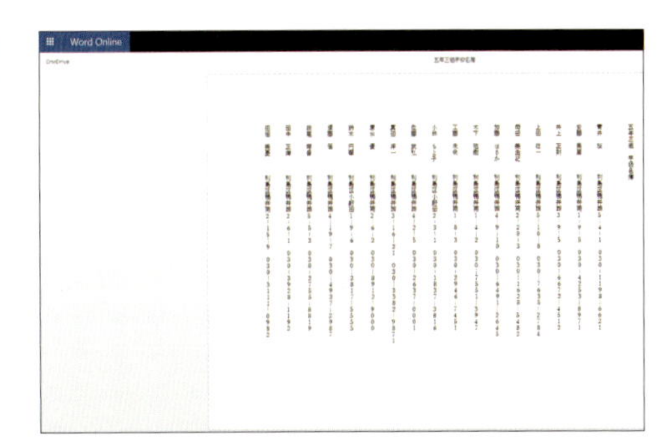

Memo 共有する条件

OneDriveでファイルを共有するには、共有するユーザーのメールアドレスが必要になります。

Section 095 共有するユーザーを追加する／削除する

OneDrive上のファイルを共有するユーザーは変更することが可能です。追加する場合は、Sec.094と同様の操作で共有できます。共有の必要がなくなったユーザーは削除するようにしましょう。

共有するユーザーを追加する

1 P.176を参考にWeb版OneDriveを表示し、共有するファイルを右クリックして＜共有＞をクリックします。

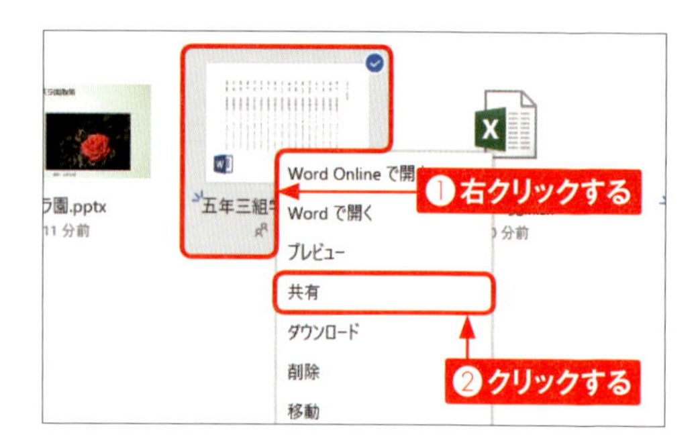

2 ＜メール＞をクリックします。

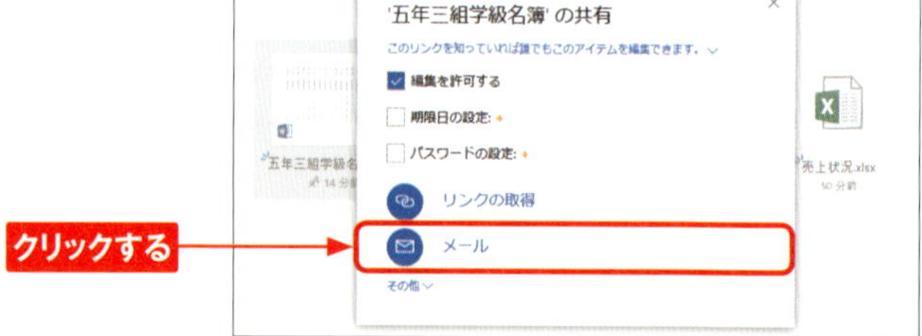

3 宛先とメッセージを入力し、＜共有＞をクリックします。

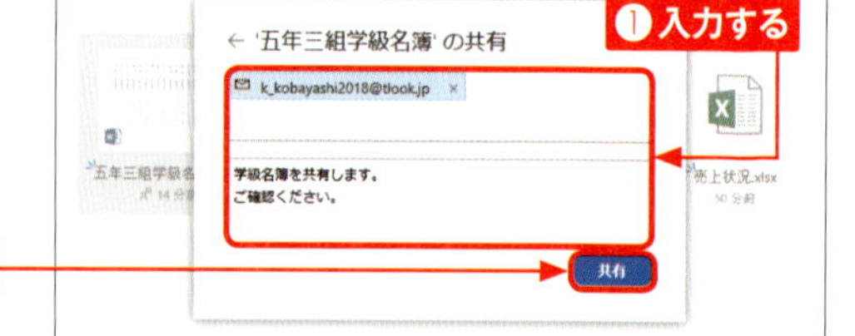

共有するユーザーを削除する

1. 共有するユーザーを削除したいファイルを右クリックし、<詳細>をクリックします。

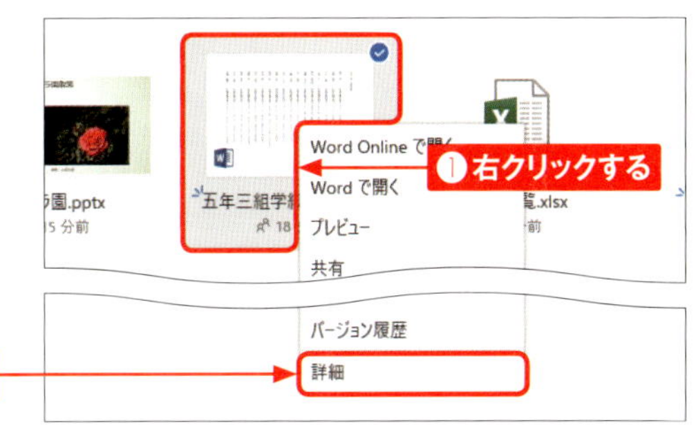

2. 右側に表示されるメニューから<アクセス許可の管理>をクリックします。

3. 共有を削除したいユーザーの ∨ をクリックし、<共有を停止>をクリックします。

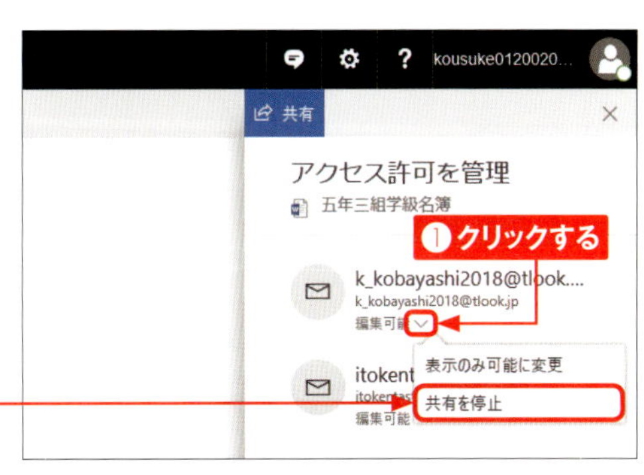

4. 選択したユーザーが削除されます。

Section 096 スマートフォンに「OneDrive」アプリをインストールする

スマートフォンに「OneDrive」アプリをインストールすると、外出先からでもOneDriveのさまざまな機能を利用できます。ここでは、スマートフォンにOneDriveをインストールする手順を解説します。

Android版OneDriveをインストールする

① P.66手順①を参考にPlay ストアを起動し、<Google Play>をタップします。

②「OneDrive」と入力し、🔍をタップします。

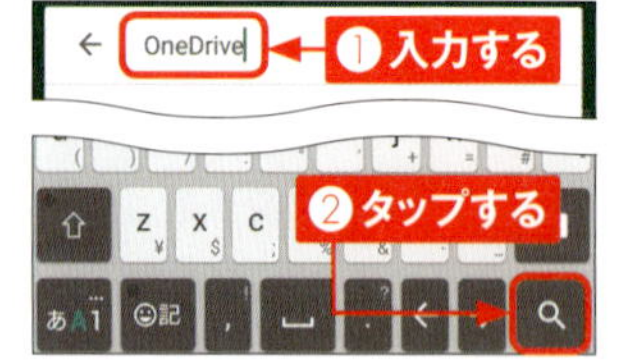

③ <Microsoft OneDrive>をタップします。

④ <インストール>をタップします。

⑤ インストールが始まります。

iPhone版OneDriveをインストールする

1 iPhoneのホーム画面で＜App Store＞をタップし、画面下部のメニューから＜検索＞をタップします。

2 検索欄に「OneDrive」と入力し、＜Search＞（または＜検索＞）をタップします。

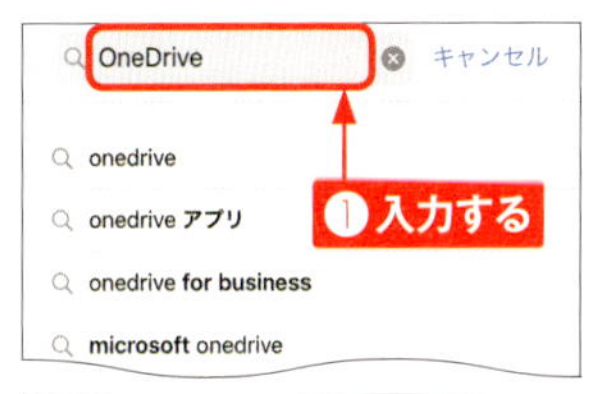

3 検索結果が表示されます。「Microsoft OneDrive」の＜入手＞をタップします。

4 ＜インストール＞をタップします。

5 Apple IDのパスワードを入力し、＜サインイン＞をタップすると、インストールが始まります。

Memo **iPhoneでOfficeアプリを利用する場合**

iPhoneでOfficeアプリを利用・編集する場合は、Microsoftアプリとの互換性があるiWorkアプリを利用します。なお、iWorkアプリについては、Sec.145で解説しています。

第6章 OneDriveの基本操作

Section 097 スマートフォンでOfficeファイルを開く／編集する

あらかじめAndroidスマートフォン用のMicrosoft Officeのアプリをインストールしておくと、スマートフォンからでもアプリを使用して、Officeファイルを開いたり、編集したりすることができます（P.194Memo参照）。

スマートフォン版OneDriveを設定する

1. Sec.096を参考に「OneDrive」アプリをインストールしたら、<開く>をタップするか、ホーム画面に追加されたアイコンをタップします。

2. OneDriveが起動したら、<サインイン>をタップします。

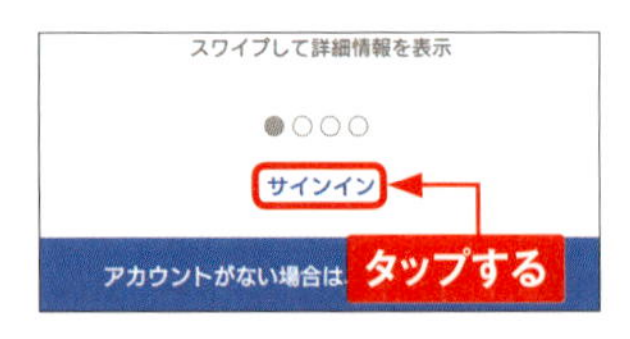

3. Microsoftアカウントのメールアドレスを入力し、→をタップします。

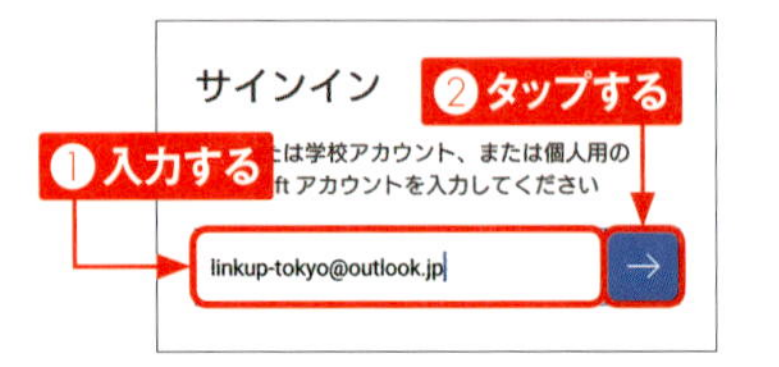

4. パスワードを入力し、<サインイン>をタップします。

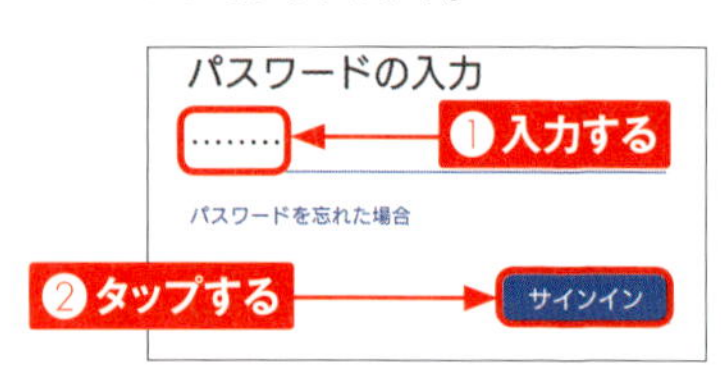

5. 「プレミアムに移動」画面が表示された場合は、←をタップします。

6. 「思い出をすべての場所で」画面が表示されるので、<今はしない>をタップします。

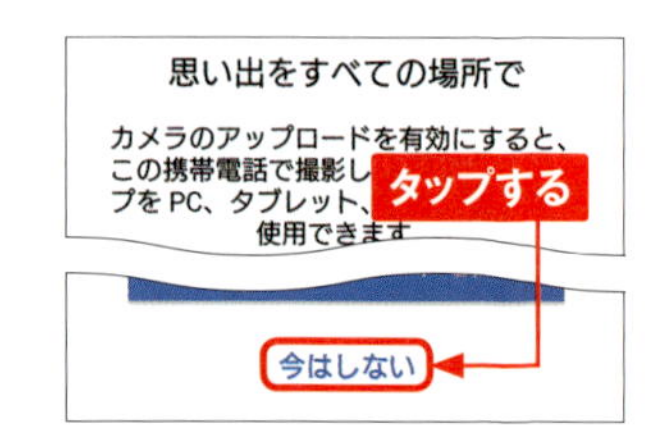

Officeファイルを開く

① P.192手順①を参考に OneDriveを起動すると、「ファイル」画面が表示されるので、編集したいファイルが保存されているフォルダをタップします。

② 編集したいファイル（ここではExcelファイル）をタップします。

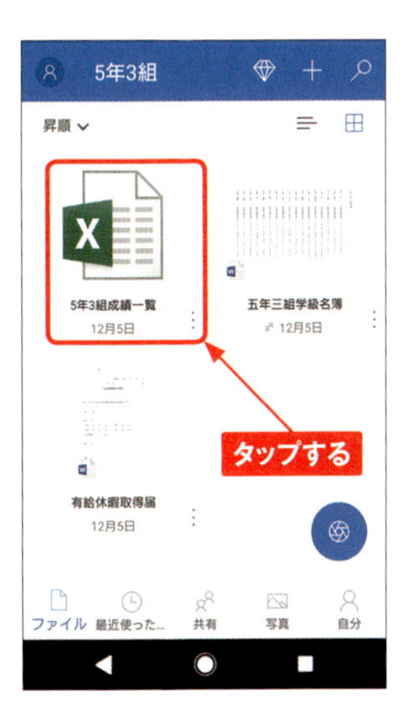

③ をタップします。

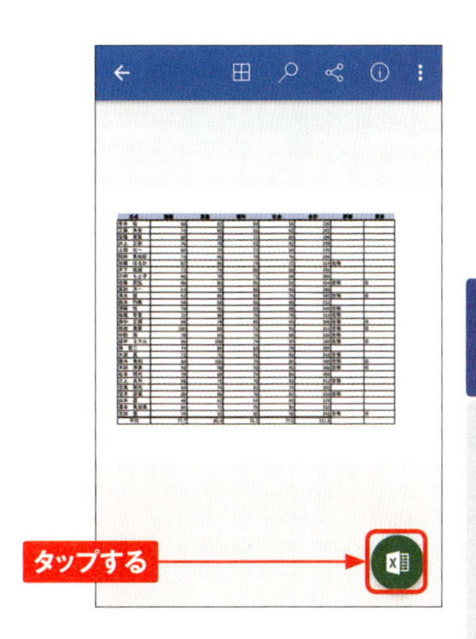

④ ファイルが表示され、編集することができます。

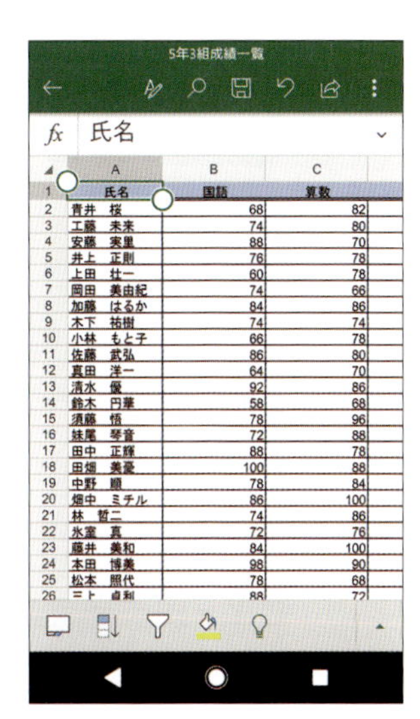

	A	B	C
1	氏名	国語	算数
2	青井　桜	68	82
3	工藤　未来	74	80
4	安藤　実里	88	70
5	井上　正則	76	78
6	上田　壮一	60	78
7	岡田　美由紀	74	66
8	加藤　はるか	84	86
9	木下　祐樹	74	74
10	小林　もと子	66	78
11	佐藤　武弘	86	80
12	真田　洋一	64	70
13	清水　優	92	86
14	鈴木　円華	58	68
15	須藤　悟	78	96
16	妹尾　琴音	72	88
17	田中　正輝	88	78
18	田畑　美憂	100	88
19	中野　順	78	84
20	畑中　ミチル	86	100
21	林　哲二	74	86
22	氷室　真	72	76
23	藤井　美和	84	100
24	本田　博美	98	90
25	松本　照代	78	68
26	[illegible]	88	72

Officeファイルを編集する

1 P.193手順①〜④を参考に編集したいファイル（ここではExcelファイル）を開き、ファイルを編集します。

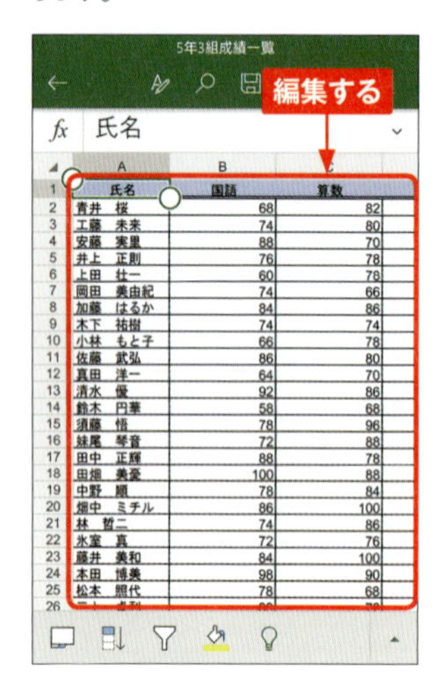

2 ファイルの編集が完了したら、🖫をタップして上書き保存し、←をタップします。

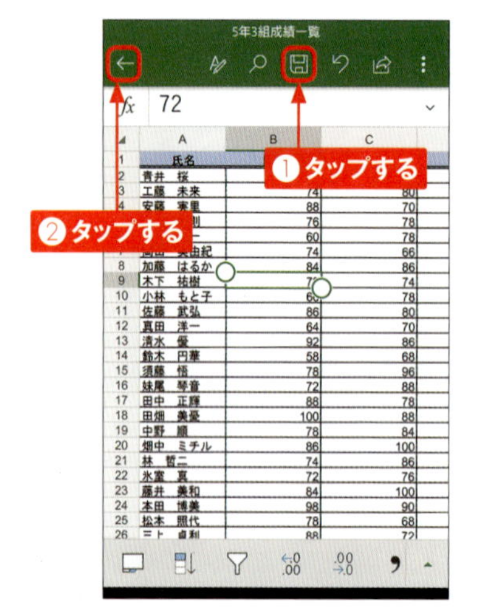

3 編集したファイルが保存されました。

スマートフォン用のMicrosoft Officeアプリ

OneDrive上に保存したOfficeファイルを開くためには、あらかじめスマートフォン用のMicrosoft OfficeアプリをPlay ストアからインストールする必要があります。それぞれのファイルに対応した、スマートフォン用のMicrosoft OfficeアプリをSec.096の要領で検索してインストールしましょう。

OneDrive編

第7章

OneDriveの活用

Section 098 ファイルを検索する
Section 099 ファイルの履歴を管理する
Section 100 ファイルを印刷する
Section 101 削除したファイルをもとに戻す
Section 102 ピクチャフォルダから写真を保存する
Section 103 写真をアルバムにしてスライドショーで見る
Section 104 写真にタグを付ける／共有する
Section 105 ほかのユーザーとOfficeファイルを共同編集する
Section 106 リモートアクセスで会社のパソコンのファイルを見る
Section 107 パスワードを変更する
Section 108 OneDriveの容量を増やす

Section 098 ファイルを検索する

OneDriveに保存されたファイルやフォルダは、キーワードを使って検索すると、すばやく見つけることができます。また、ファイル名だけではなく、ファイル内に含まれる文字で検索すると、関連したファイルやフォルダが検索結果として表示されます。

ファイルを検索する

1 P.176を参考にWeb版OneDriveを表示し、<すべて検索>をクリックします。

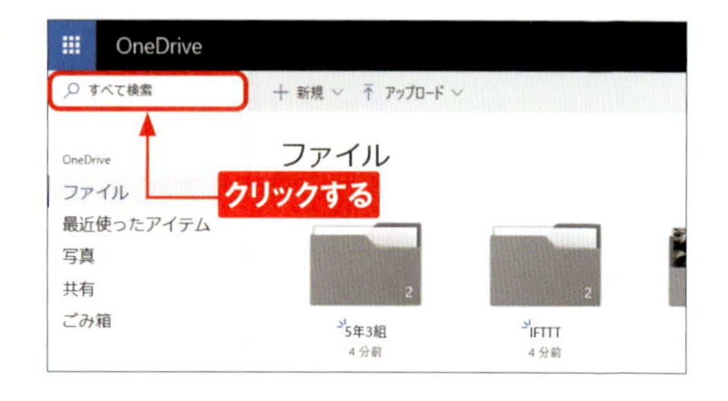

2 検索したいファイルやフォルダのキーワードを入力し、Enterを押します。

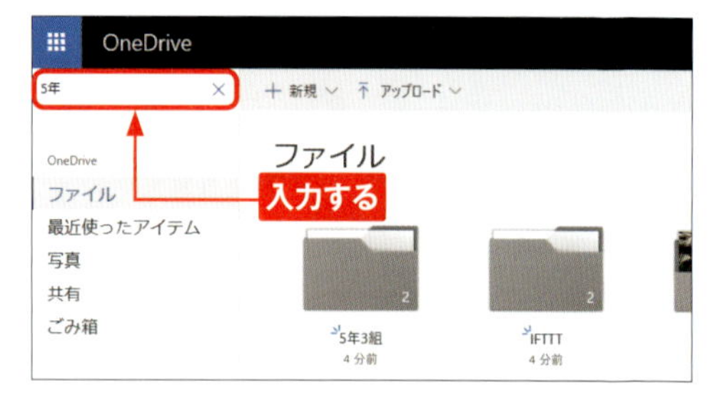

3 入力したキーワード（ここでは「5年」）に関連した検索結果が表示されます。

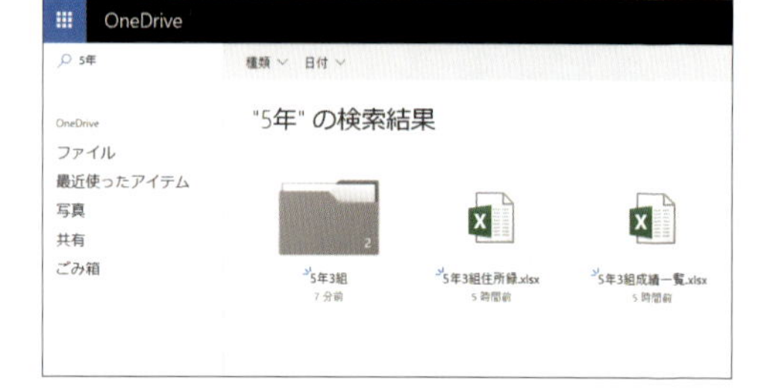

Section 099

ファイルの履歴を管理する

OneDriveでは、ファイルの履歴を管理できます。ファイルに加えられた変更が時系列順に表示され、クリックすると変更前のファイルの内容が表示されます。また、ファイルを変更前の状態に戻すことも可能です。

ファイルの履歴を管理する

① P.176を参考にWeb版OneDriveを表示し、履歴を確認したいファイルを右クリックして、<バージョン履歴>をクリックします。

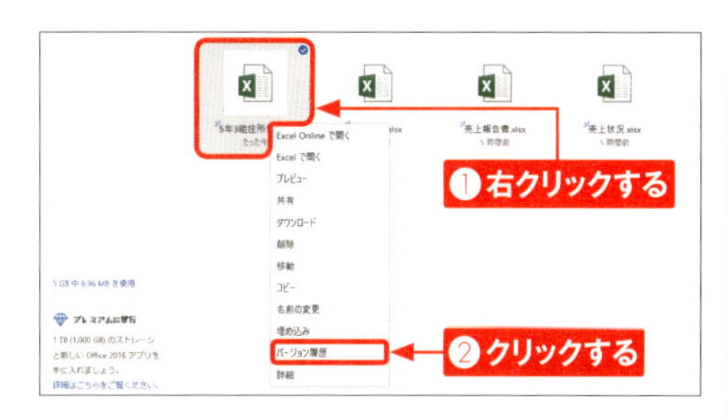

② 画面左にバージョン履歴が表示されます。「以前のバージョン」の任意の更新日時をクリックします。

③ 変更前のファイルが表示されます。ファイルを変更前の状態に戻したい場合は、<復元>をクリックします。

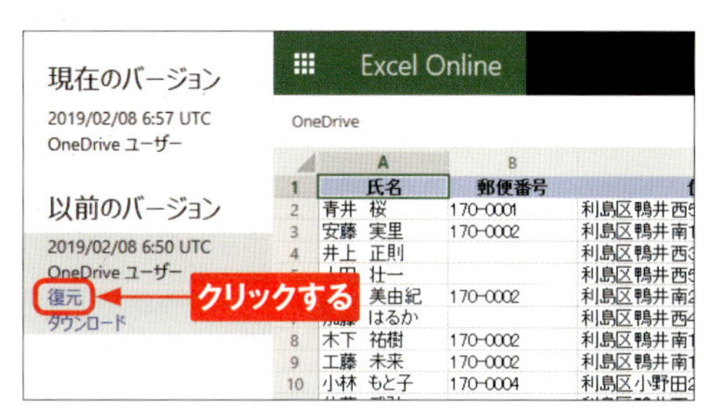

Section 100 ファイルを印刷する

OneDrive上に保存されたOfficeファイルは、「Microsoft Office Online」で表示し、印刷することができます。必要に応じて「送信先」、「ページ」、「部数」、「カラー」などの設定を変更しましょう。

ファイルを印刷する

1. P.176を参考にWeb版OneDriveを表示し、印刷したいファイルをクリックして表示したら、<ファイル>をクリックします。

2. <印刷>→<印刷>の順にクリックします。

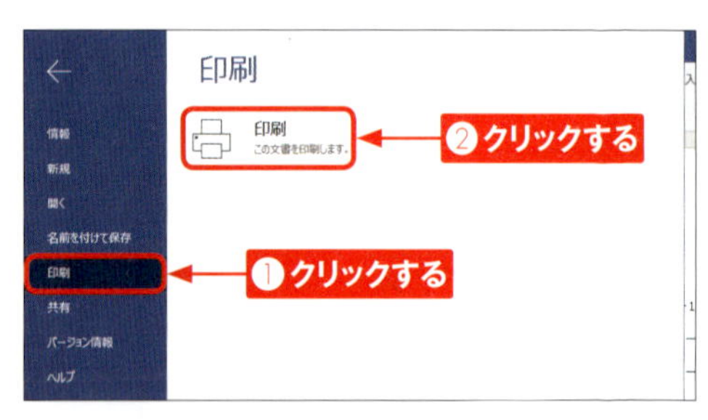

3. 「送信先」(プリンター)、「部数」、「カラー」、「ページ」などを設定し、<印刷>をクリックして印刷します。

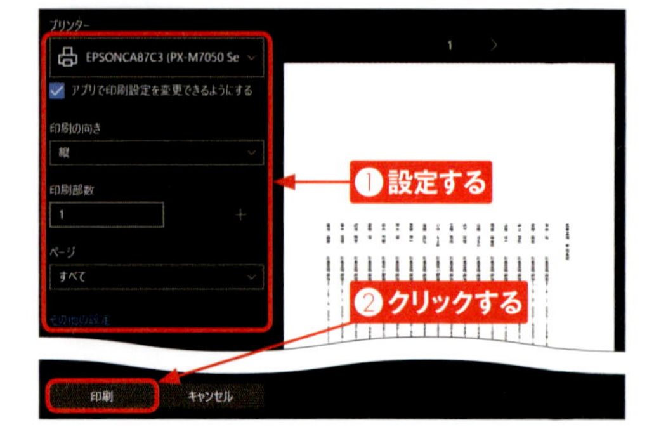

Section 101 削除したファイルをもとに戻す

OneDrive上のファイルは、削除するとOneDrive上の「ごみ箱」に移動します。「ごみ箱」内にあるファイルは、30日以内であれば復元することが可能です。誤ってファイルを削除してしまった場合は、「ごみ箱」から復元しましょう。

削除したファイルをもとに戻す

1 P.176を参考にWeb版OneDriveを表示し、削除したいファイルを右クリックして、<削除>をクリックします。

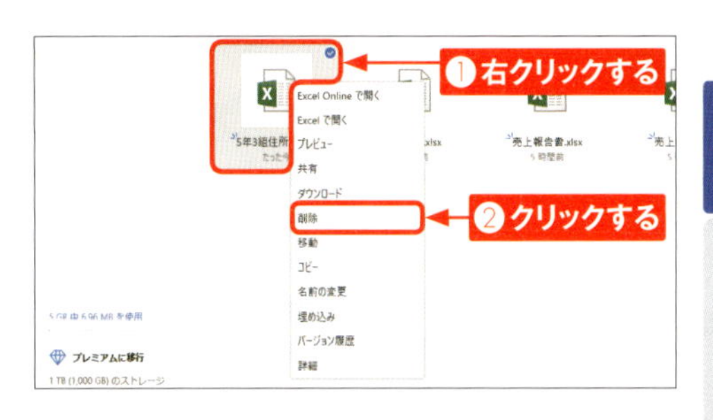

2 <ごみ箱>をクリックします。もとに戻したいファイルにカーソルを合わせ、○をクリックしてチェックを付けたら、<復元>をクリックします。

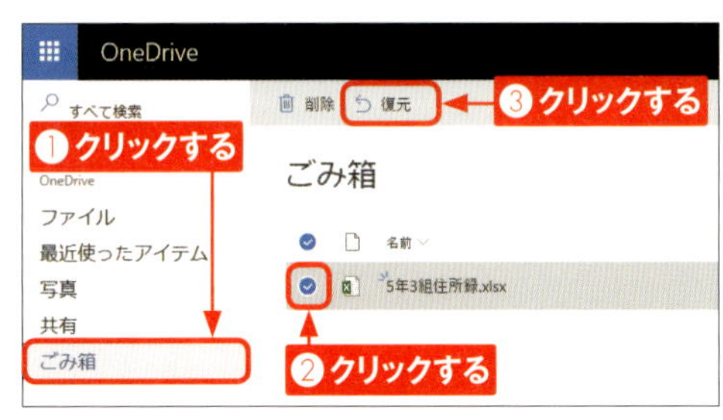

3 削除したファイルが保存されていたフォルダに復元されます。

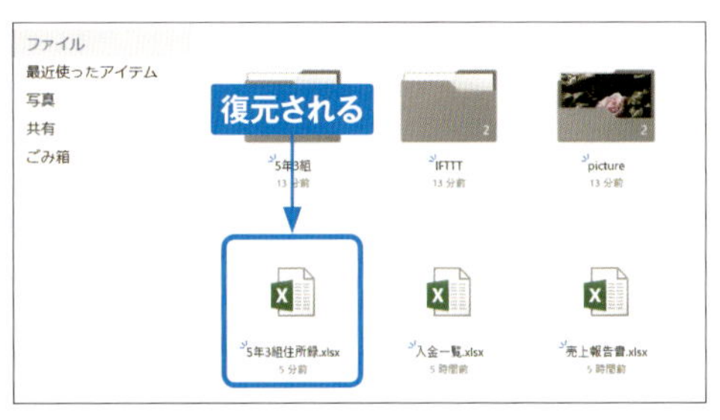

Section 102 ピクチャフォルダから写真を保存する

OneDriveは、ピクチャフォルダの写真を保存することができます。また、ピクチャフォルダとOneDriveと同期することで、ほかのパソコンからでも写真を見ることができます。

ピクチャフォルダから写真を保存する

① P.176を参考にWeb版OneDriveを表示し、<アップロード>→<ファイル>の順にクリックします。

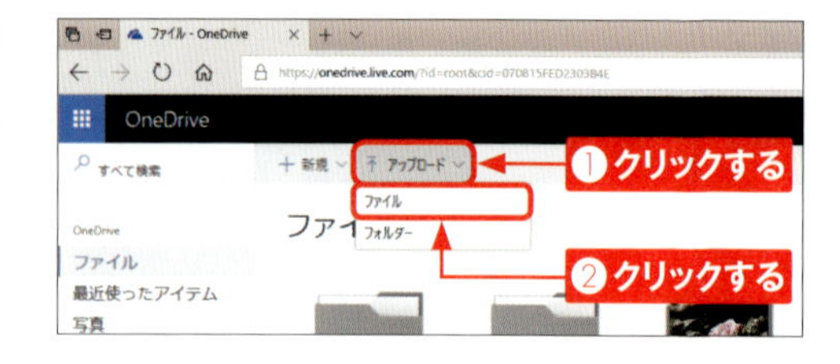

② <ピクチャ>をクリックして、保存したい写真のサムネイルをクリックし、<開く>をクリックします。

③ 写真がOneDriveに保存されます。

ピクチャフォルダとOneDriveを同期する

① デスクトップ画面右下にある☁をクリックし、<その他>→<設定>の順にクリックします。

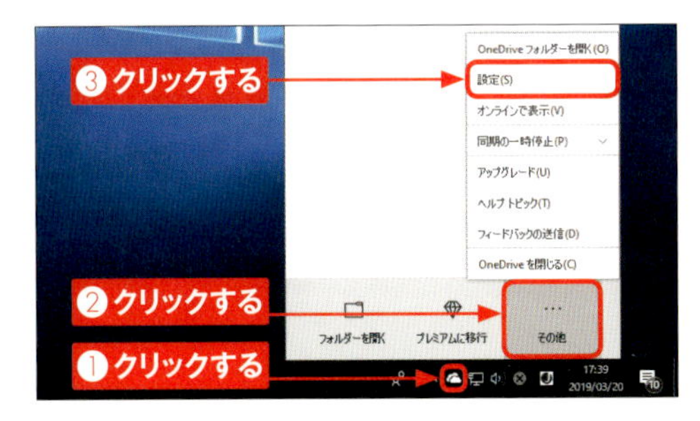

② <自動保存>をクリックし、「重要なフォルダーを保護する」の<フォルダーの更新>をクリックします。

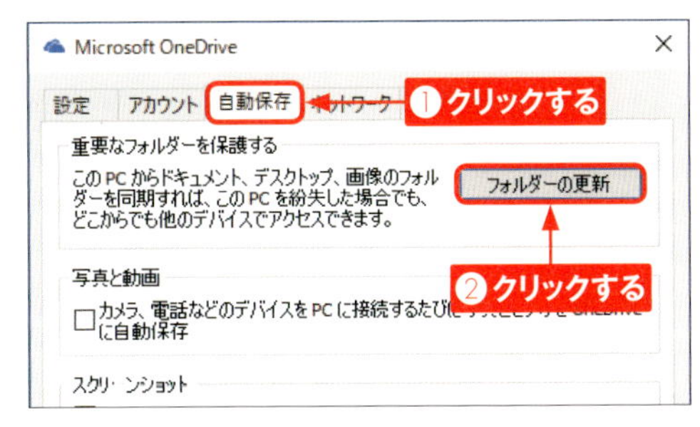

③ <写真>をクリックし、<保護の開始>をクリックします。

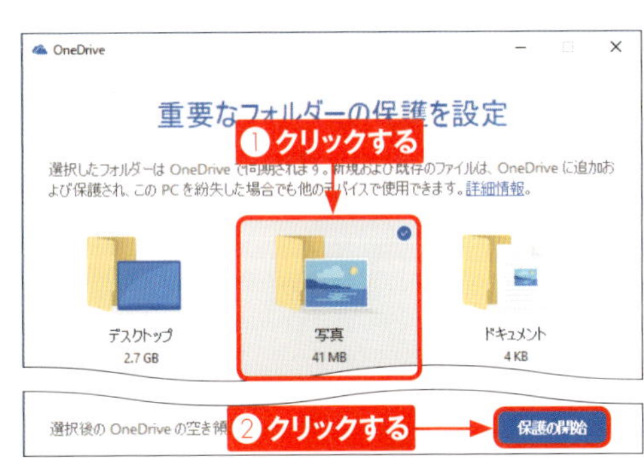

④ ファイルの保護が完了すると、OneDriveに「画像」フォルダが表示されます。

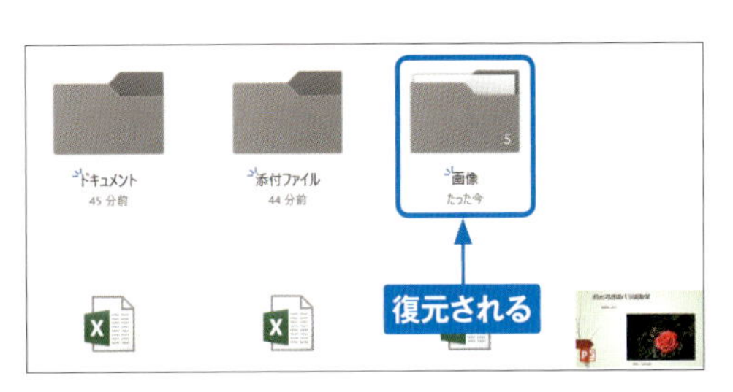

Section 103 写真をアルバムにしてスライドショーで見る

OneDrive上に保存された画像ファイルを選択し、アルバムを作成することができます。作成したアルバムはOneDrive上に保存され、スライドショーで見ることもできます。

写真をアルバムにしてスライドショーで見る

1. P.176を参考にWeb版OneDriveを表示し、＜写真＞をクリックします。

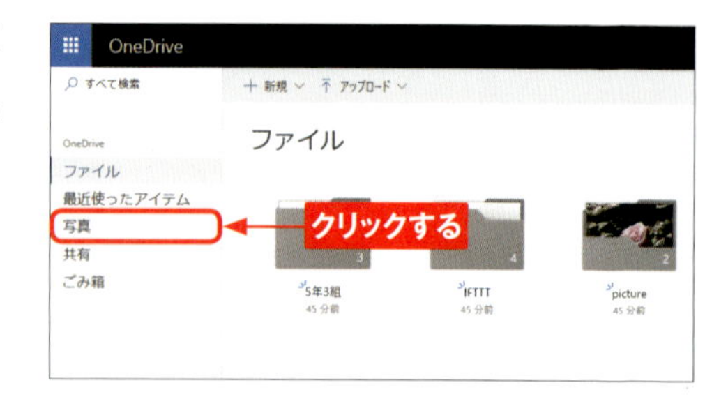

2. ＜アルバム＞をクリックし、＜新しいアルバムの作成＞をクリックします。

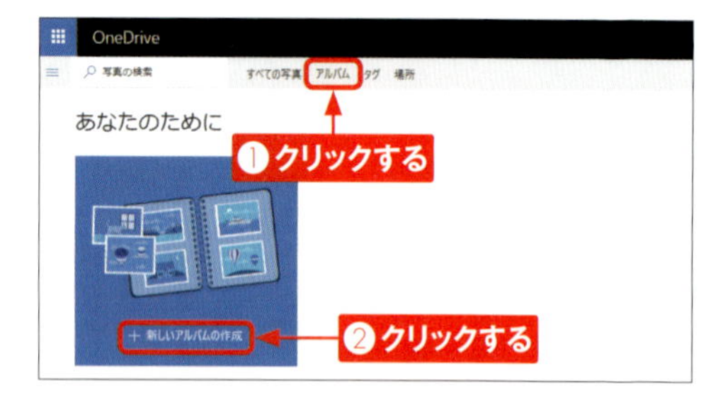

3. アルバム名を入力して、アルバムに保存したい画像ファイルをクリックして選択し、＜アルバムの追加＞をクリックします。

④ 選択した画像ファイルでアルバムが作成されます。作成したアルバムをクリックします。

⑤ アルバムが表示されます。表示したい画像ファイルをクリックします。

⑥ <スライドショーの再生>をクリックします。

⑦ スライドショーが全画面で再生されます。スライドショーを終了したい場合は、<スライドショーの終了>をクリックします。

Section 104 写真にタグを付ける／共有する

OneDrive上に保存された画像ファイルには、「植物」などのタグが自動的に付きます。タグは編集することができるので、分かりやすいタグを追加しておくと、あとから見つけやすくなります。また、画像はほかのユーザーと共有することもできます。

写真にタグを付ける

① P.176を参考にWeb版OneDriveを表示し、タグを付けたい画像にカーソルを合わせ、○をクリックしてチェックを付けたら、<タグの編集>をクリックします。

② 追加したいタグを入力し、キーボードの Enter を押します。なお、タグを削除したい場合は、タグの右側にある×をクリックします。

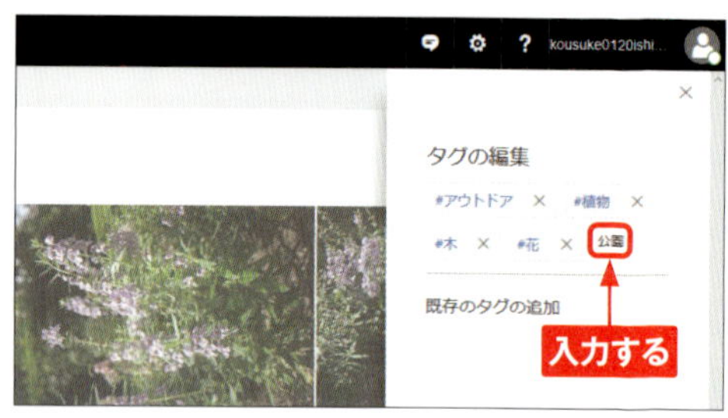

③ タグが追加されます。付けたタグによって画像ファイルがグループ分けされます。

写真を共有する

1. P.202手順①～②を参考に「アルバム」を表示し、共有したいアルバムにカーソルを合わせ、○をクリックしてチェックを付けたら、<共有>をクリックします。

2. <メール>をクリックします。

3. 共有したいユーザーのメールアドレスとメッセージを入力して、<共有>をクリックします。

Section 105 ほかのユーザーとOfficeファイルを共同編集する

OneDriveでは、ほかのユーザーと共有したファイルは、共有したユーザーのそれぞれのパソコンで共同編集できます。なお、共同編集するには、あらかじめ共有するユーザーを招待する必要があります（Sec.094 ～ 095参照）。

ほかのユーザーとOfficeファイルを共同編集する

1 P.176を参考にWeb版OneDriveを表示し、<共有>をクリックして、編集するファイルをクリックして表示します。

2 今現在同じファイルを編集しているユーザーが、画面右上に表示されます。⌄をクリックします。

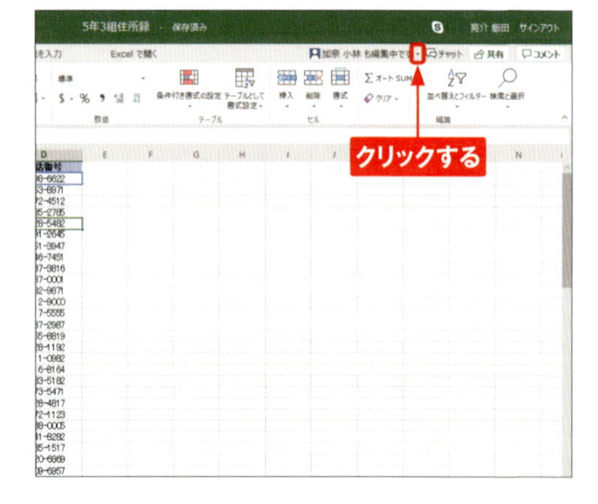

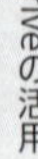

3 今現在同じファイルで作業している共有ユーザーの一覧が表示されます。

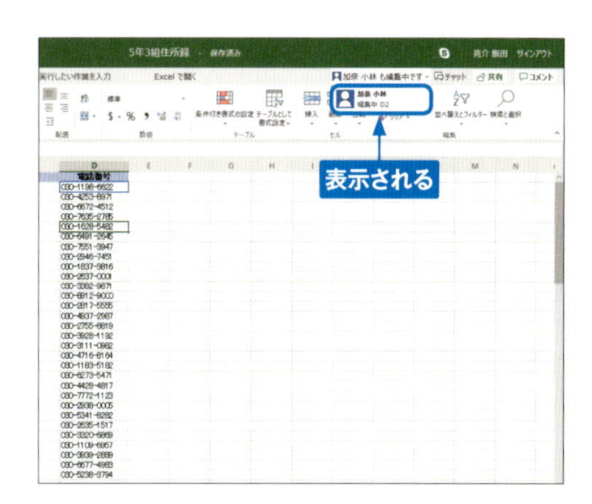

4 共有しているユーザーがファイルを編集すると、変更が反映されます。

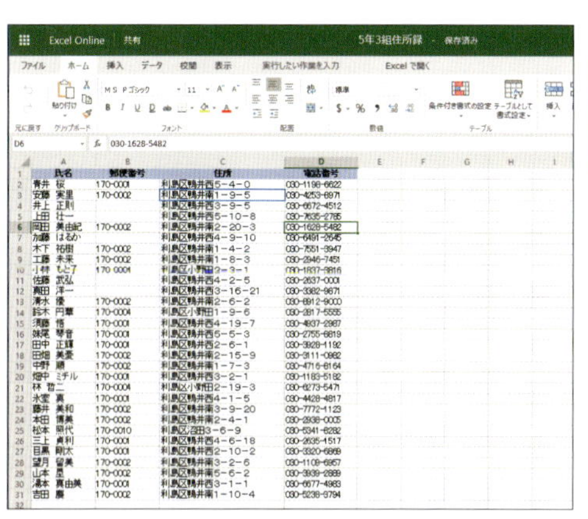

5 共有しているユーザーがファイルを閉じると、共有ユーザーの表示が消えます。

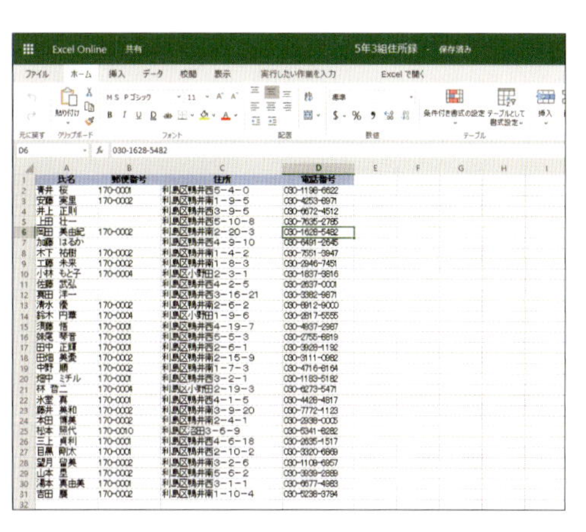

Section 106 リモートアクセスで会社のパソコンのファイルを見る

OneDriveのリモートアクセス機能を利用すると、OneDriveを経由して外部のパソコンのファイルを開いたり、ダウンロードしたりすることができます。ここでは、リモートアクセスの設定方法を解説します（条件についてはP.213Memo参照）。

リモートアクセスの設定をする

① エクスプローラーを開き、<OneDrive>を右クリックします。

② 表示されたメニューから、<設定>をクリックします。

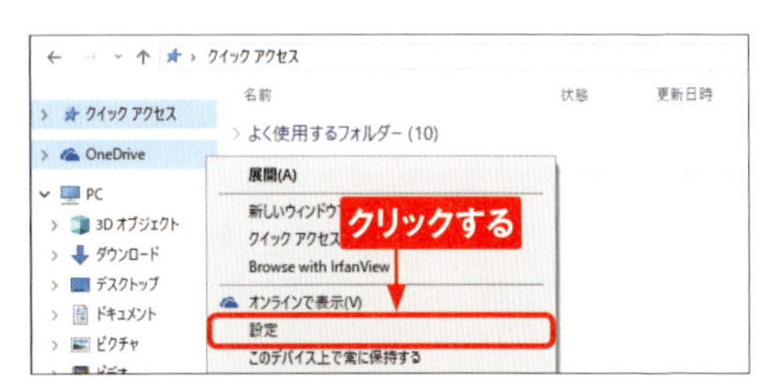

③ <設定>をクリックし、「OneDriveを使ってこのPC上のファイルにアクセスできるようにする」のチェックボックスをクリックしてチェックを付け、<OK>をクリックします。

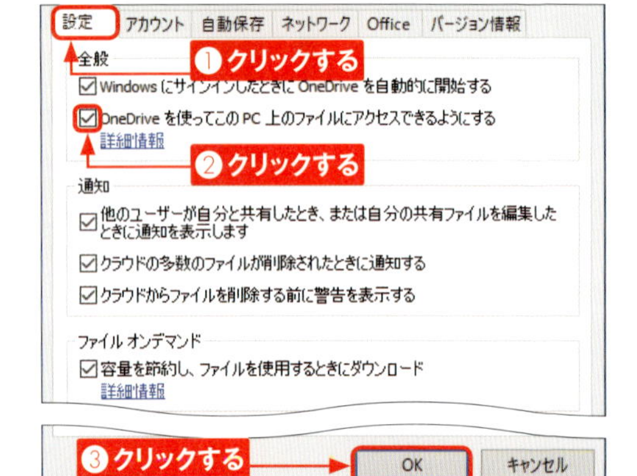

OneDriveにサインインする

① デスクトップ画面左下にある■をクリックし、下方向にスクロールしたら、<OneDrive>をクリックします。

② サインインするMicrosoftアカウントのメールアドレスを入力し、<サインイン>をクリックします。

③ パスワードを入力し、<サインイン>をクリックします。

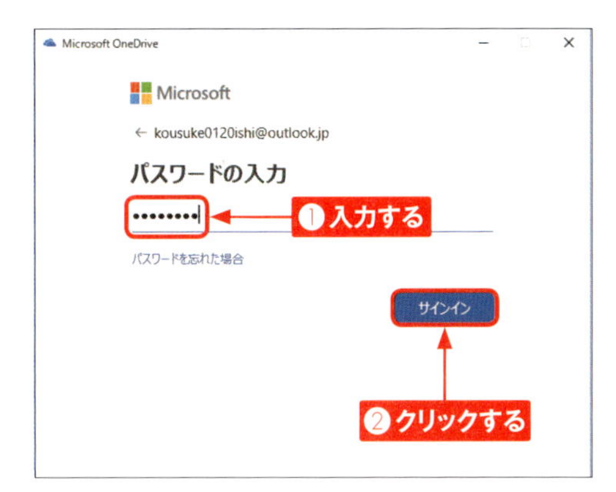

4 「OneDriveフォルダーです」画面が表示されたら、<次へ>をクリックします。

5 <この場所を使用>をクリックします。なお、<新しい場所を選択>をクリックすると、フォルダの場所を選択できます。

6 「Office 365 Solo」画面が表示された場合は、<後で>をクリックします。

7 「OneDriveへようこそ」画面が表示されたら、〉を5回クリックします。

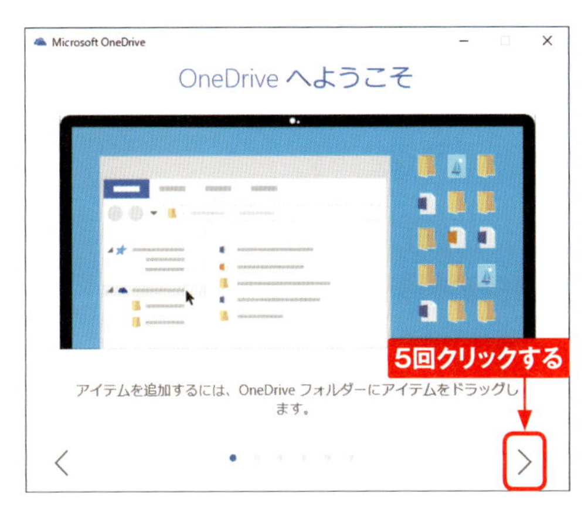

8 「準備が整いました。」と表示されたら、<OneDriveフォルダーを開く>をクリックします。

9 サインインが完了し、OneDriveフォルダーが表示されます。

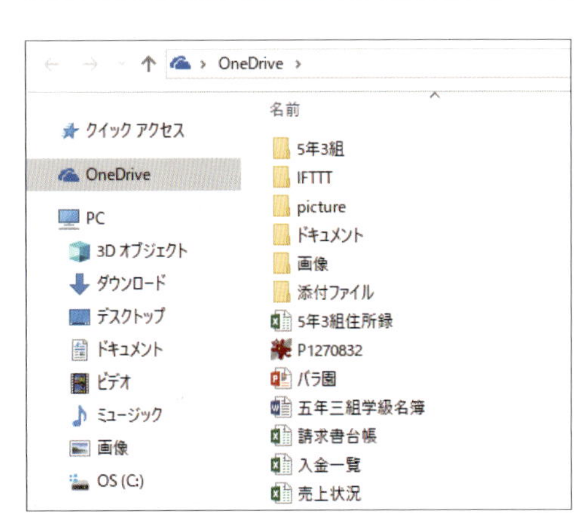

セキュリティコードを認証する

1. P.176を参考にWeb版OneDriveを表示し、<PC>をクリックします。接続したいパソコンの名前をクリックし、<セキュリティコードでサインインする>をクリックします。

2. <○○（電話番号）にSMSを送信>をクリックします。

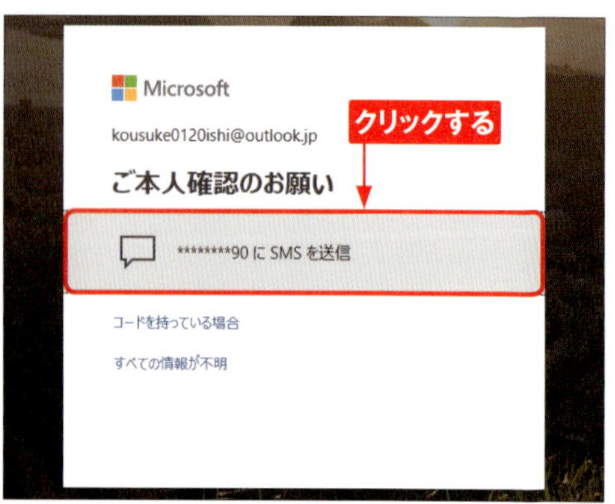

3. 電話番号の末尾の4桁を入力し、<コードの送信>をクリックします。

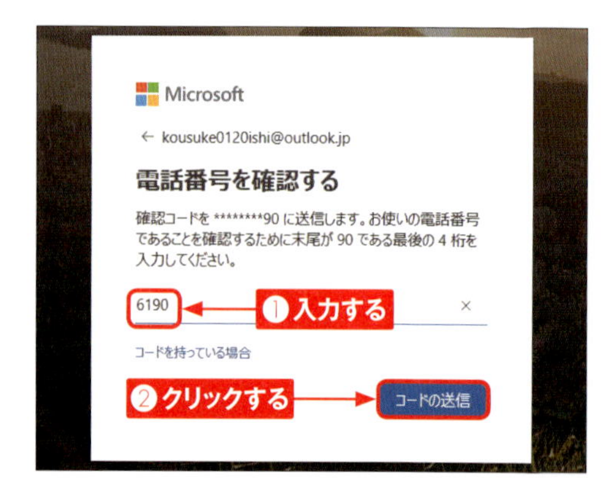

4 SMSに届いたコードを入力し、<確認>をクリックします。「パスワードから自由になる」画面が表示された場合は、<キャンセル>をクリックします。

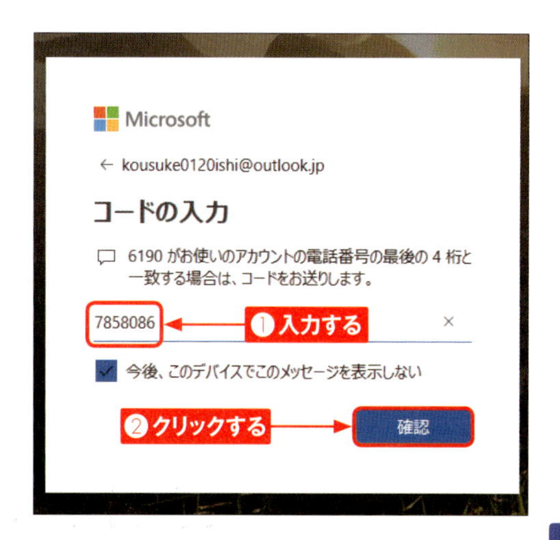

5 外部のパソコンのファイルが表示されます。ファイルは開いたり、ダウンロードしたりすることができます。

Memo **リモートアクセスするための条件**

リモートアクセスするためには条件があります。外部のパソコンが起動していること、外部のパソコンでOneDriveの設定が完了していること、外部のパソコンがOneDriveにサインインしていること、スマートフォンを携帯していることの4つです。リモートアクセスができない場合などは、これらの条件を再度確認してみましょう。

パスワードを変更する

Microsoftアカウントのパスワードは、いつでも変更することができます。「パスワードを72日おきに変更する」のオプションを設定すると、72日間隔で強制的にパスワードの変更画面が表示されるようになります。

パスワードを変更する

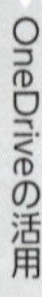

1. P.176を参考にWeb版OneDriveを表示し、をクリックして、<マイアカウント>をクリックします。

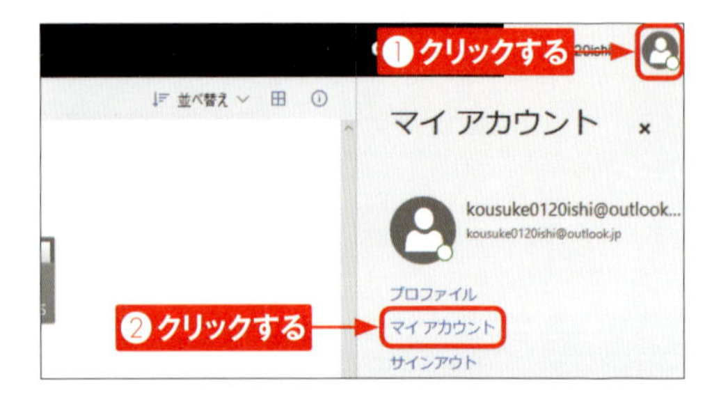

2. <その他のアクション>→<パスワードを変更する>の順にクリックします。

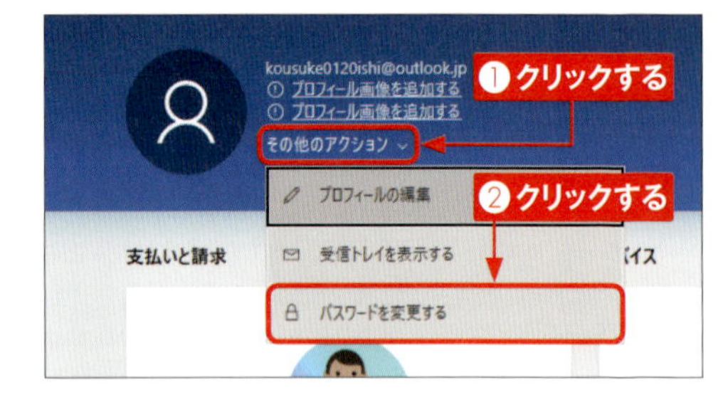

3. <○○（電話番号）にSMSを送信>をクリックします。

4 電話番号の末尾の4桁を入力し、<コードの送信>をクリックします。

5 SMSに届いたコードを入力し、<確認>をクリックします。「パスワードから自由になる」画面が表示された場合は、<キャンセル>をクリックします。

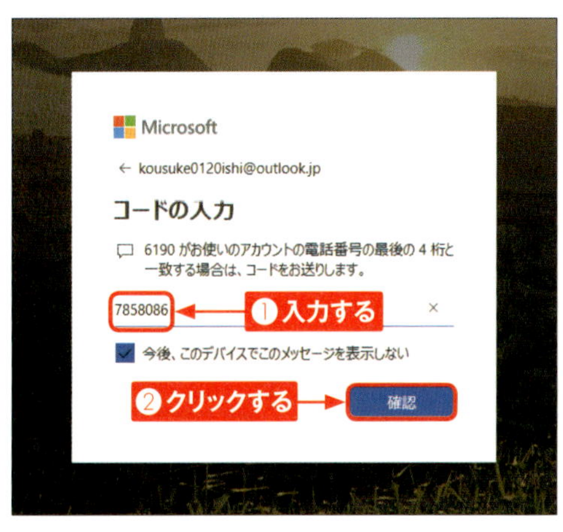

6 現在のパスワードを入力し、新しいパスワードを2回入力したら、<保存>をクリックします。

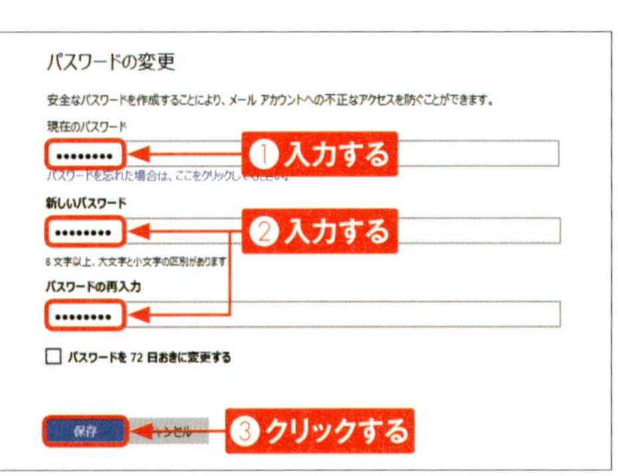

第7章 OneDriveの活用

Section 108 OneDriveの容量を増やす

OneDriveにユーザーを招待すると無料で最大5GBの容量を増やすことができます。また、月額課金制のプランに変更すれば、より多くの容量を利用することや、オフライン時でもファイルにアクセスできるように設定することができます。

無料で容量を増やす

1 P.176を参考にWeb版OneDriveを表示し、画面左下にある<5GB中○○（使用している容量）を使用>をクリックします。

2 「追加のストレージ」の<増量>をクリックします。

3 任意の方法でOneDriveを使用していないユーザーを招待します。

Memo 無料で容量を追加する

ユーザーをOneDriveに招待すると、招待したユーザー、招待されたユーザーにそれぞれ、0.5GBの容量が追加されます。「紹介特典」の使用は20名まで可能です。

有料で容量を増やす

① P.176を参考にWeb版OneDriveを表示し、画面左下にある<5GB中○○（使用している容量）を使用>をクリックします。

② <プランとアップグレード>をクリックします。購入したいプランの<○○／月で購入>をクリックし、Microsoft アカウントにサインインして、購入の手続きを行います。

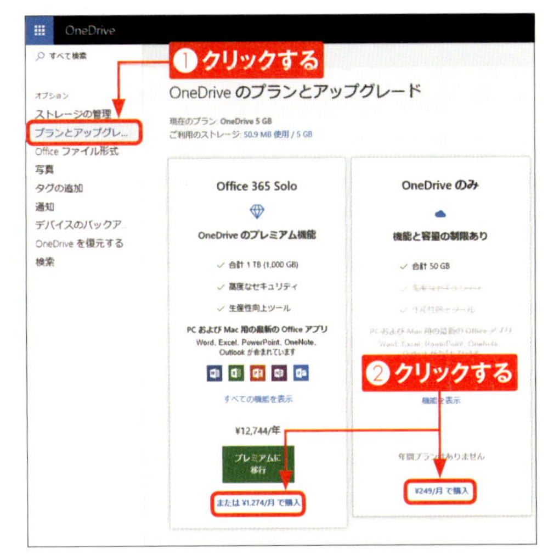

Memo Office 365を利用して容量を増やす

月額課金制の「Office 365 Solo」など、Office365サービスを利用すれば、OneDriveで1TB（1,000GB）の容量を利用することができます。

Microsoftアカウントの取得

Microsoftアカウントは、Microsoftが提供する個人認証アカウントです。OneDrive以外にも、さまざまなサービス・アプリで使用できるため、ぜひ取得しておきましょう。Windows 8.1/10の場合、Microsoftアカウントは基本的に初期設定時に取得しているため、新たに取得する必要はありません。Windows 8.1/10であっても、別のMicrosoftアカウントを使用したい場合は、新たにMicrosoftアカウントを取得しましょう。

1. WebブラウザでMicrosoftアカウントのサイト（https://www.microsoft.com/ja-jp/）にアクセスし、Ⓐをクリックします。

2. 「サインイン」画面が表示されたら、<作成>をクリックします。

3. 「アカウントの作成」画面が表示されたら、<新しいメールアドレスを取得>をクリックし、「メールアドレス」「パスワード」「名前」「国／地域」「生年月日」を入力すると、アカウントが取得できます。

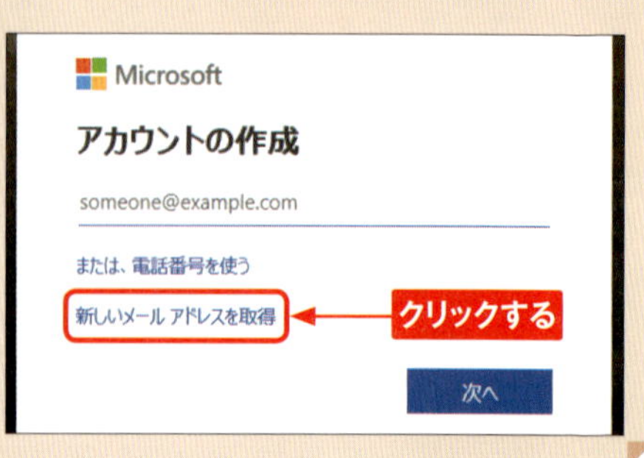

Evernote編

第8章

Evernoteの基本操作

Section 109 Evernoteとは?
Section 110 Evernoteのアカウントを作成する
Section 111 Windowsに「Evernote」アプリをインストールする
Section 112 スマートフォンに「Evernote」アプリをインストールする
Section 113 「Evernote」アプリの画面の見方
Section 114 ノートを作成する
Section 115 ノートを同期する
Section 116 キーワードで検索する
Section 117 Webページを取り込む
Section 118 Webページの必要な部分だけを取り込む
Section 119 画像や写真を取り込む
Section 120 フォルダ内のファイルをまとめて取り込む
Section 121 音声を取り込む
Section 122 スクリーンショットを取り込む
Section 123 ノートブックで整理する
Section 124 タグで整理する
Section 125 ノートブックとタグで検索する
Section 126 ノート/ノートブック/タグを削除する

Section 109 Evernoteとは?

Evernoteは、クラウド（インターネット）上にさまざまな情報を保存できるWebサービスです。メモや写真、Webページなど、Evernoteに保存した情報は、パソコンだけでなく、スマートフォンやタブレットでも開いたり、編集したりすることができます。

Evernoteとは?

Evernoteでは、テキスト、手書きメモ、写真、音声、Webページなどといったさまざまな情報を、「ノート」として保存することができます。ビジネスやプライベートで使用するさまざまな情報を、Evernoteで一元管理できるため、必要な情報だけをすばやく探し出せるようになっています。そのため、単なるデータの保管場所として使用するよりも、個人的なデータベースとして使用することが効果的です。

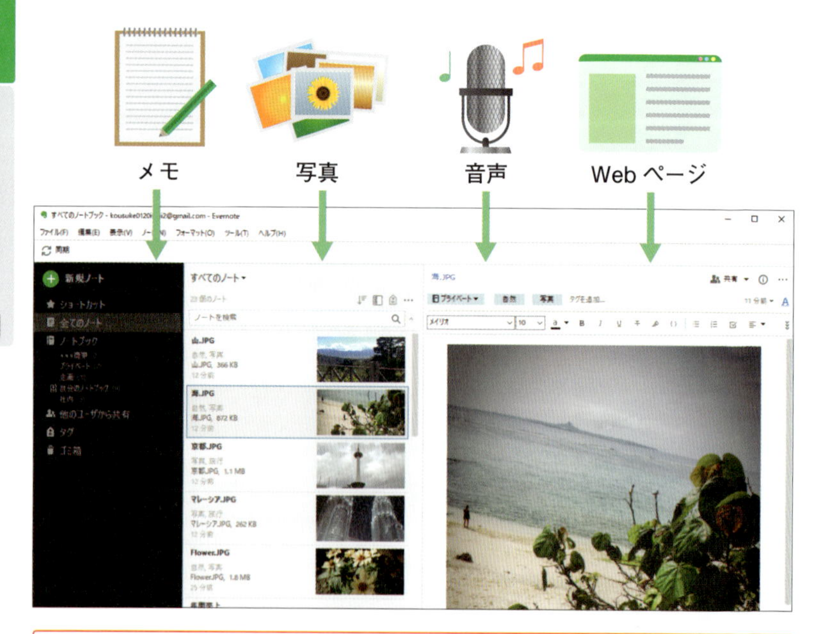

データベースのように、いつでもどこでも必要な情報だけをすばやく取り出すことができます。

Evernoteでできること

さまざまなデバイスでデータを共有できる

Evernoteに記録したさまざまな情報は、Evernoteのクラウドストレージに保存されます。パソコンやタブレット、iPhoneやAndroidスマートフォンなど、さまざまなデバイスからデータを記録することができます。もちろんデータの記録だけでなく、データの取り出しや編集も、あらゆるデバイスで可能です。

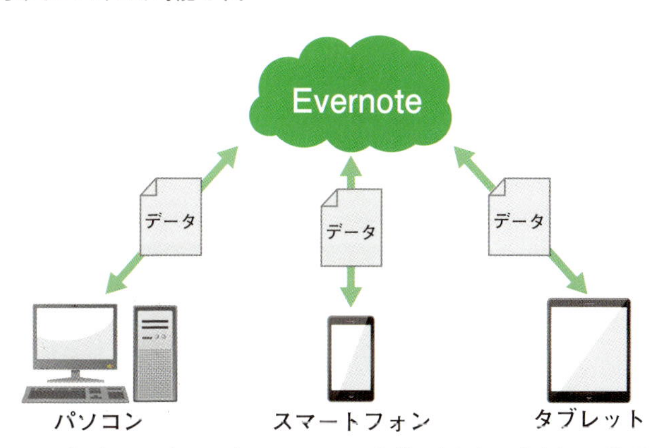

Evernoteのデータは、パソコンやスマートフォンなど、あらゆるデバイスで管理できます。

高度な情報管理機能

Evernoteでは、データをわかりやすく整理することができます。データはそれぞれ「ノート」として保存されますが、このノートを複数まとめた「ノートブック」を作成したり、ノートに「タグ」を付けたりすることで、かんたんにデータどうしを関連付けることができます。また、ノートの題名やテキスト内の文字はもちろん、PDFファイル内や画像内の文字まで検索することができるので、必要なデータにすばやくアクセスすることができます。

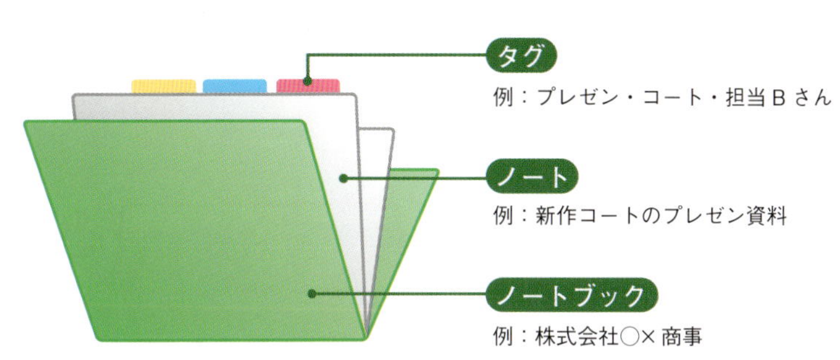

ノートにタグを付け、そのノートをノートブックにまとめることで、データを整理できます。

Evernoteのアカウントを作成する

Evernoteを使うには、事前にアカウントを作成する必要があります。アカウントは、Evernoteの公式サイトで作成することができます。なお、本書ではWebブラウザにWindows版Google Chromeを使用しています（P.223Memo参照）。

公式サイトでアカウントを登録する

① WebブラウザでEvernoteの公式サイト（https://evernote.com/intl/jp/）にアクセスし、<無料で新規登録>をクリックします。

② プランを選択します。ここでは、<無料で新規登録>をクリックします。

クリックする

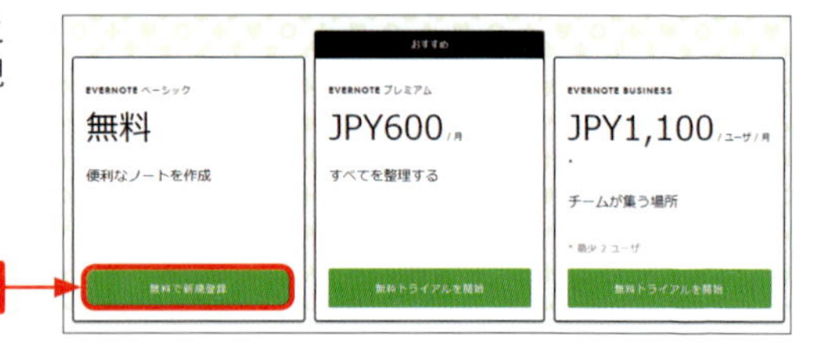

③ アカウントに登録したいメールアドレスとパスワードを入力し、<続ける>→<最初のノートを作成>の順にクリックします。

①入力する

②クリックする

④ アカウントの登録が完了し、Web版Evernoteにサインインした状態になります。

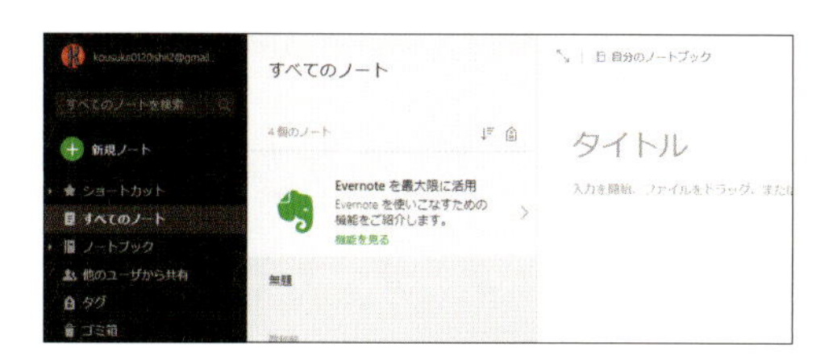

Web版Evernoteでログイン／ログアウトする

① 上記手順④の画面左上のアイコンをクリックし、<○○（メールアドレス）をログアウト>をクリックするとログアウトできます。

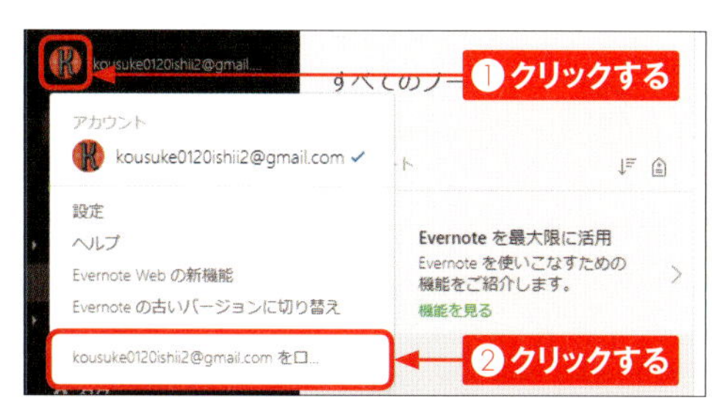

② ログインする場合は、P.222手順①の画面で<ログイン>をクリックします。

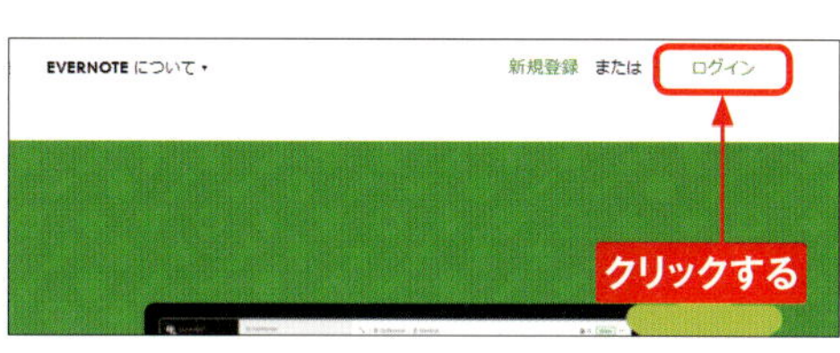

③ P.222手順③で登録したメールアドレスとパスワードを入力し、<ログイン>をクリックします。

Memo Evernoteを使用する際のWebブラウザ

2019年4月現在、新しいバージョンのEvernoteを利用できるWebブラウザは、Chrome、Safari、Operaのみとなっています。

Section 111 Windowsに「Evernote」アプリをインストールする

Evernoteには、データの確認や編集を行うための専用アプリがあります。アプリを使うと、オフライン時でもデータを管理することができます。なお、本書ではWindows版Evernoteの使用法を中心に解説します。

Windows版Evernoteをインストールする

1 Windows版Evernoteのダウンロードサイト（https://evernote.com/intl/jp/download）にアクセスすると、自動的にダウンロードが開始されます。ダウンロードが完了したら、ファイルをクリックします。

2 「このファイルを実行しますか?」と表示されたら、＜実行＞→＜はい＞の順にクリックします。

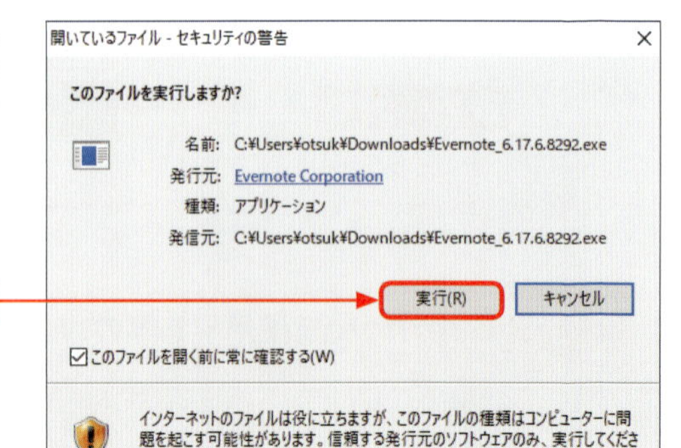

3 セットアップ画面が表示されたら、「ソフトウェアライセンス条項に同意します」のチェックボックスをクリックしてチェックを付け、<インストール>をクリックします。

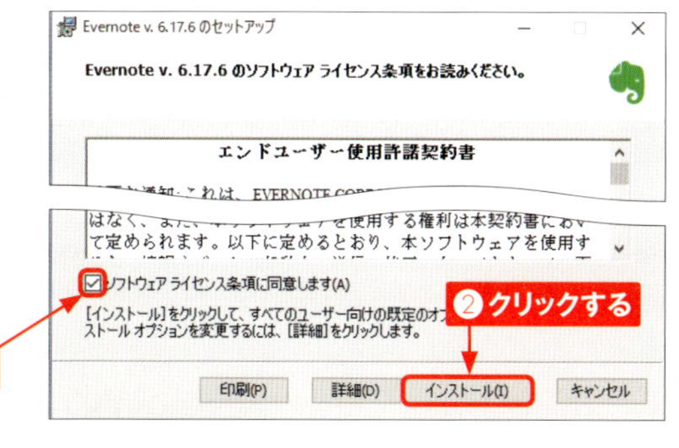

4 インストールが完了したら、<完了>をクリックします。

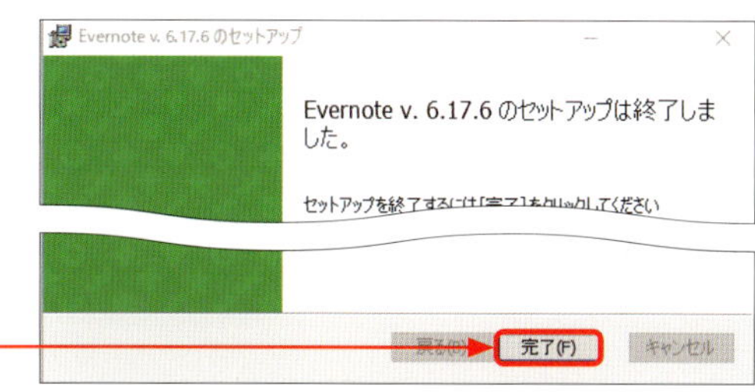

Windows版Evernoteでログインする

1 デスクトップ画面で<Evernote>をダブルクリックします。

2 <既にアカウントを持っている場合>をクリックし、P.222手順③で登録したメールアドレスとパスワードを入力して、<ログイン>をクリックします。

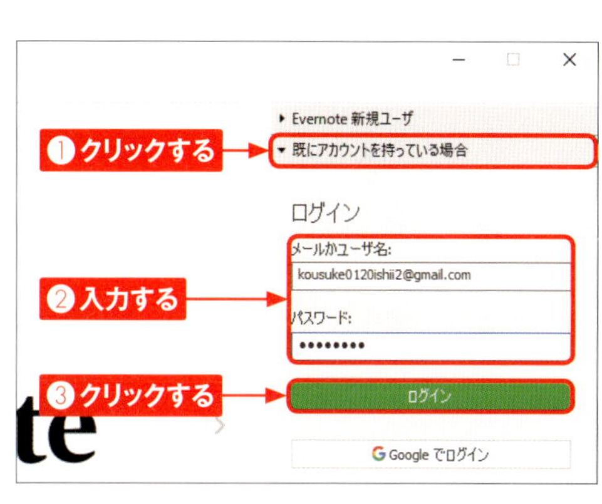

スマートフォンに「Evernote」アプリをインストールする

Evernoteには、スマートフォン用のアプリもあります。アプリをインストールすると、外出先からでもEvernoteを利用できます。ここでは、Android版、iPhone版Evernoteのインストール方法を解説します。

Android版Evernoteをインストールする

1. Androidスマートフォンのホーム画面またはアプリ画面で、<Play ストア>をタップし、Play ストアが起動したら、<Google Play>をタップします。

2. 「Evernote」と入力し、<Evernote>をタップします。

3. <インストール>をタップします。

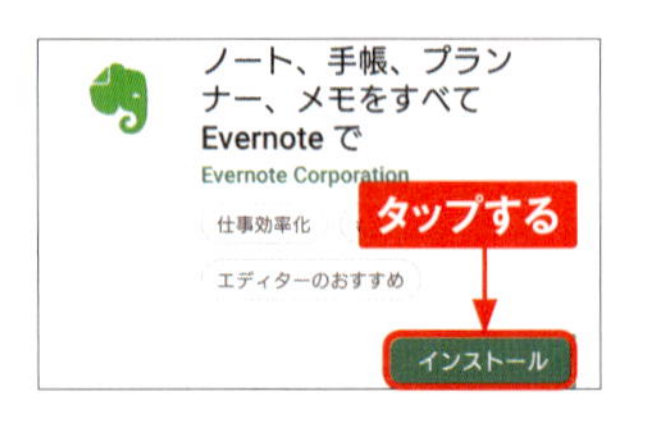

4. 「アカウント設定の完了」画面が表示されたら、<次へ>→<スキップ>の順にタップすると、インストールが開始されます。

5. インストールが完了します。<開く>をタップしてアプリが起動したら、画面の指示に従ってログインします。

iPhone版Evernoteをインストールする

1 iPhoneのホーム画面で＜App Store＞をタップし、画面下部のメニューから＜検索＞をタップします。

2 検索欄に「Evernote」と入力し、＜Search＞（または＜検索＞）をタップします。

3 検索結果が表示されます。「Evernote」の＜入手＞をタップします。

4 ＜インストール＞をタップします。

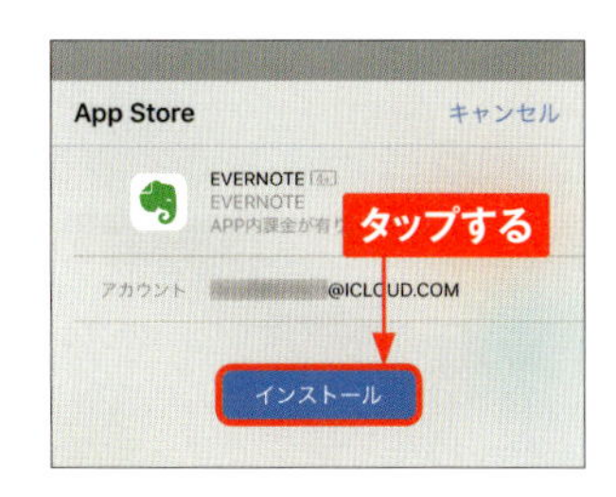

5 Apple IDのパスワードを入力し、＜サインイン＞をタップすると、インストールが開始されます。

6 インストールが完了します。＜開く＞をタップしてアプリが起動したら、画面の指示に従ってログインします。

Section 113

「Evernote」アプリの画面の見方

デバイスごとに、「Evernote」アプリの画面構成は異なります。まずは、それぞれのアプリのホーム画面の見方を覚えましょう。基本的な構造を覚えれば、すぐに操作できるようになります。

Windows版Evernoteのホーム画面

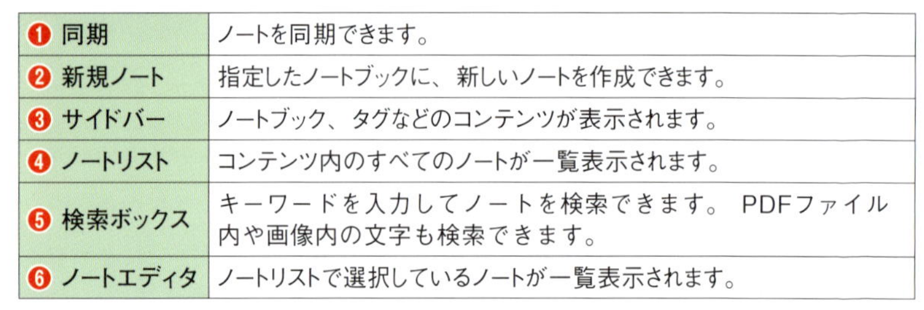

❶ 同期	ノートを同期できます。
❷ 新規ノート	指定したノートブックに、新しいノートを作成できます。
❸ サイドバー	ノートブック、タグなどのコンテンツが表示されます。
❹ ノートリスト	コンテンツ内のすべてのノートが一覧表示されます。
❺ 検索ボックス	キーワードを入力してノートを検索できます。PDFファイル内や画像内の文字も検索できます。
❻ ノートエディタ	ノートリストで選択しているノートが一覧表示されます。

Android版Evernoteのホーム画面

●ホーム画面（すべてのノート）

❶ 展開	ノートブックやタグなどのコンテンツメニューを展開できます。
❷ アップグレード	プレミアム版などにアップグレードできます。
❸ 検索	キーワードを入力してノートを検索できます。画面内の文字も検索できます。
❹ その他	同期や並べ替えなどのメニューが表示されます。
❺新規ノートを作成	テキストや手書き、カメラやリマインダーなど、用途ごとにノートを作成できます。

●コンテンツメニュー展開時

❶すべてのノート	すべてのノートが一覧表示されます。表示方法や並び順を変更することもできます。
❷ノートブック	すべてのノートブックと、それぞれに保存されているノートを確認できます。
❸他のユーザから共有	共有されたノートやノートブックが表示されます。
❹タグ	すべてのタグが一覧表示されます。タグをタップすると関連するノートを表示できます。
❺写真を集める	文字が含まれた写真をデバイスから見つけることができます。
❻ワークチャット	ワークチャットの履歴が表示されます。新しくワークチャットを開始することもできます。
❼ゴミ箱	削除したファイルが表示されます。
❽ダークモード	画面の色が反転します。
❾設定	設定を変更できます。
❿Evernoteの詳細を見る	Evernoteに関するニュースや機能紹介が表示されます。
⓫同期	ノートを同期できます。

iPhone版Evernoteのホーム画面

●ホーム画面（ノート画面）

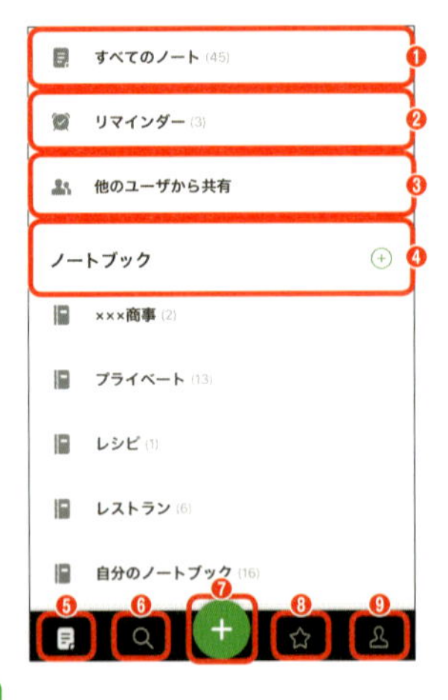

❶すべてのノート	すべてのノートが一覧表示されます。表示方法や並び順を変更することもできます。
❷リマインダー	リマインダーを設定しているノートが表示されます。
❸他のユーザから共有	共有されたノートやノートブックが表示されます。
❹ノートブック	ノートブックの作成や、それぞれに保存されているノートを確認できます。
❺ノート	ノートやノートブックが表示されます。
❻検索	ノートやノートブック、タグを検索できます。
❼新規ノートを作成	テキストや手書き、カメラやリマインダーなど、用途ごとにノートを作成できます。
❽ショートカット	ショートカットに登録したノートやノートブックが表示されます。
❾アカウント	アカウント画面が表示されます。

●アカウント画面展開時

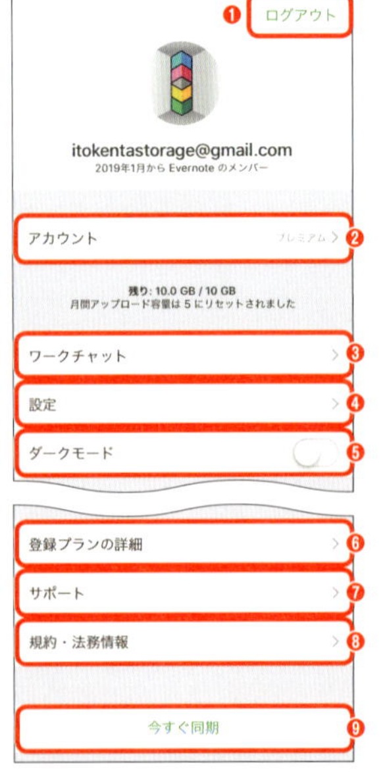

❶ログアウト	Evernoteからログアウトできます。
❷アカウント	アップグレードやプロフィール情報の変更、接続中のデバイスの確認ができます。
❸ワークチャット	ワークチャットの履歴が表示されます。新しくワークチャットを開始することもできます。
❹設定	設定を変更できます。
❺ダークモード	画面の色が反転します。
❻登録プランの詳細	登録したプランの購入内容が表示されます。
❼サポート	ヘルプや使い方ガイドなどが表示されます。キャッシュの削除もできます。
❽規約・法務情報	Evernoteの規約が確認できます。
❾今すぐ同期	ノートを同期できます。

Section 114 ノートを作成する

Evernoteは、テキストデータやファイルを「ノート」として作成、保存することができます。また、ノートはあとから編集することも可能です。まずはかんたんなテキストを、ノートに入力して保存する方法を覚えましょう。

新規ノートを作成する

1 Windows版Evernoteを起動し、<新規ノート>をクリックします。

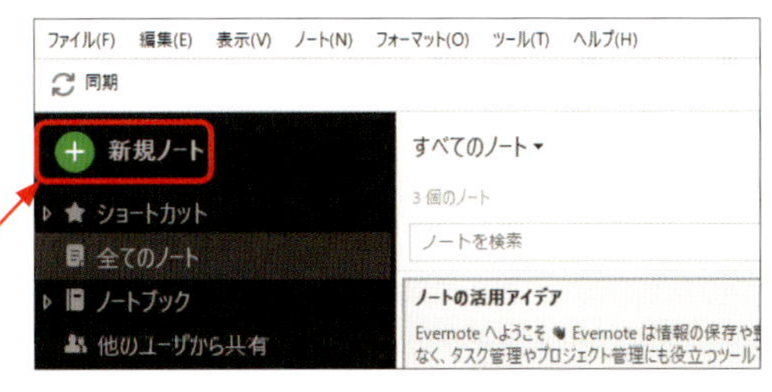

2 新しいノートが作成され、ノートエディタが表示されます。題名と本文を入力すると、ノートが自動的に保存されます。

Memo ノートを編集する

作成したノートは、あとから自由に編集できます。また、編集結果は自動で保存、同期されます。作成したノートを編集したい場合は、編集したいノートをクリックし、右側に表示されているノートエディタで編集します。

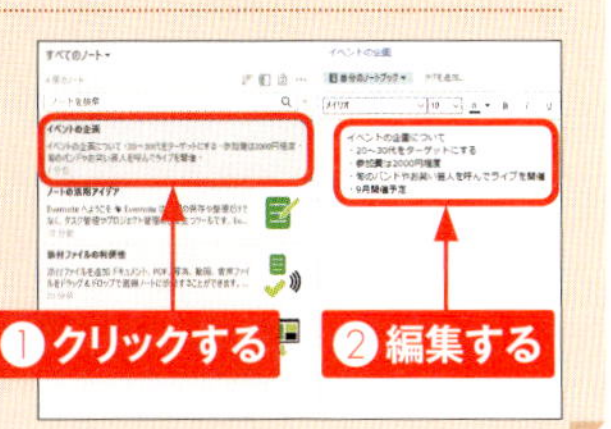

Section 115 ノートを同期する

「同期」とは、パソコンやスマートフォンのデータと、クラウド上のEvernoteのデータを、お互いに最新の状態にすることです。同期することで、最新の状態のノートを、すべてのデバイスで利用できるようになります。

ノートを同期する

① 画面左上の<同期>をクリックします。

② Android版Evernoteなど、ほかのデバイスでEvernote にサインインすると、同期したノートを確認できます。

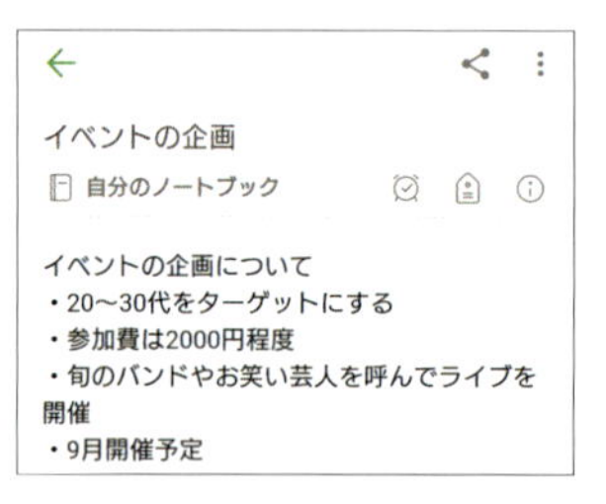

Memo 自動同期の間隔を変更する

初期設定では5分ごとに自動的に同期するようになっています。同期の間隔を変更する場合は、<ツール>→<オプション>→<同期>→<5分ごと>の順にクリックし、任意の間隔をクリックして、<OK>をクリックします。

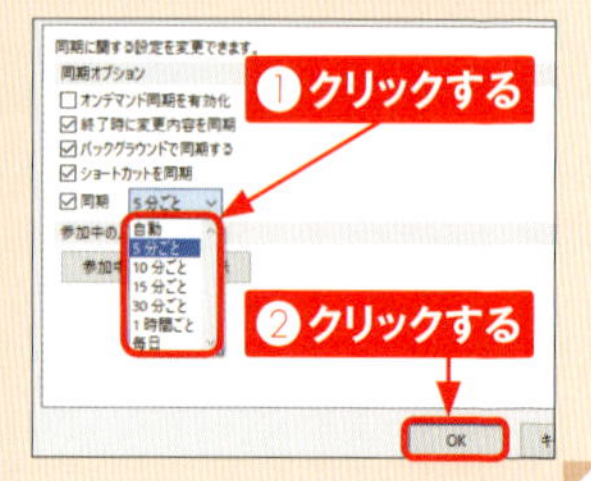

Section 116

キーワードで検索する

保存したノートを探すには、キーワードで検索します。ノートの題名や本文だけでなく、タグやPDFファイル内、画像内の文字なども検索対象に含まれます。なお、PDFファイル内や画像内の文字は正しく読み取れない場合もあります。

キーワードで検索する

1. ＜ノートを検索＞をクリックします。

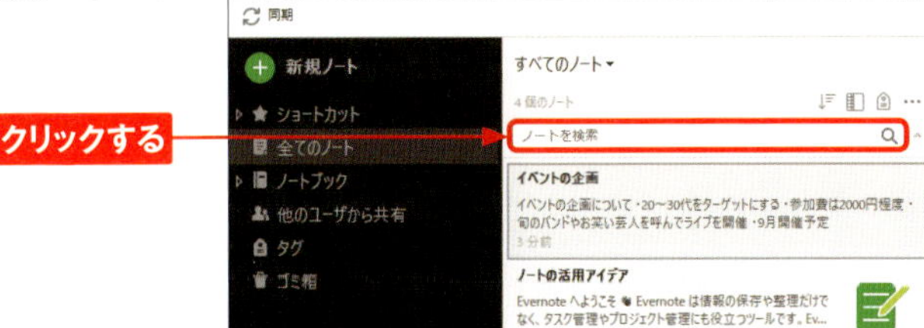

2. キーワードを入力します。

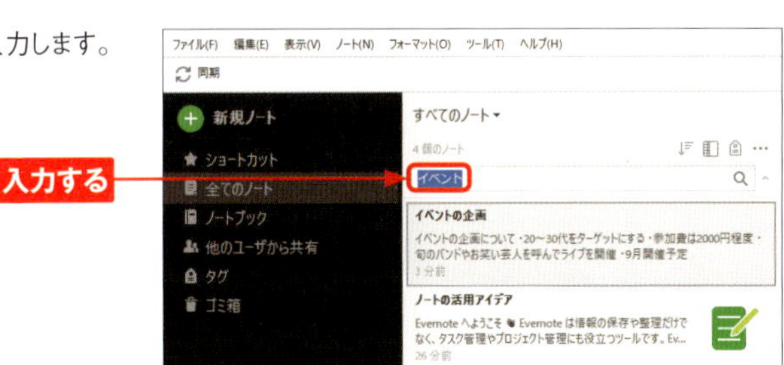

3. キーワードに該当するノートが表示されます。

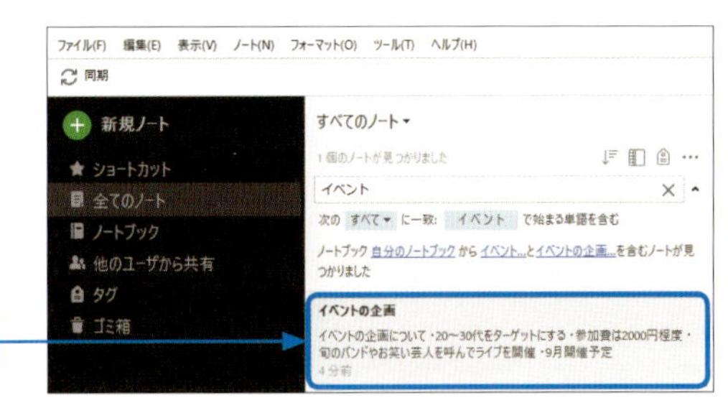

Section 117

Webページを取り込む

Evernoteは、Webクリッパーを利用することで、Webページのテキストや画像などのコンテンツをかんたんに取り込むことができます。取り込んだWebページはノートとして保存されます。

Google ChromeでWebページを取り込む

1. Google Chromeで「https://evernote.com/intl/jp/webclipper/」にアクセスし、<WEBクリッパーを使う>をクリックします。

クリックする

2. <Chromeに追加>をクリックします。

クリックする

3. <拡張機能を追加>をクリックすると、Google ChromeにWebクリッパーが追加されます。

「Evernote Web Clipper」を追加しますか？

次の権限にアクセス可能:

アクセスしたウェブサイト上にある自分の全データの読み取りと変更

通知を表示

拡張機能を追加　キャンセル

クリックする

4 取り込みたいWebページで、画面右上の 🐘 をクリックして、取り込む内容と保存先をクリックして選択し、<クリップを保存>をクリックします。

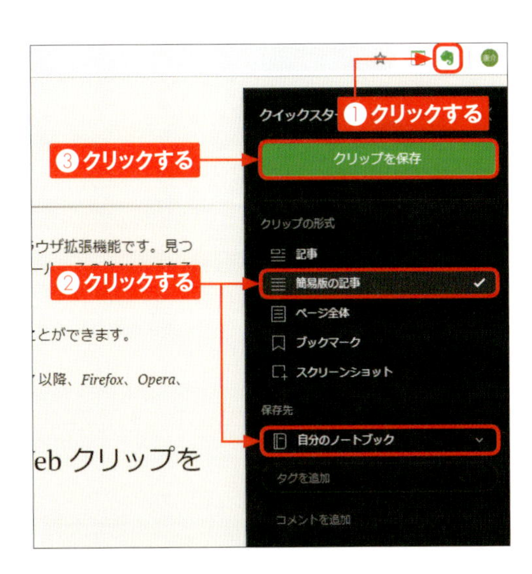

5 「保存済み」と表示されたら、✕をクリックします。

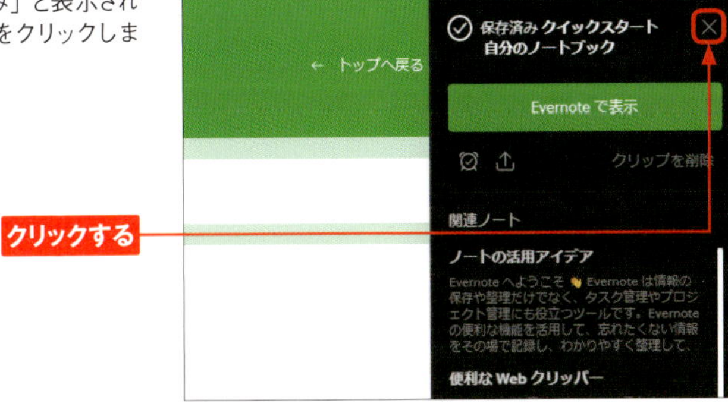

6 Windows版Evernoteで<同期>をクリックすると、取り込んだWebページがノートとして追加されたことが確認できます。

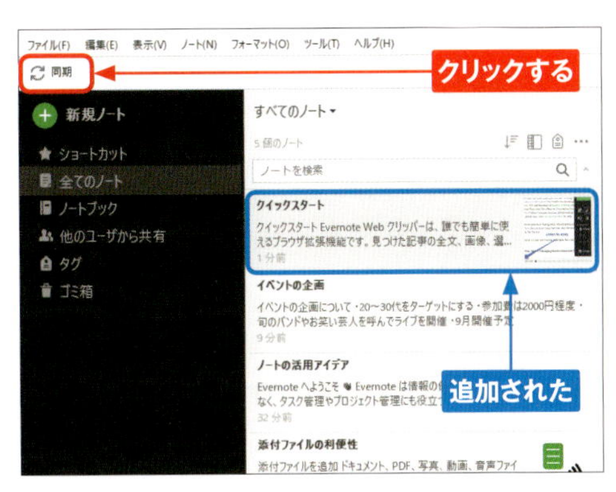

Webページの必要な部分だけを取り込む

Webクリッパーは、Webページ全体をEvernoteに取り込めるだけでなく、ドラッグして選択した部分だけを取り込むこともできます。ここではテキストを取り込む例を紹介していますが、同様の手順でWebページから画像を取り込むことができます。

Webページの選択した部分だけを取り込む

1. Google Chromeで保存したいWebページを開きます。

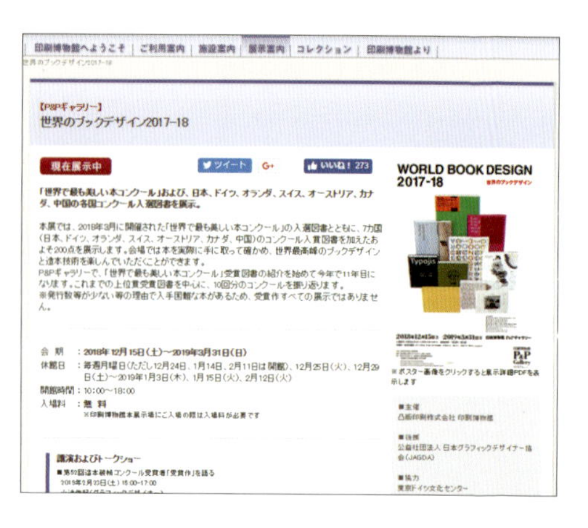

2. 保存したい部分をドラッグして選択し、画面右上の をクリックします。

3 保存先を指定し、<クリップを保存>をクリックします。

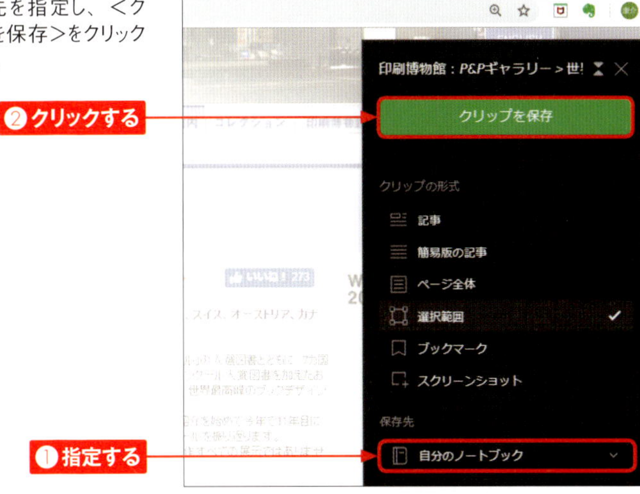

4 「保存済み」と表示されたら、×をクリックします。

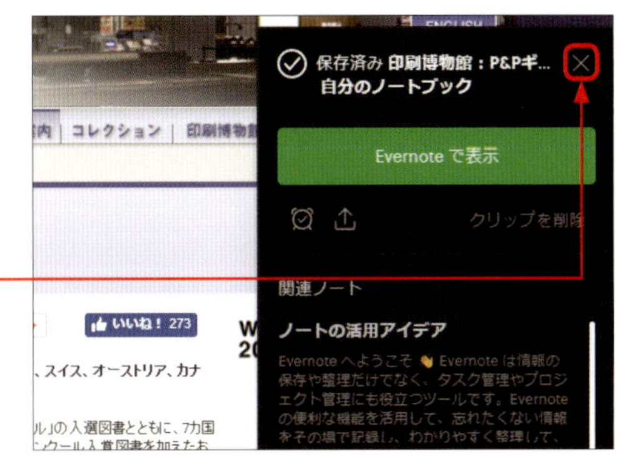

5 Windows版Evernoteで<同期>をクリックすると、取り込んだ部分がノートとして追加されたことが確認できます。

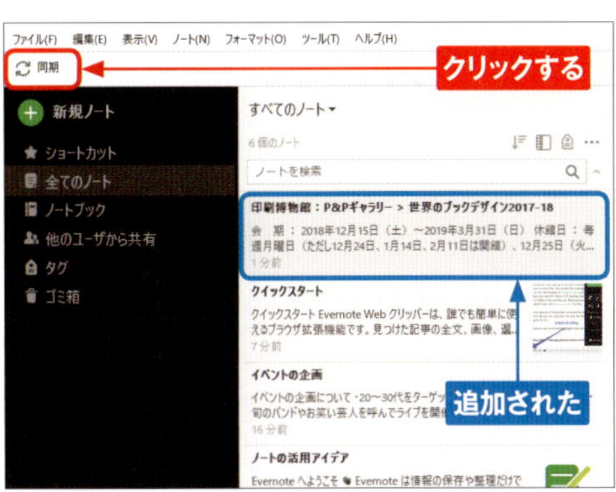

Section 119 画像や写真を取り込む

Evernoteは、パソコン内に保存されている画像や写真ファイルを、ノートに取り込むことができます。また、Webカメラで撮影した写真をノートに取り込むことも可能です。

画像をノートに取り込む

① Windows版Evernoteで画面左上の<新規ノート>をクリックして、新規ノートを作成します。

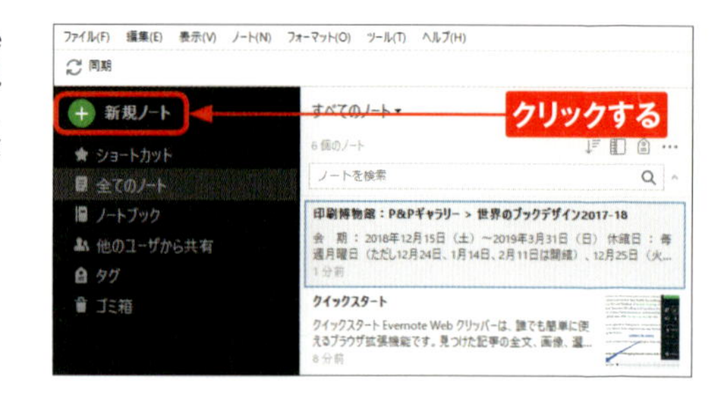

② をクリックします。

クリックする

Memo Webカメラで撮影した写真を取り込む

手順②の画面でをクリックすると、Webカメラが起動します。撮りたい対象をフレームに収め、<スナップ写真を撮影>→<スナップ写真を挿入>の順にクリックすると、Webカメラで撮影した写真がノートに取り込まれます。

3 取り込みたい画像をクリックして選択し、<開く>をクリックします。

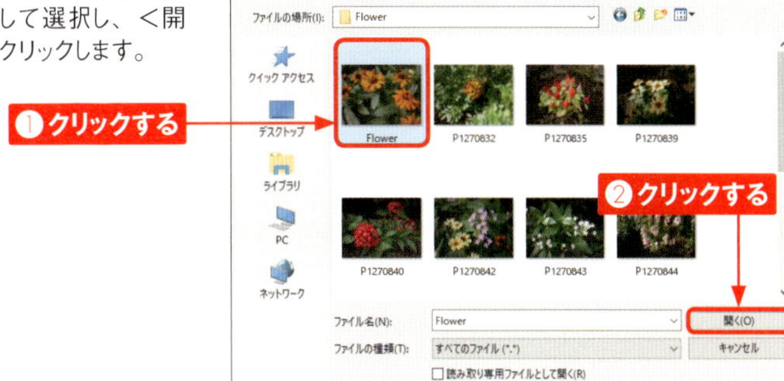

4 ノートに画像が取り込まれます。×をクリックします。

5 ノートが保存されます。

第8章 Evernoteの基本操作

フォルダ内のファイルをまとめて取り込む

インポートフォルダ機能を使うと、フォルダ内のすべてのファイルをまとめて取り込むことができます。また、設定したフォルダに新しくファイルが追加されると、自動的にEvernoteに転送されるので、よく使うフォルダを設定すると便利です。

フォルダ内のファイルをまとめて取り込む

1 Windows版Evernoteで画面上部の＜ツール＞をクリックします。

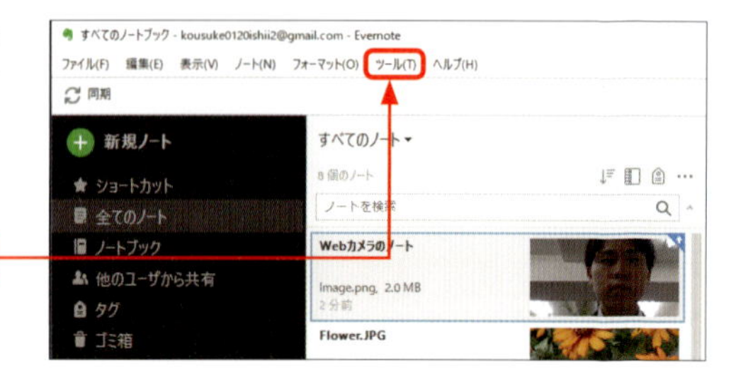

2 ＜インポートフォルダ＞をクリックします。

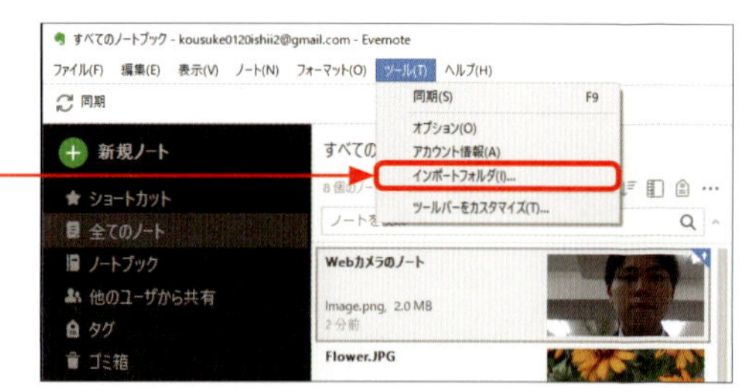

3 ＜追加＞をクリックします。

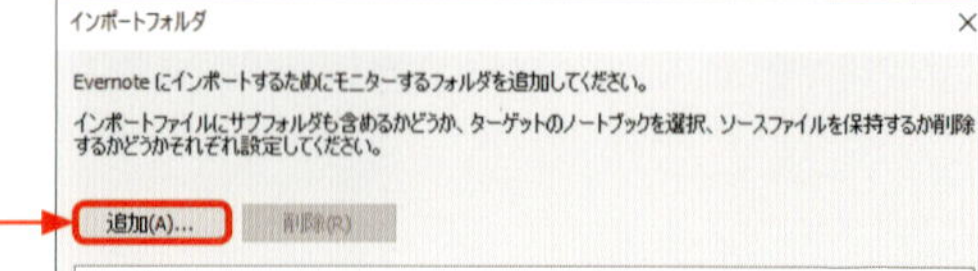

4 まとめて取り込みたいフォルダをクリックして選択し、<OK>をクリックします。

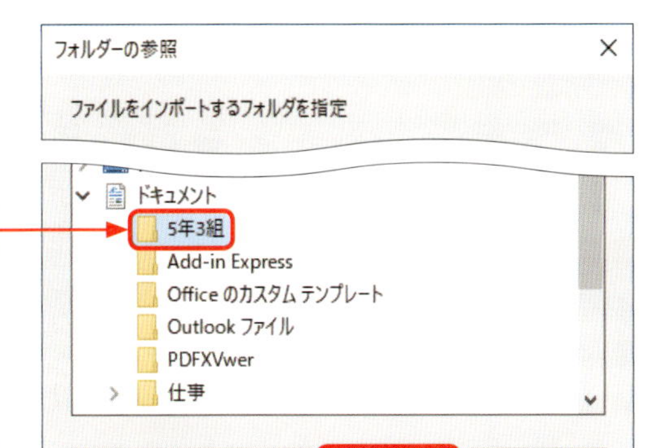

5 「サブフォルダ」や「ノートブック」、「ソース」を指定して、<OK>をクリックします。

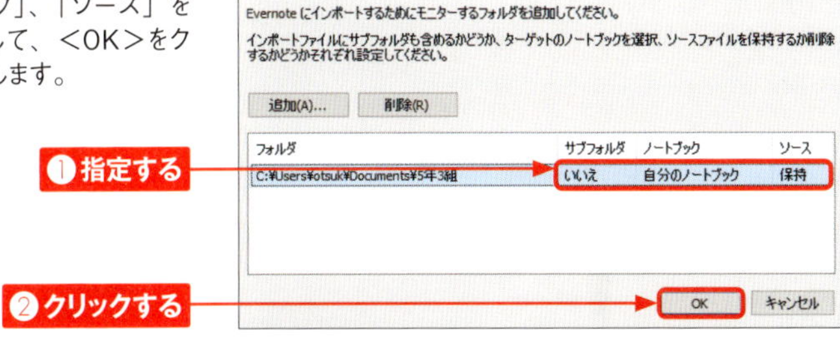

6 フォルダ内のファイルがノートとして保存されます。

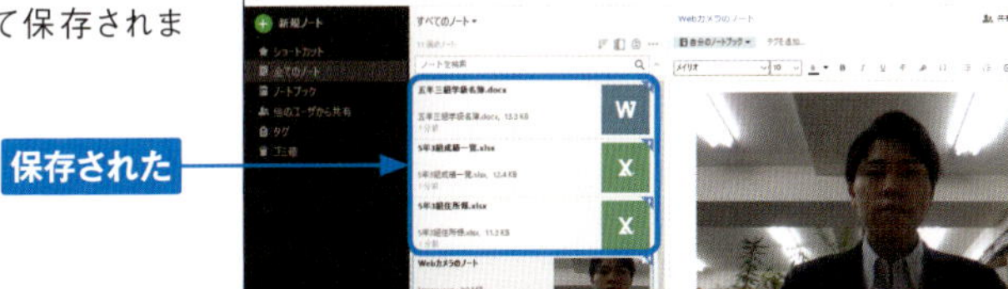

フォルダからの転送を解除する

インポートフォルダに追加されたファイルは、自動的にEvernoteに転送されます。転送を解除する場合は、手順⑤の画面でフォルダを選択し、<削除>→<OK>の順にクリックします。なお、転送を解除しても、Evernoteに保存済みのファイルは削除されません。

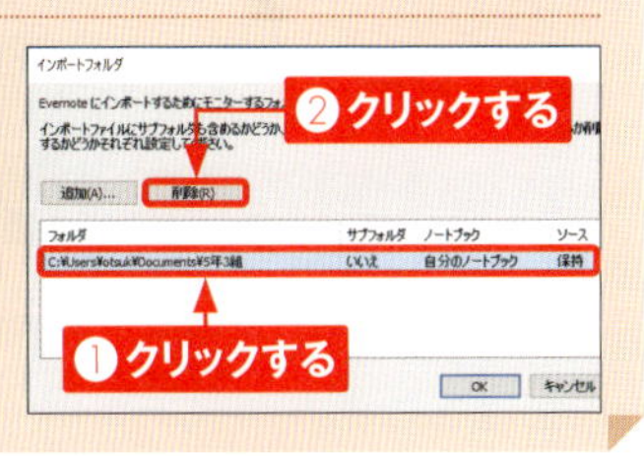

音声を取り込む

Evernoteは、音声を録音してノートに取り込むことができます。音声はWAV形式で保存され、Evernoteだけでなく、ほかのアプリでも再生できます。また、作成済みのノートに音声を追加することも可能です。

音声を録音して取り込む

1 新規ノートを開き、をクリックします。

2 新規ノートに題名や内容を入力し、<録音>をクリックしてマイクから録音を開始します。

3 を左右にドラッグして録音レベルを調整し、<保存>をクリックすると、録音が終了します。

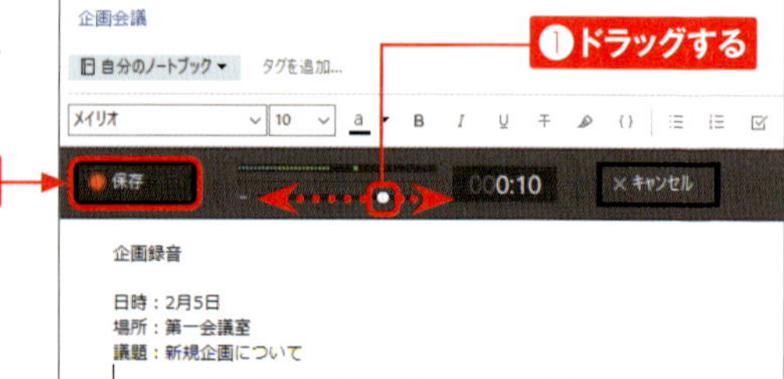

4 録音した音声ファイルをダブルクリックすると、録音した音声が再生されます。

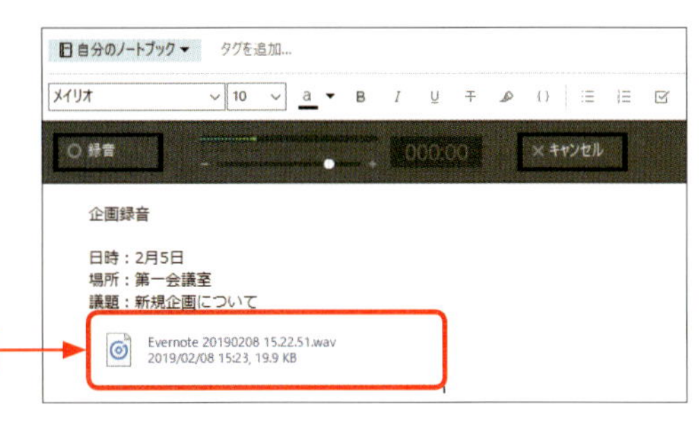

作成済みのノートに音声を追加する

1 作成済みのノートを開き、音声を追加したい部分をクリックしたら、 → の順にクリックします。

2 <録音>をクリックして録音を開始します。

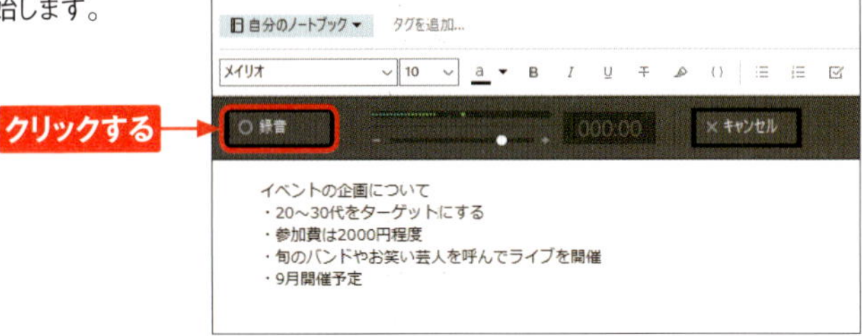

3 を左右にドラッグして録音レベルを調整し、<保存>をクリックすると、録音が終了します。

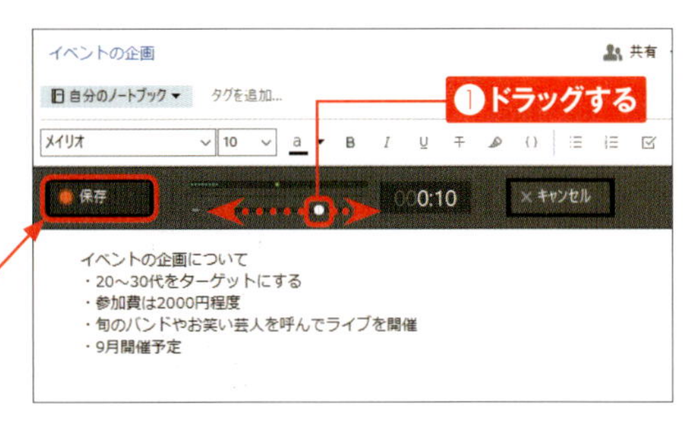

Section 122 スクリーンショットを取り込む

Evernoteは、パソコンのスクリーンショットを撮影してノートとして取り込むことができます。デスクトップ画面全体を画像として取り込んだり、画面上の必要な部分だけをドラッグして取り込んだりできるので、あらゆる用途で活躍します。

アプリのウィンドウ全体を取り込む

1 ＜ファイル＞をクリックし、「新規ノート」にカーソルを合わせ、＜新規スクリーンショットノート＞をクリックします。

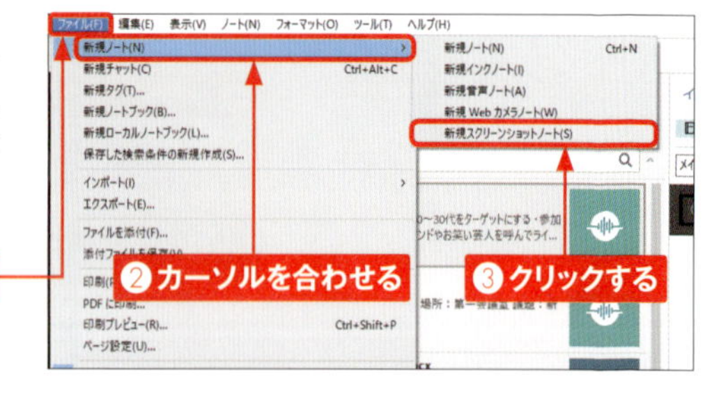

2 ウィンドウ全体を取り込みたいアプリをクリックします。

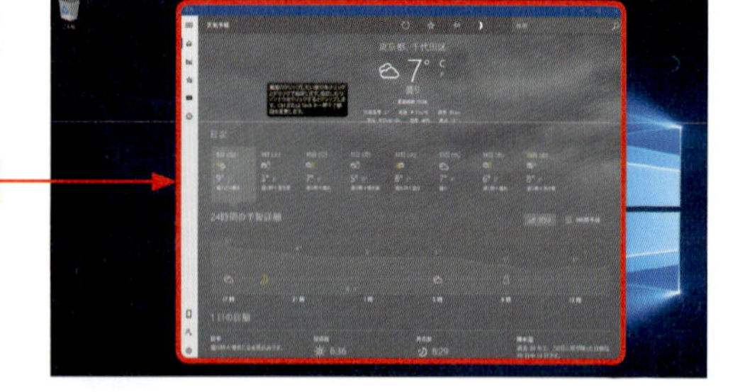

3 アプリのウィンドウ全体のスクリーンショットがノートに取り込まれます。

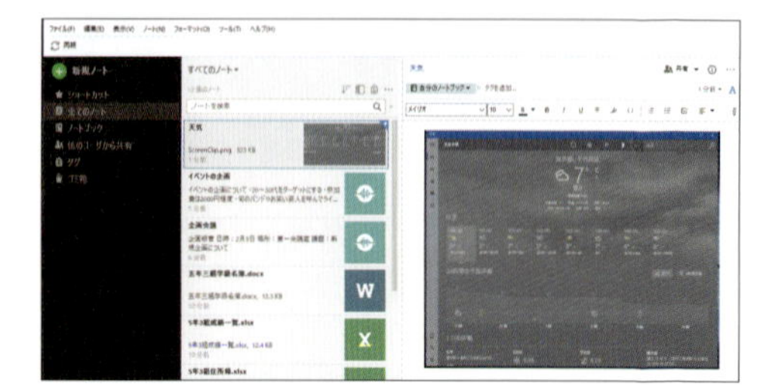

選択範囲を取り込む

① ＜ファイル＞をクリックし、「新規ノート」にカーソルを合わせ、＜新規スクリーンショットノート＞をクリックします。

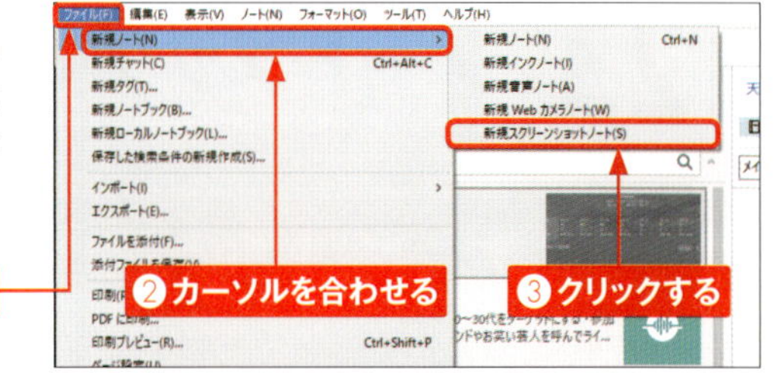

② 取り込みたい範囲をドラッグして選択します。

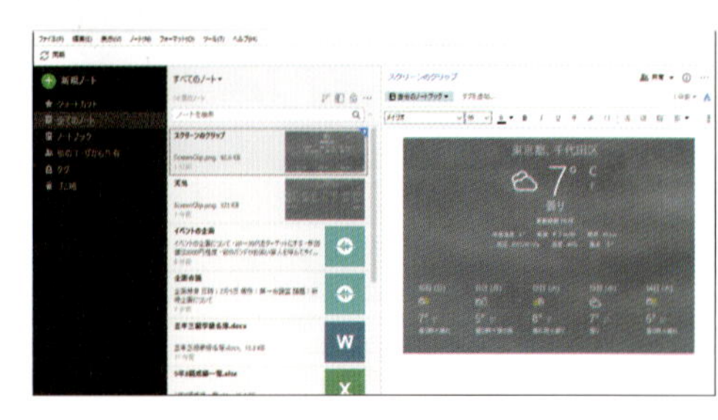

③ 選択した範囲のスクリーンショットがノートに取り込まれます。

注釈モードを利用する

スクリーンショットには注釈を追加することができます。注釈モードを有効するには、＜ツール＞→＜オプション＞→＜クリップ＞の順にクリックし、「スクリーンショット起動後に注釈モードを起動」のチェックボックスにチェックを付け、＜OK＞をクリックします。スクリーンショットの撮影直後に表示されるウィンドウで＜Get Started＞をクリックすると、注釈を追加することができます。

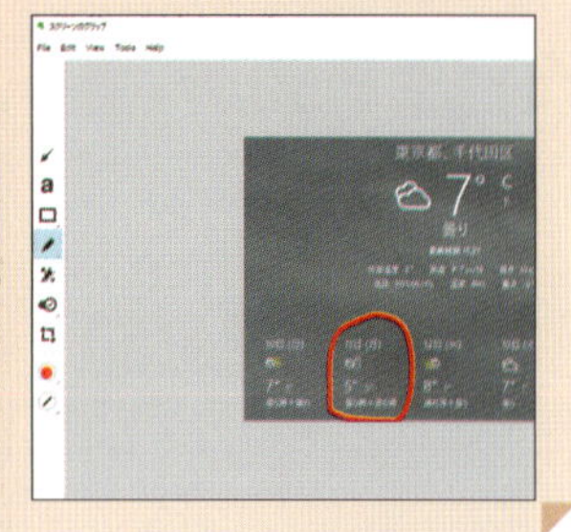

Section 123

ノートブックで整理する

Evernoteで「ノートブック」を作成すると、ジャンルごとにノートを分類することができるので便利です。また、ノートブックはいくつでも作成することができるので、効率的にノートを分類することができます。

ノートブックを作成する

1. サイドバーで＜ノートブック＞をクリックし、＜新規ノートブック＞をクリックします。

2. 任意のノートブック名を入力し、＜OK＞をクリックします。

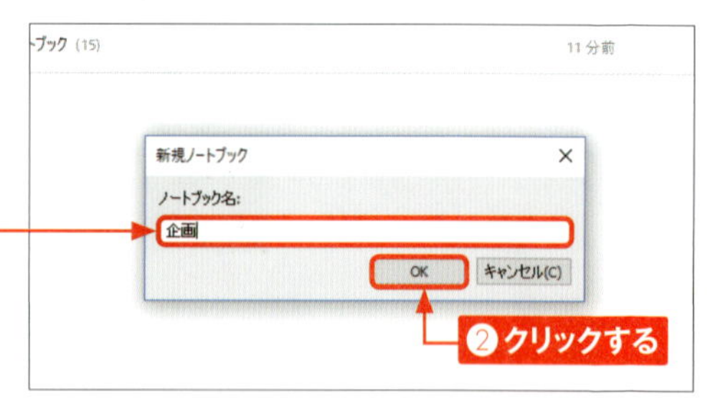

3. 「ノートブック」内に、ノートブックが作成されます。

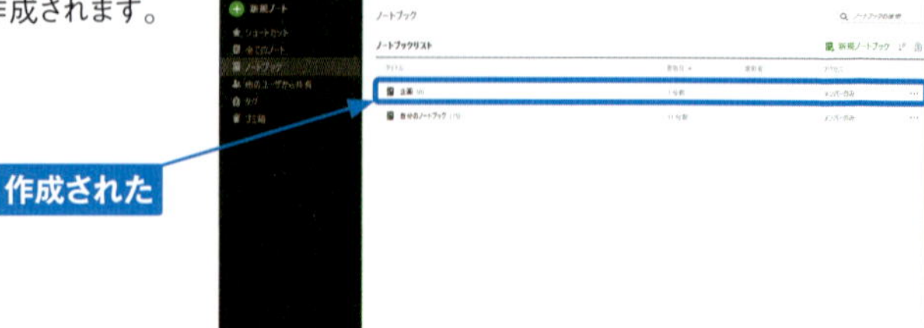

ノートを別のノートブックに移動する

1 任意のノートブックをクリックし、移動したいノートを右クリックして、<ノートを移動>をクリックします。

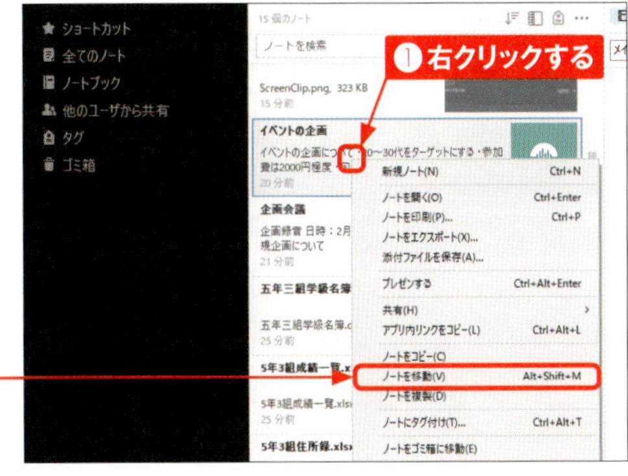

2 移動先のノートブックをクリックし、<移動>をクリックします。

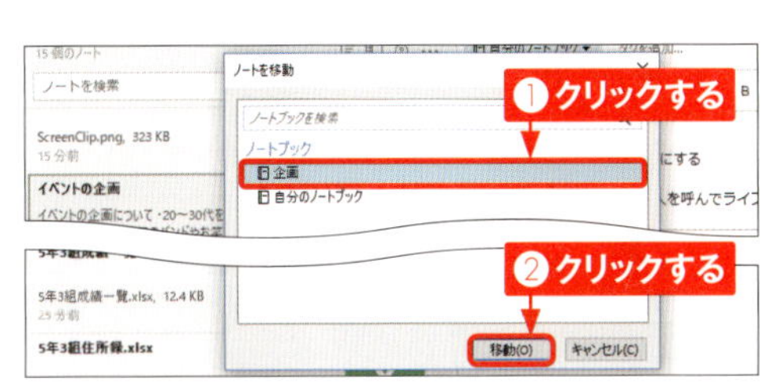
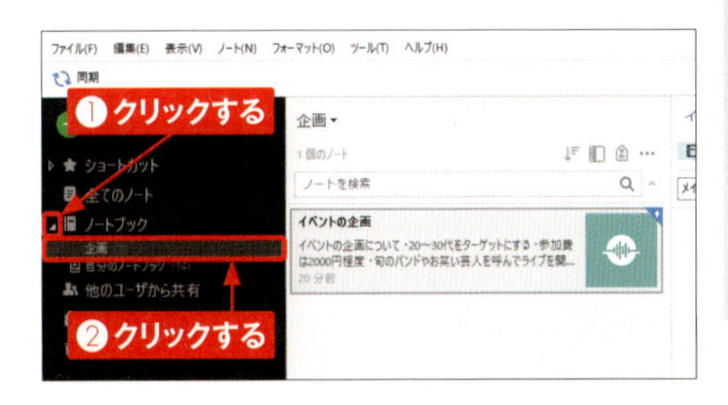

3 サイドバーの「ノートブック」の左側の▶をクリックし、移動先のノートブックをクリックすると、ノートが移動したことが確認できます。

Memo ノートブック名を変更する

ノートブック名を変更するには、ノートブックを右クリックし、<名前を変更>をクリックして、新しいノートブック名を入力します。

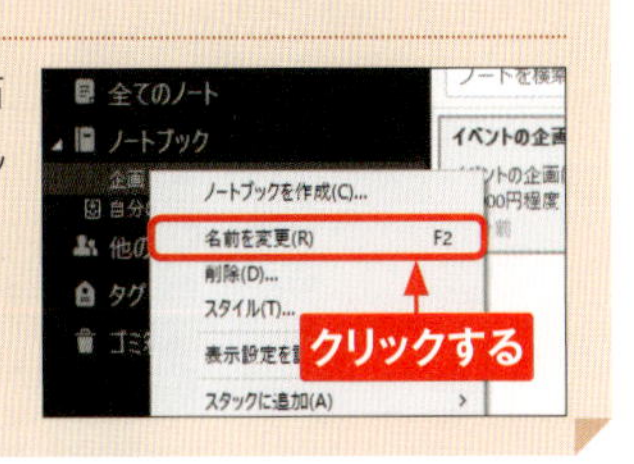

Section 124 タグで整理する

Evernoteで作成したノートは、タグを付けて整理することができます。タグとは、ノートを分類するためのキーワードです。1つのノートに複数のタグを付けることができるので、ノートの詳細な分類に役立ちます。

タグを作成する

1 任意のノートを開き、<タグを追加>をクリックします。

クリックする

2 タグを入力し、タグ以外のスペースをクリックするとノートにタグが付けられます。タグを入力後に Enter を押すと、続けてタグを追加できます。

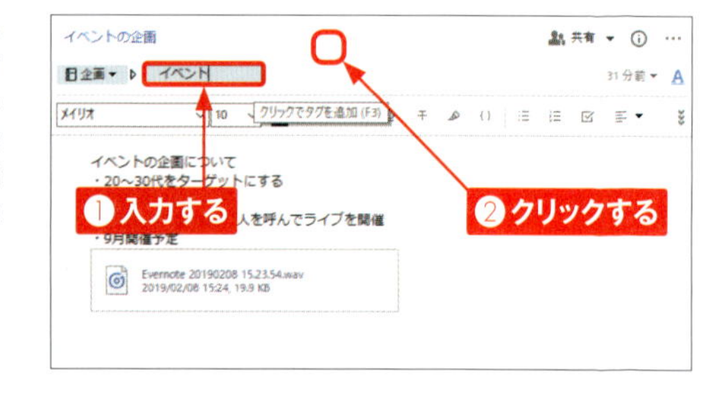

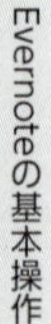

3 サイドバーの「タグ」の左側の▶をクリックし、追加したタグをクリックすると、タグが付けられたノートだけが表示されます。

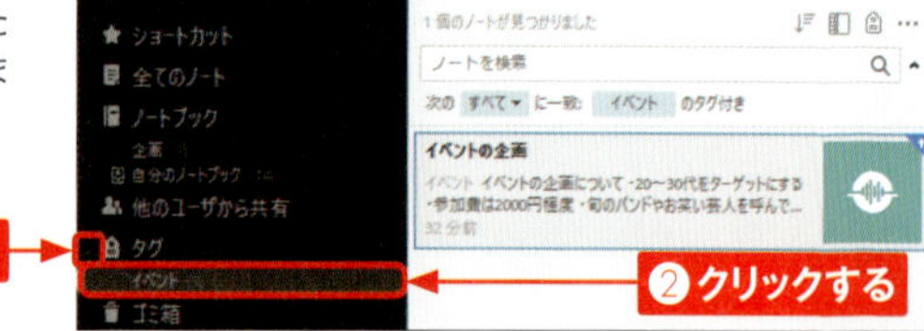

既存のタグを付ける

1 タグを付けたいノートを右クリックし、<ノートにタグ付け>をクリックします。

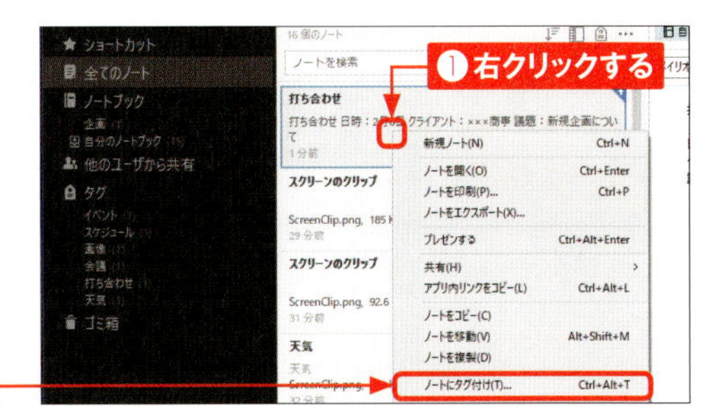

2 既存のタグが一覧表示されるので、付けたいタグのチェックボックスをクリックしてチェックを付け、<OK>をクリックします。

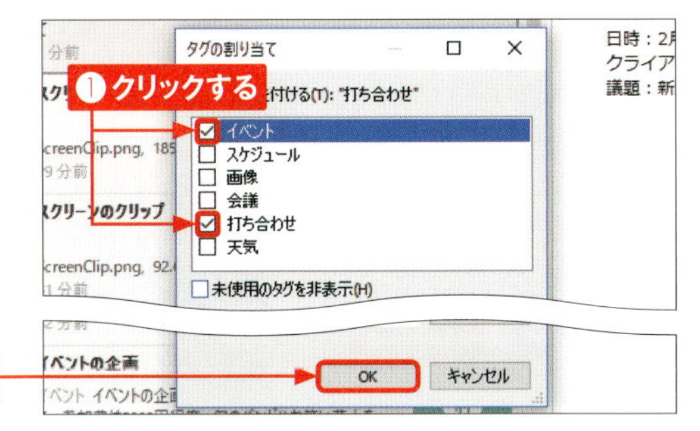

ドラッグ&ドロップでタグを付ける

1 サイドバーの「タグ」の左側の▶をクリックして、タグの一覧を表示します。

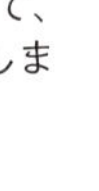
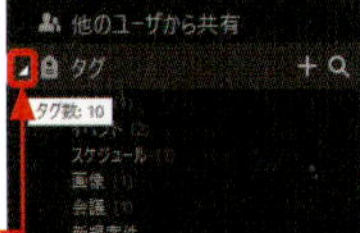
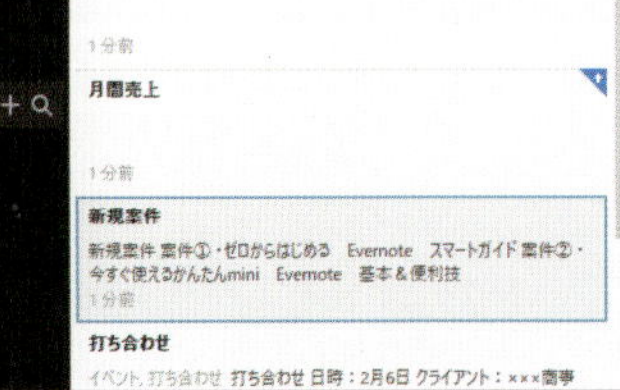

2 ノートを、付けたいタグにドラッグ&ドロップすると、タグが付けられます。

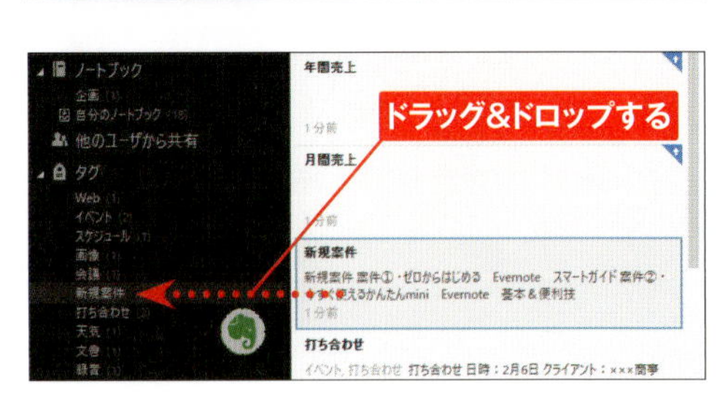

Section 125

ノートブックとタグで検索する

特定のノートブックや特定のタグで分類しておくと、ノートは探しやすくなりますが、ノートブックとタグを同時に使って検索すると、さらに効率よくノートを絞り込むことができます。

ノートブックとタグでノートを絞り込む

1 目的のノートブックをクリックし、🏷をクリックします。

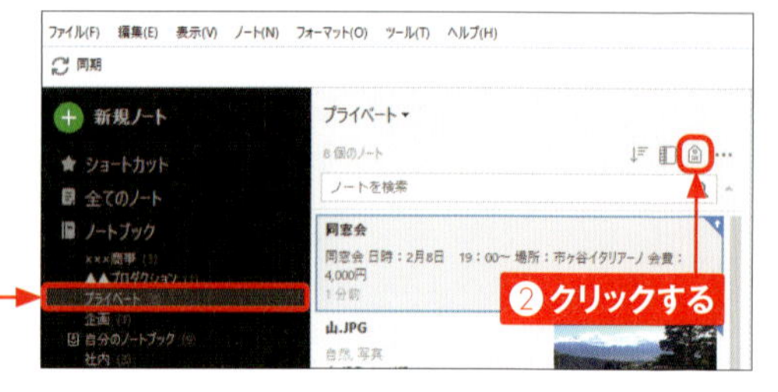

2 目的のタグをクリックします。

3 タグに該当するノートが表示されます。さらに別のタグで絞り込む場合は、再度🏷をクリックします。

4 目的のタグをクリックします。

5 目的のノートをクリックします。

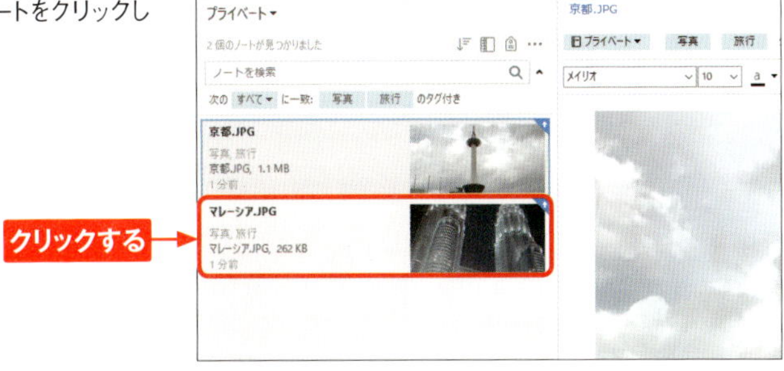

6 ノートの内容が表示されます。

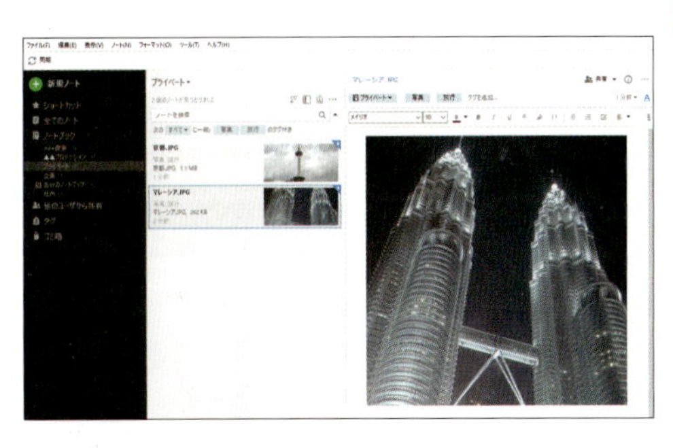

Memo 検索条件のタグを取り消す

ノートの検索条件として追加したタグは、かんたんに取り消すことができます。取り消したいタグの上にカーソルを合わせ、×をクリックします。

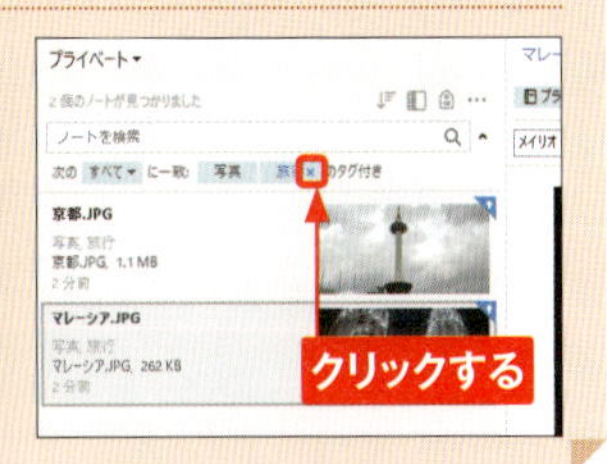

Section 126

ノート／ノートブック／タグを削除する

作成したノートは、かんたんに削除することができます。削除したノートはいったん「ゴミ箱」に移動するので、ノートを復元することもできます。ノートブックやタグも削除できますが、一度削除すると復元できないことに注意しましょう。

ノートを削除する

1 任意のノートブックをクリックします。

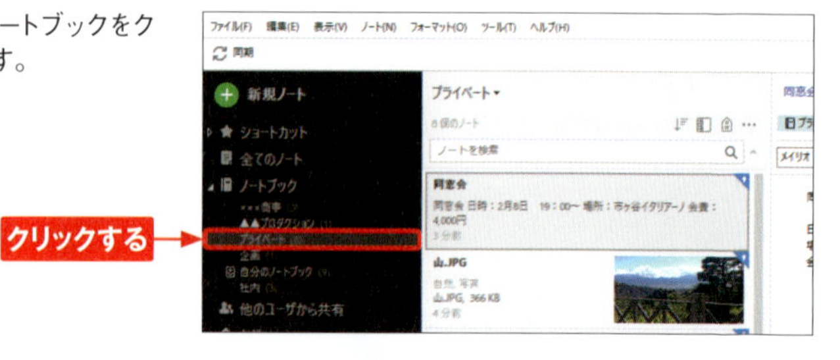

2 削除したいノートを右クリックし、<ノートをゴミ箱に移動>をクリックします。

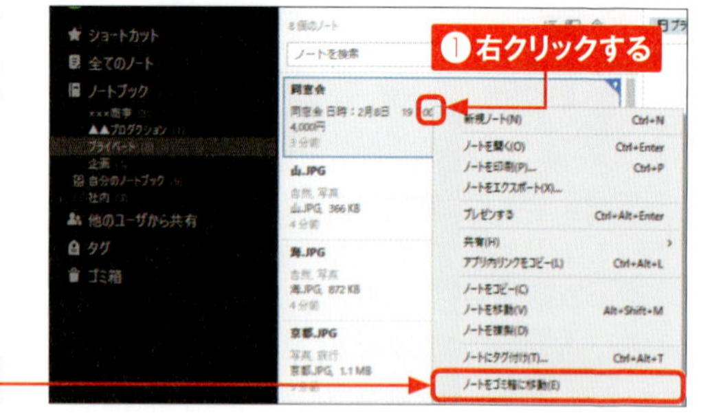

3 <ゴミ箱>をクリックし、削除したノートをクリックして、<ノートを消去>→<削除>の順にクリックすると、ノートを完全に削除できます。

ノートブックを削除する

① 削除したいノートブックを右クリックし、<削除>をクリックします。

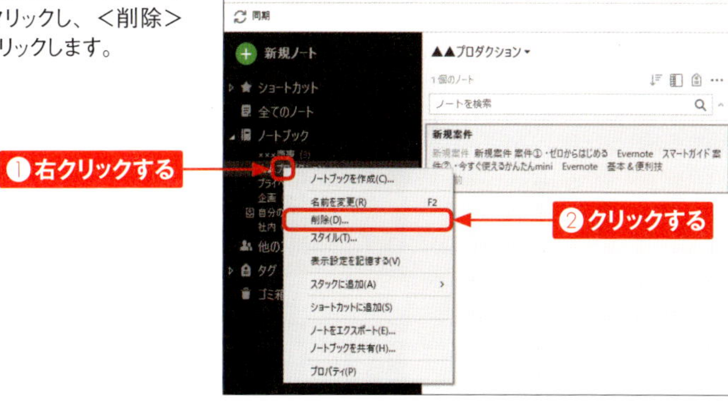

② <ノートブックの削除>をクリックすると、ノートブックが完全に削除されます。削除したノートブック内のノートは「ゴミ箱」に移動します。

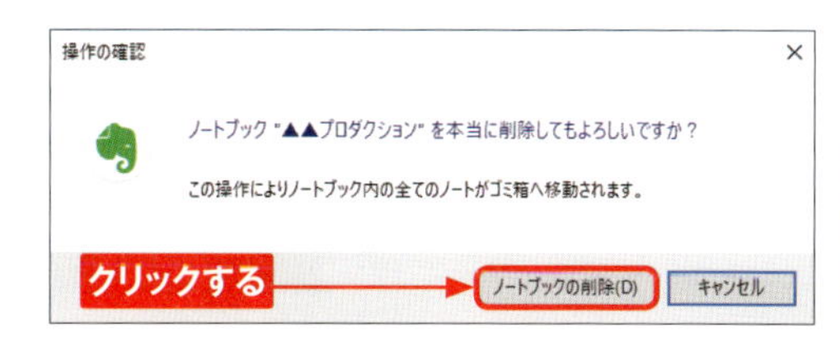

ノートに付けたタグを削除する

① タグを削除したいノートを開き、タグにカーソルを合わせて、× をクリックします。

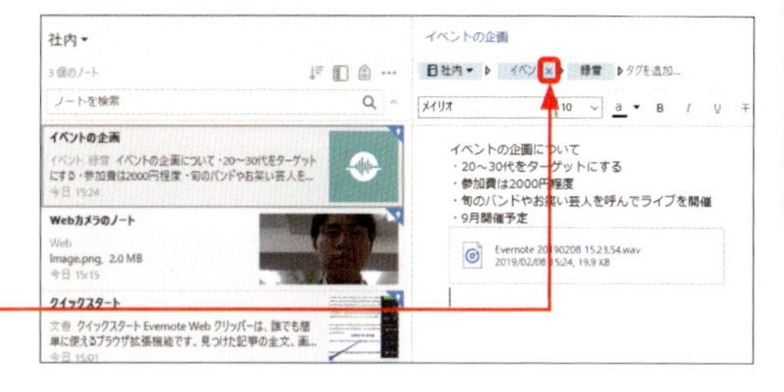

② タグが削除されます。

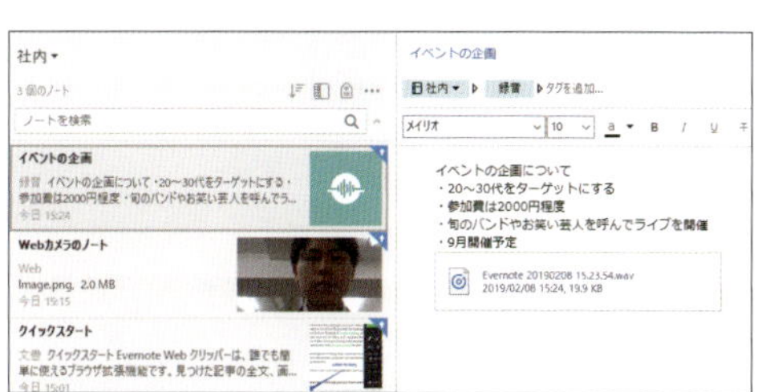

タグ自体を削除する

1 サイドバーの「タグ」の左側の▷をクリックします。

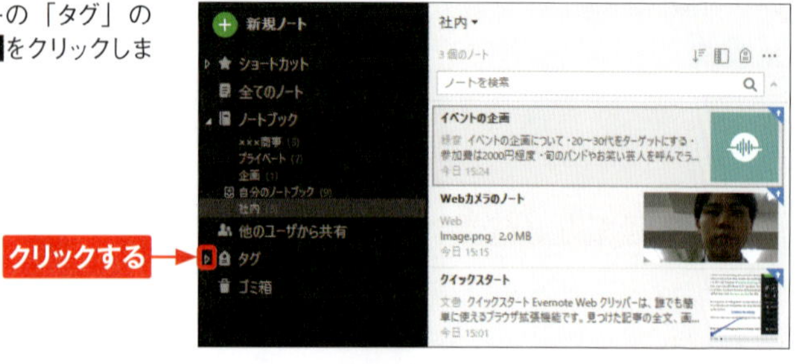

2 削除したいタグを右クリックし、<削除>をクリックします。

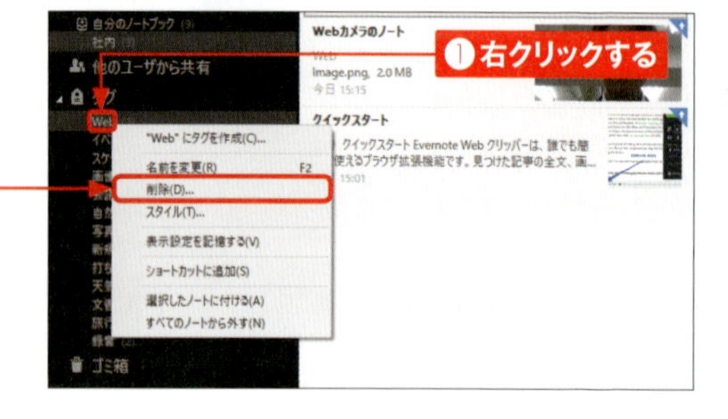

3 <タグを削除>をクリックすると、タグ自体が削除されます。なお、タグが付けられたノートは削除されません。

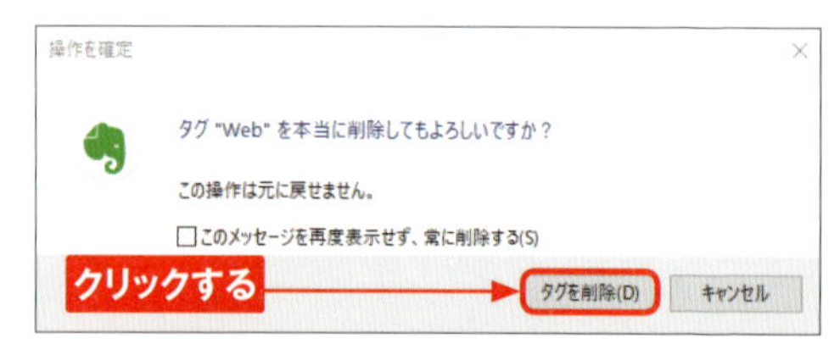

ドラッグ&ドロップで削除する

ノートを「ゴミ箱」にドラッグ&ドロップすることでも、「ゴミ箱」に移動することが可能です。また、ノートブックやタグを「ゴミ箱」にドラッグ&ドロップし、<ノートブックの削除>や<タグを削除>をクリックすることでも削除できます。

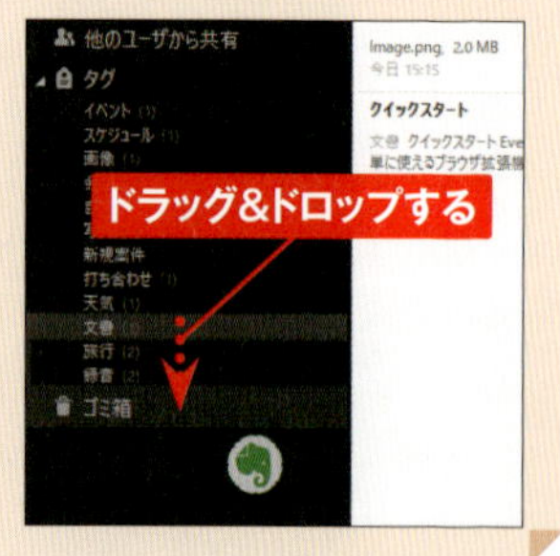

Evernote編

第9章

Evernoteの活用

Section 127 PDFやOfficeファイルを取り込む
Section 128 カタログやプレゼン資料を作成する
Section 129 文書やメールのテンプレートを作成する
Section 130 手書きメモを作成する
Section 131 ToDoリストで予定を管理する
Section 132 リマインダー機能を利用する
Section 133 レシピから買い物リストを作る
Section 134 ノートブックを共有する
Section 135 写真を公開する
Section 136 複数のノートをまとめる
Section 137 Evernoteの有料プランを利用する
Section 138 PDF／Officeファイルをファイル内検索する（有料版）
Section 139 メールをEvernoteに送って保存する（有料版）
Section 140 名刺を取り込んで管理する（有料版）
Section 141 2段階認証でセキュリティを強化する
Section 142 パスワードを変更する

Section 127 PDFやOfficeファイルを取り込む

Evernoteは、PDFファイルをノートとして取り込むことができます。Officeファイルも取り込めますが、Officeファイルを開くには、あらかじめOfficeアプリやOffice互換アプリをインストールしておく必要があります。

PDFファイルを取り込む

1 取り込みたいPDFファイルを右クリックし、「送る」にカーソルを合わせ、<Evernote>をクリックします。

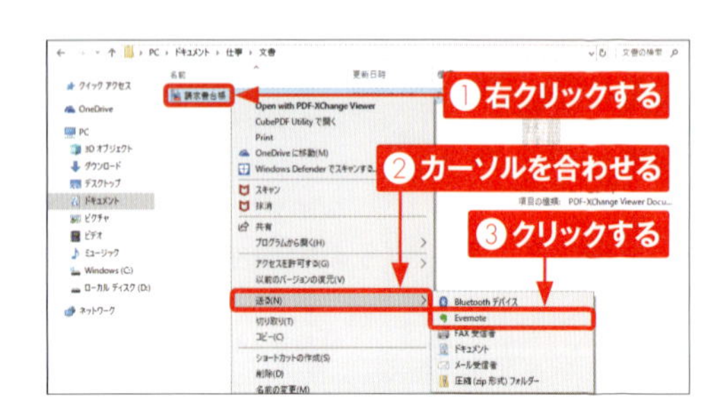

2 作成されたノートをクリックします。

3 PDFファイルが表示されます。

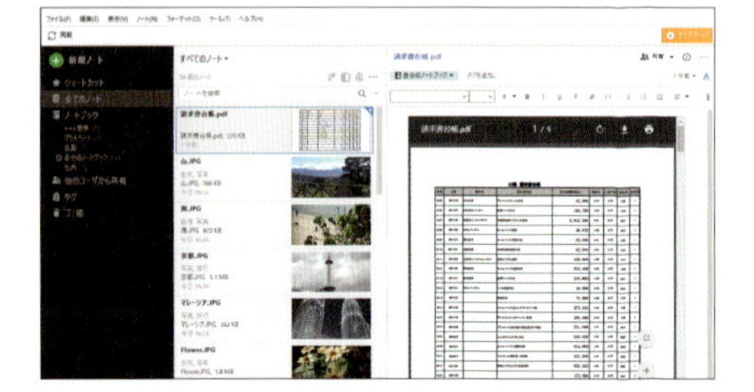

Officeファイルを取り込む

1 取り込みたいOfficeファイルを右クリックし、「送る」にカーソルを合わせ、<Evernote>をクリックします。

2 「Evernoteプレミアム」画面が表示された場合は、<後で確認>をクリックします。作成されたノートをクリックし、添付されているOfficeファイルをダブルクリックします。

3 OfficeファイルがOfficeアプリで閲覧できます。

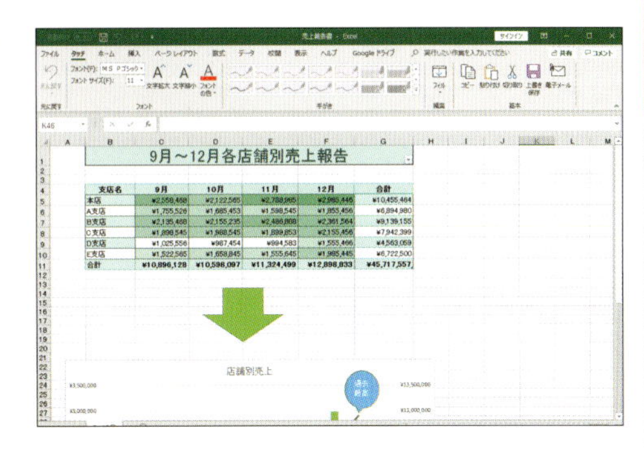

Memo Officeアプリがない場合

パソコンにOfficeアプリがインストールされていない場合は、Office互換アプリを使うとよいでしょう。Apache OpenOffice（http://www.openoffice.org/ja/）やLibreOffice（https://ja.libreoffice.org/）などは、無料でダウンロードして利用できます。

Section 128

カタログやプレゼン資料を作成する

ノートブックとWebクリッパー（Sec.117参照）を組み合わせると、商品やお店のカタログをかんたんに作成することができます。また、プレゼンテーションモードを利用すると、ノートを魅力的なプレゼン資料として活用できます。

カタログを作成する

1 P.246を参考に、カタログにしたいノートブック（ここでは「レストラン」）を作成し、Google Chromeでカタログに取り込みたいレストランのWebページを表示したら、右上のをクリックします。

2 保存先にカタログ名（ここでは「レストラン」）を指定し、分類しやすいタグを入力してEnterを押し、＜クリップを保存＞をクリックします。

③ 同様の手順でノートを追加していけば、カタログが作成できます。

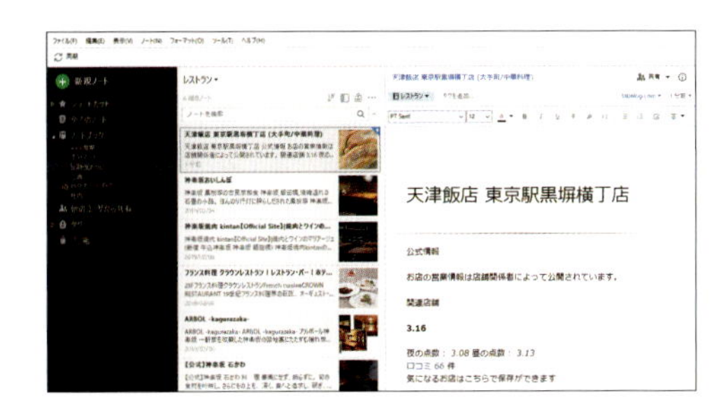

プレゼン資料を作成する

① テキストや画像などで構成されたノートを作成し、… →＜プレゼンする＞→＜トライアルを開始＞の順にクリックします（ベーシック版では30日間無料で試用できます）。

② プレゼン資料が作成されます。

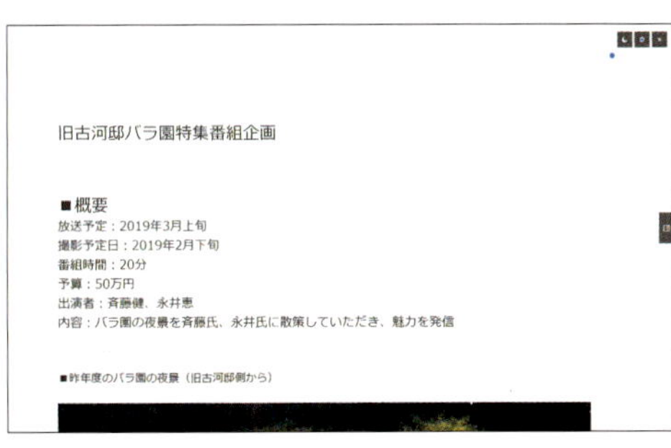

Memo プレゼンを行うには

手順①でプレゼン資料を作成したら、実際にプレゼンを行いましょう。マウスやタッチパッドを動かすと、カーソルがレーザーポインタとして表示されます。また、画面右上にカーソルを移動させると表示されるメニューアイコンから、レーザーポインタの種類を変更したり、画面を暗転させたりすることができます。プレゼンを終了するには×をクリックします。

Section 129 文書やメールのテンプレートを作成する

ビジネス文書やメールの送信状など、文書のテンプレートをノートとしてEvernoteに保存しておくと、いつでも好きなときに利用することができます。よく利用する文書はテンプレートを作成して、仕事の効率化に役立てましょう。

テンプレートを作成する

1 P.231を参考に新規ノートを作成し、タイトルにテンプレートの用途などを入力して、文書を作成します。

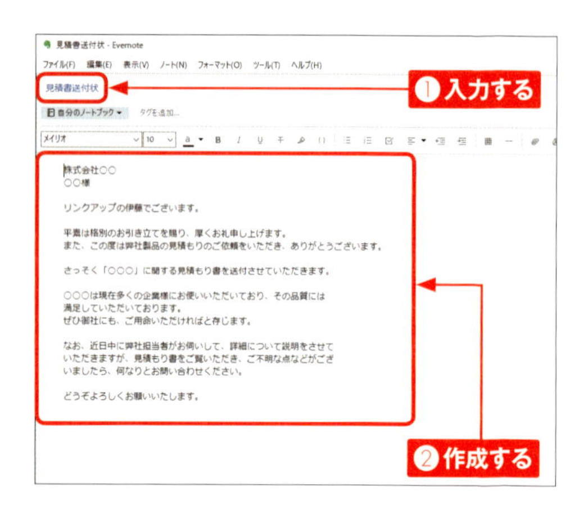

2 文書の作成が完了したら、あとから見つけやすいように、Sec.124を参照してタグで分類しましょう。

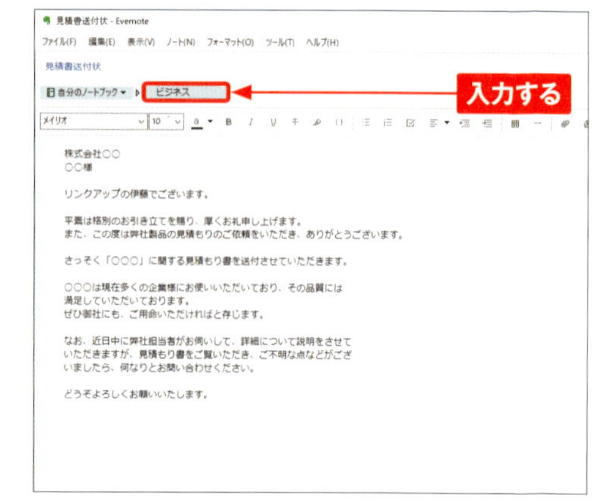

テンプレートを使ってメールを作成する

① 使用したいテンプレートが入ったノートを表示して、使用したい部分をドラッグして選択し、右クリック→<コピー>の順にクリックします。

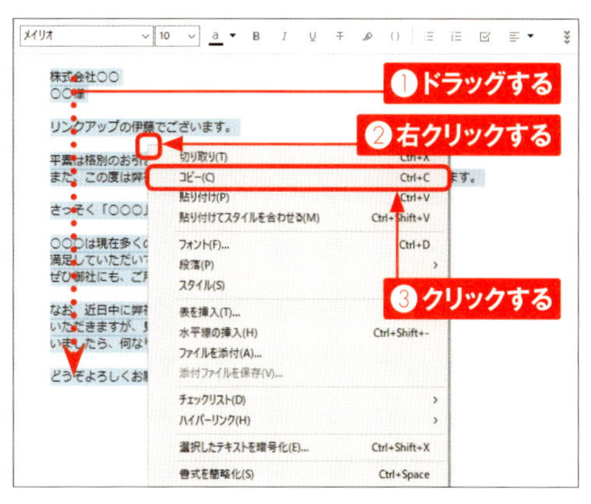

② メールソフトでメールの作成画面を開き、本文部分を右クリックします。<貼り付け>をクリックすると、メールにテンプレートが貼り付けされます。

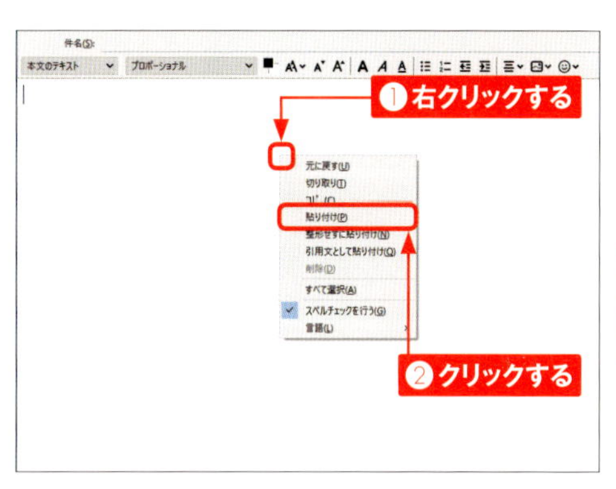

③ 送信相手などによって文書の内容を修正し、件名や相手のメールアドレスを入力して送信します。

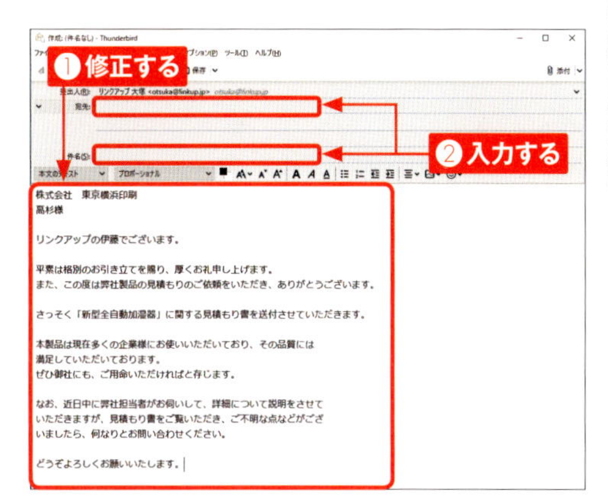

Section 130 手書きメモを作成する

インクノートは、マウスカーソルをドラッグして手書きでメモを作成できるノートです。思い付いたアイデアやイメージは、インクノートを使うことですばやく保存することができます。

インクノートを利用する

1 画面上部にある<ファイル>をクリックし、「新規ノート」にカーソルを合わせ、<新規インクノート>をクリックします。

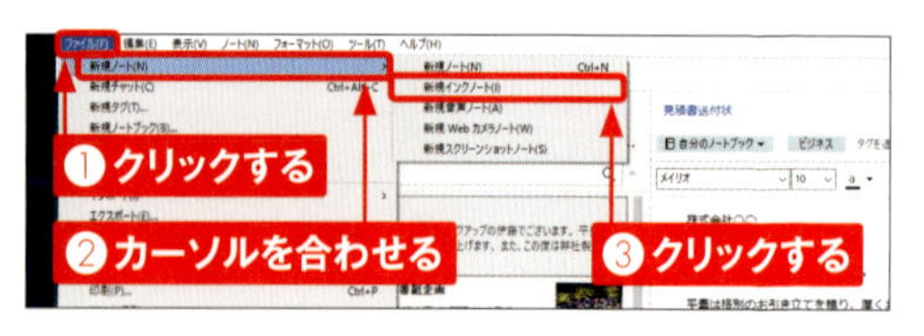

2 新しいインクノートが表示されます。マウスカーソルをノートの空白部分に重ね、ドラッグすると、イラストを描画できます。

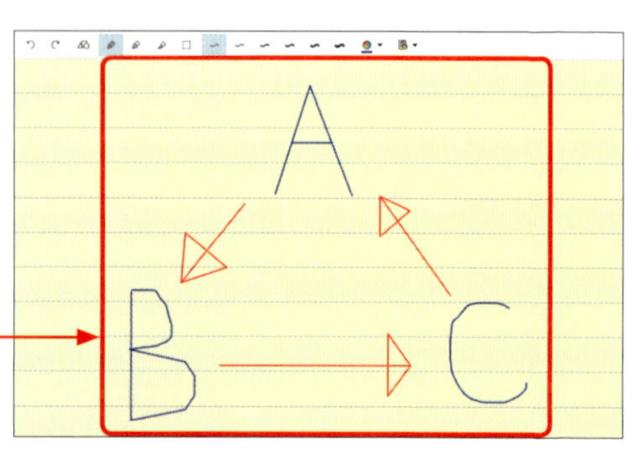

3 ⬚をクリックし、イラストの周りをドラッグして範囲を指定すると、任意の位置への移動や大きさを変更することができます。

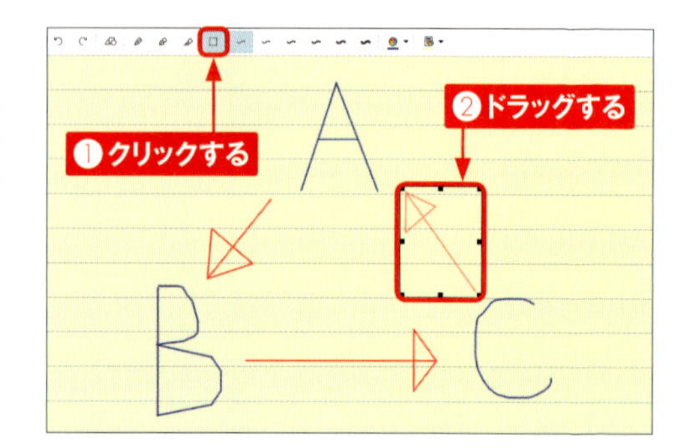

インクノートの描画方法

1. まっすぐな直線を描画したい場合は、をクリックしてから、インクノート上でマウスカーソルをドラッグします。

2. ・をクリックすると、線の色を変更することができます。

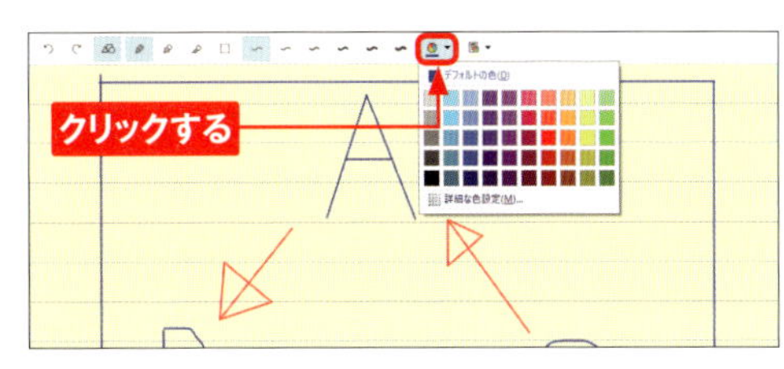

3. 線の太さを変更したい場合は、よりいずれかの種類をクリックします。

4. をクリックして、任意の線をクリックすると、クリック先の線を消去できます。

Memo インクノートを共有する

ノートリストで、共有したいインクノートを右クリックし、「共有」にカーソルを合わせて<コピーを送信>をクリックすると、作成したファイルを画像としてメールに添付し、相手に送信できます。

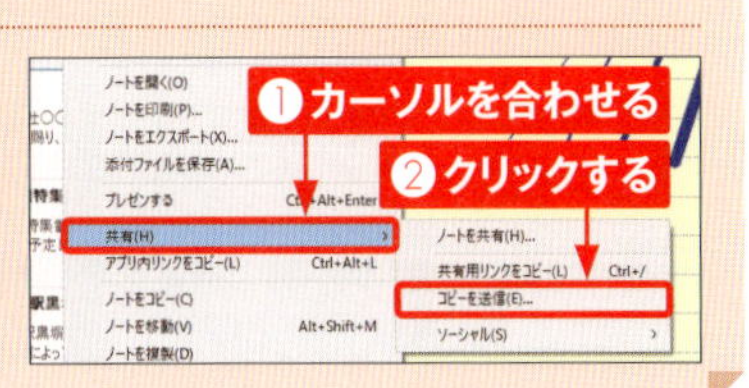

Section 131 ToDoリストで予定を管理する

ノートにチェックボックスを付けると、ToDoリストとして利用できます。日替わりのスケジュールや、大規模プロジェクトの進捗状況など、ひと目で管理できるので、抜け漏れを防ぐ役を担ってくれます。

チェックボックスを活用する

1 P.231を参考に新規ノートを作成し、☑をクリックします。

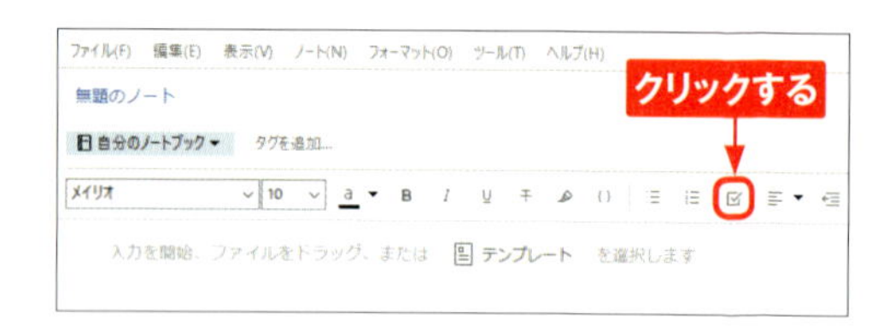

2 本文入力フィールドにチェックボックスが追加されます。チェックボックスのうしろに、表示したい内容を入力し、Enterを押します。

3 自動的に次の行頭にチェックボックスが追加されるので、内容を入力します。チェックボックスをクリックすると、チェックが入るのでToDoリストとして活用できます。

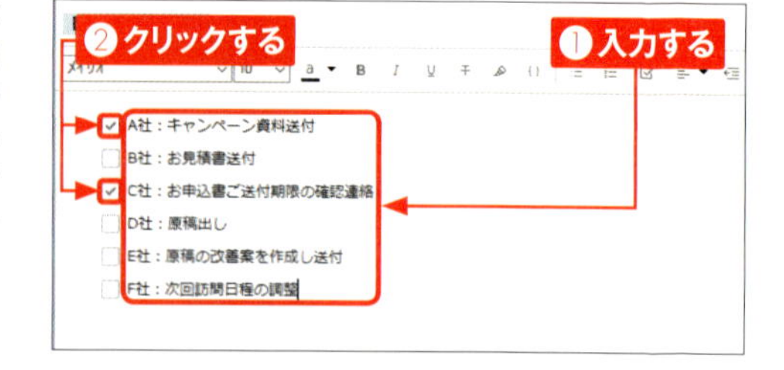

Memo リマインダー機能と併用する

Evernoteからの通知を、指定した日時に受け取れるリマインダー機能と併用することで、より確実にToDoチェックができます。

Section 132

リマインダー機能を利用する

ノートにリマインダーを設定すると、あらかじめ指定した期日にポップアップやアラームなどで通知を受け取ることができます。リマインダーを設定したノートは、ノートリストの上部に表示されます。

指定した日時に通知する

1 リマインダーを設定したいノートを開き、…→<リマインダー>→<日付を追加>の順にクリックします。

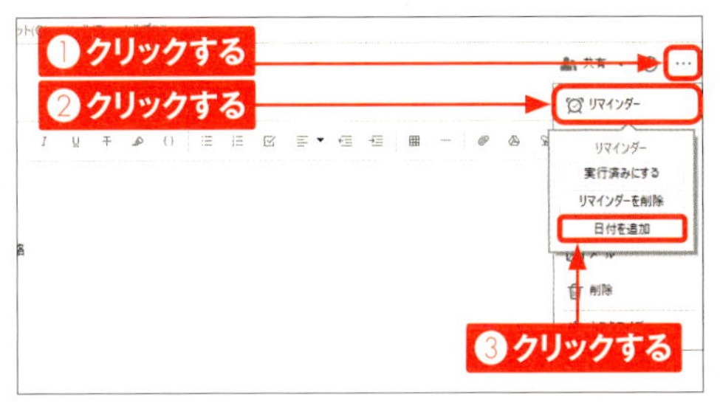

2 リマインダーを通知したい日時（ここでは、<1週間後>）をクリックします。通知する日時を細かく設定したい場合は、下部にある表を使用します。

3 リマインダーを設定したノートがあると、ノートリスト上部に「リマインダー」の項目が表示されます。

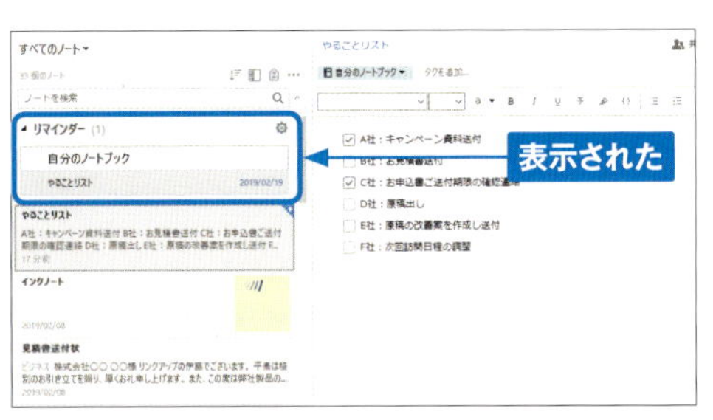

Section 133 レシピから買い物リストを作る

インターネットで作りたいレシピを見つけたら、Evernoteに保存しておきましょう。レシピとチェックボックス機能を組み合わせることで、買い物リストを作成することができます。

レシピから買い物リストを作る

1 料理レシピサイトなどで気になるレシピが見つかったら、保存したい部分をドラッグして選択し、Sec.118を参考にEvernoteに保存します。

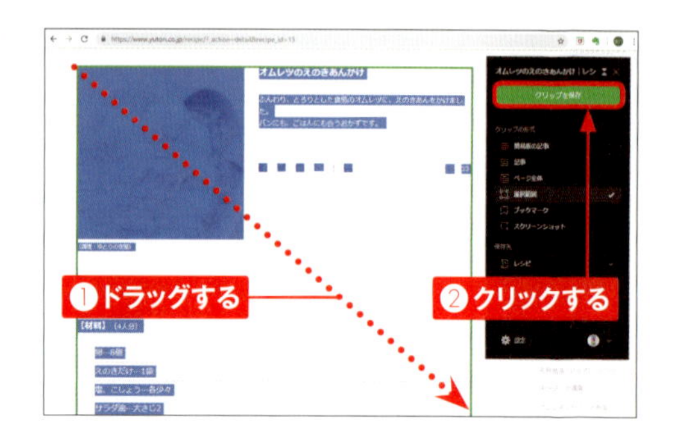

2 保存したレシピをEvernoteで表示したら、買い物リストにする材料の箇所だけをドラッグして選択し、右クリックして、<コピー>をクリックします。

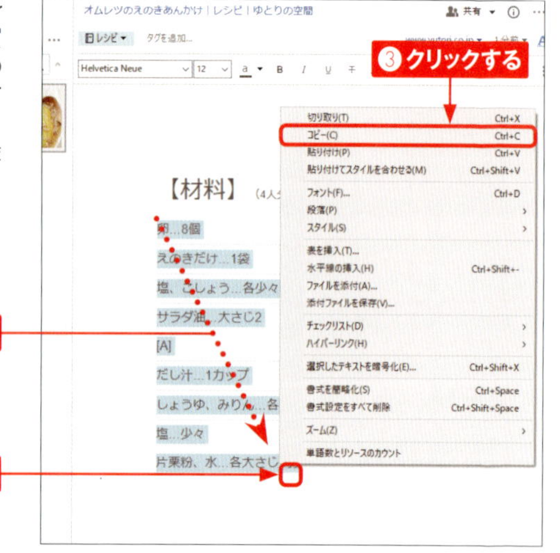

3 P.231を参考に新規ノートを開き、何もない箇所を右クリックして、<貼り付け>をクリックします。

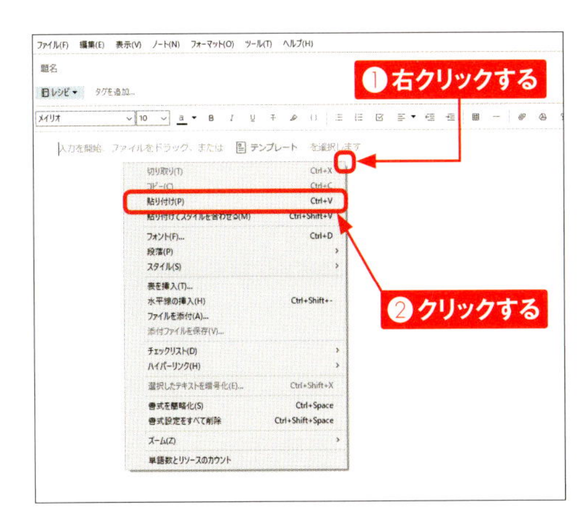

4 ペーストした材料をドラッグして選択し、右クリックして、「チェックリスト」にカーソルを合わせ、<チェックボックスを挿入>をクリックします。

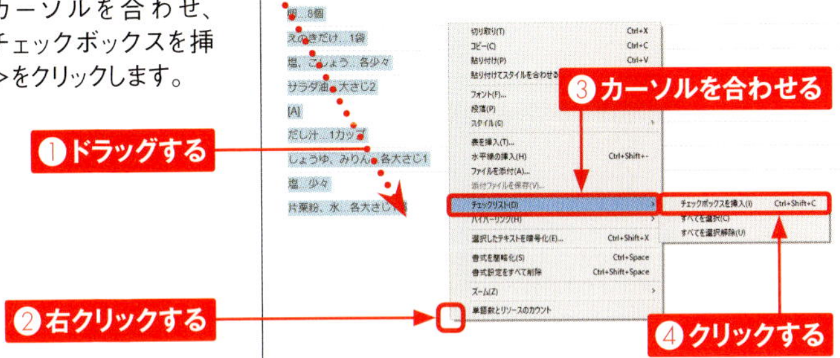

5 材料の一覧が、チェックボックス付きの買い物リストになりました。

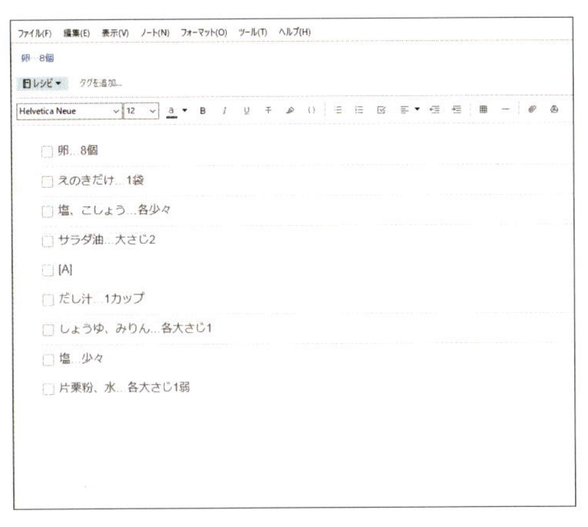

Section 134 ノートブックを共有する

作成したノートブックは、招待メールを送信することでほかのEvernoteユーザーと共有することができます。共有する際は、閲覧のみか編集を許可するかを選択することができます。

ノートブックを特定のユーザーと共有する

1 共有したいノートブックを右クリックし、<ノートブックを共有>をクリックします。

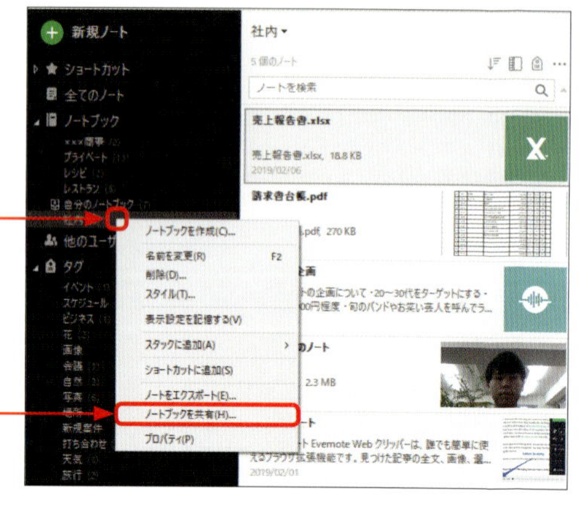

2 「Evernoteアプリ内で共有」のダイアログボックスが表示されます。共有したい相手のメールアドレス（複数いる場合はアドレスとアドレスのあいだを「,」（カンマ）で区切る）を入力し、<編集・招待が可能>をクリックします。

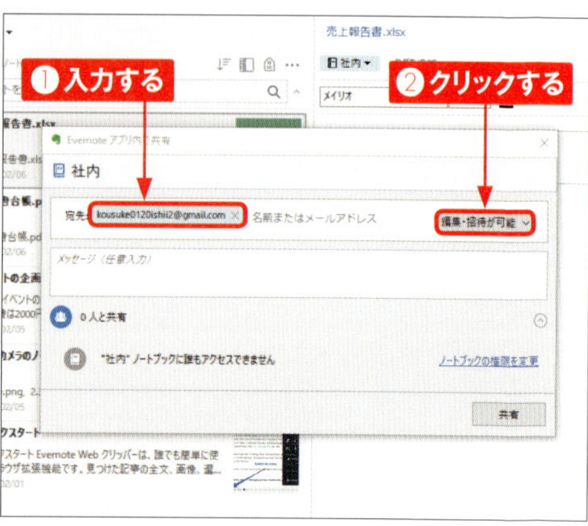

3 閲覧のみ許可する場合は<閲覧が可能>、編集も許可する場合は<編集が可能>、ほかの人との共有も許可する場合は、<編集・招待が可能>をクリックして選択します。

4 メッセージも一緒に送信する場合は入力して、<共有>をクリックすると、共有されます。

5 共有されたユーザーには、招待メールが送信されます。<招待を受諾する>をクリックし、Evernoteにログインすると、ノートブックが共有されていることを確認できます。

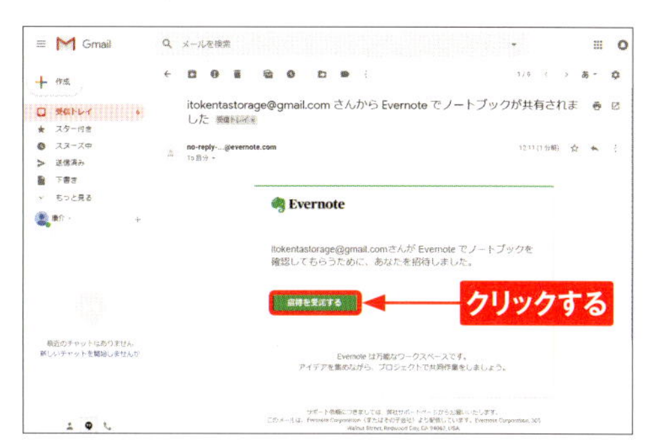

Section 135 写真を公開する

Evernoteは、ノートに貼り付けた写真にURLを設定して公開することができます。作成した公開用URLを知っているEvernoteユーザーなら、誰でも写真を見ることができます。

写真を公開する

1 エクスプローラーで取り込む画像をクリックします。

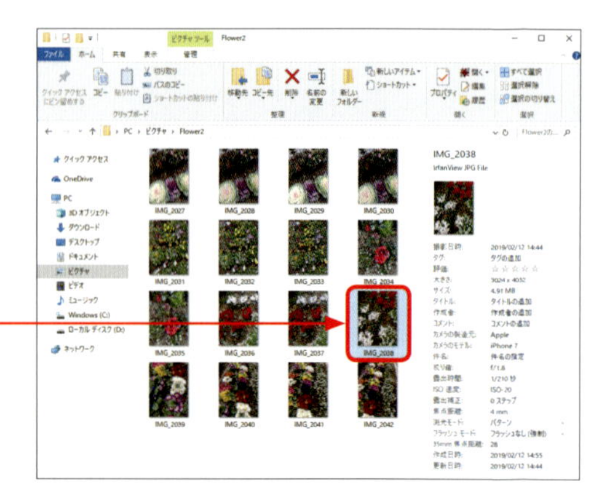

2 任意のノートにドラッグ&ドロップします。

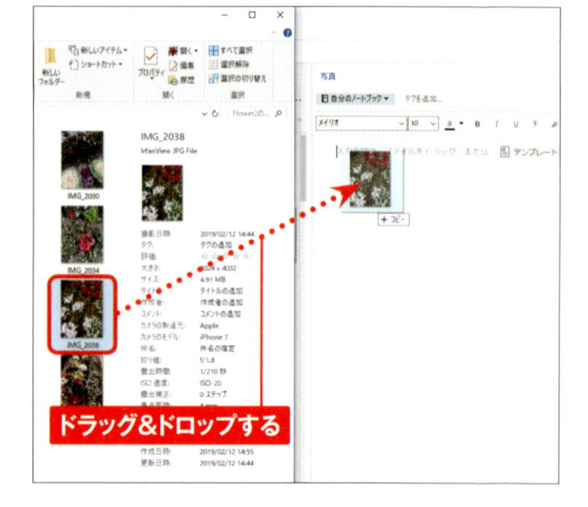

③ 画像がノートに貼り付けられます。

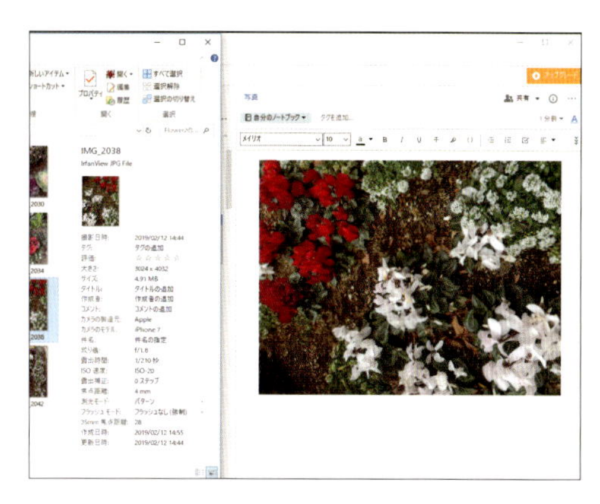

④ 内容を公開したいノートを右クリックし、「共有」にカーソルを合わせ、＜共有用リンクをコピー＞をクリックすると、公開用のURL作成が完了し、URLがコピーされます。右クリック→＜貼り付け＞をクリックすると、メールなどにペーストして公開できます。

Memo URLをコピー&ペーストすることなく写真を公開する

手順④の画面で＜ノートを共有＞をクリックすると、URLをコピー&ペーストすることなく、Evernoteのアプリから直接ノートブックを公開したい相手に共有することもできます。

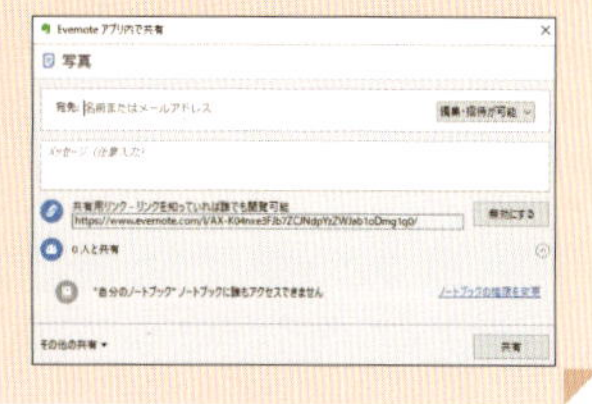

Section 136 複数のノートをまとめる

「マージ」機能を使うと、2つ以上のノートを1つのノートにまとめることができます。複数のノートを1つのノートとしてまとめて、増えすぎたノートを整理しましょう。なお、マージしたノートは復元することもできます。

マージ機能を利用する

1. Evernoteを起動し、ノートリストを開きます。Ctrl や Shift を押しながら、1つにまとめたいノートをクリックして、<マージ>をクリックします。

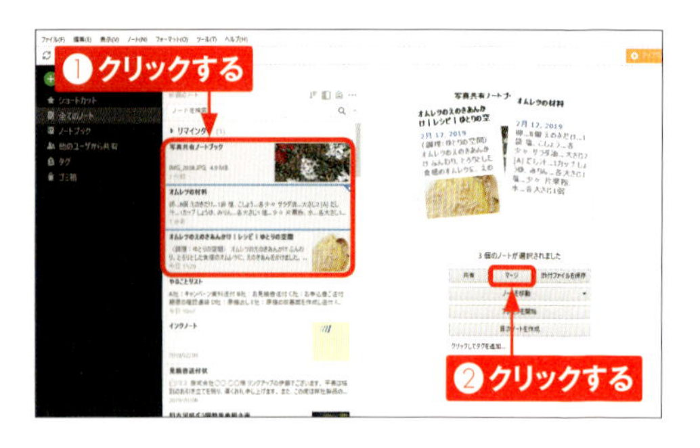

2. 複数のノートが1つにまとめられました。

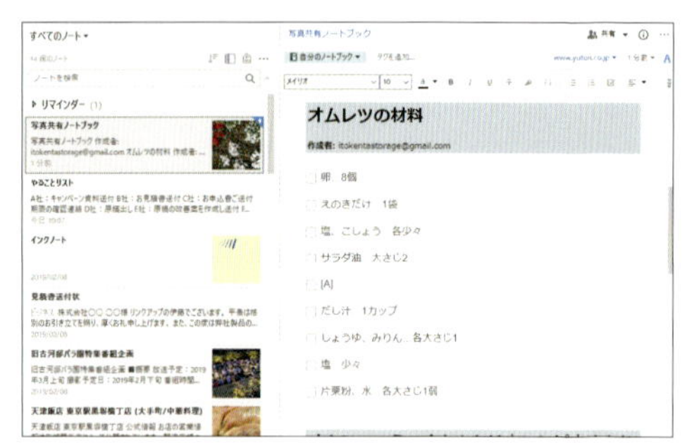

Memo マージされる順番

複数のノートをマージして1つのノートにまとめる際、ノート本文の並び順は、Windowsの場合、ノートを選択した順になります。一方、Macの場合はノートのソート順（並べ替え順）となります。

マージしたノートを復元する

マージして1つにまとめたノートを、ふたたび複数のノートに戻すことはできません。もとの状態に戻したい場合は、複数のノートがバラバラの状態でゴミ箱に入っているので、そこから個別に復元することができます。

1. <ゴミ箱>をクリックします。

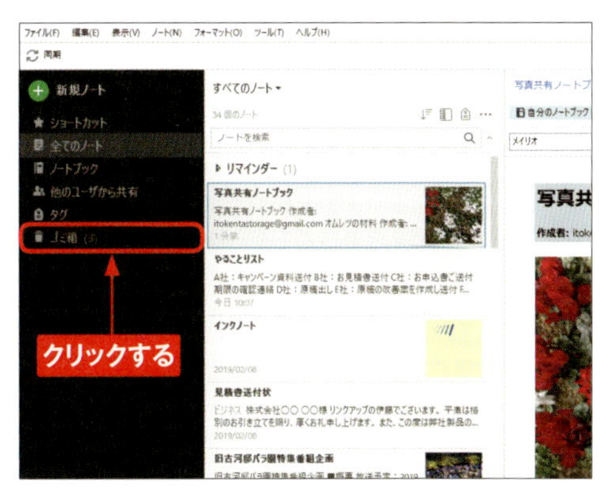

2. 復元したいノートをクリックし、<ノートを復元>をクリックします。

3. ノートが復元されます。

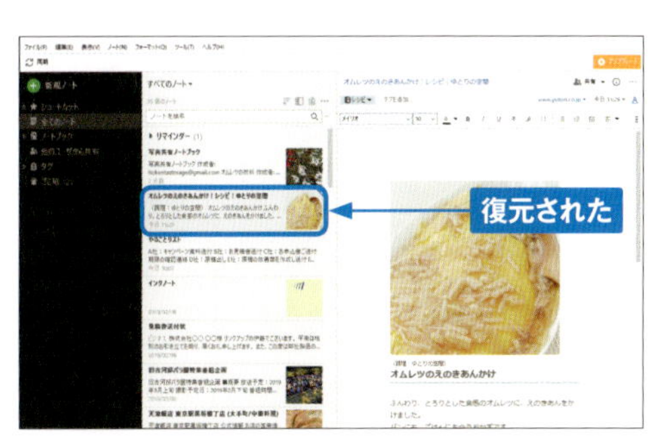

Section 137 Evernoteの有料プランを利用する

Evernoteはプランによって使える機能に違いがあります。Evernoteの利用頻度や、使いたい機能によって自分に合ったプランを選択し、効果的にEvernoteを活用しましょう。

Evernoteの有料プランに登録する

1. Evernoteを起動し、画面右上の<アップグレード>をクリックします。

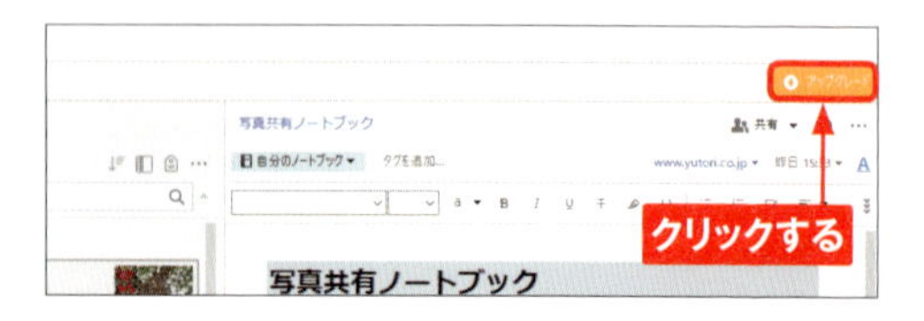

2. 任意のプランを選択します。ここでは、「Evernoteプレミアム」の<¥433／月年払い>をクリックします。

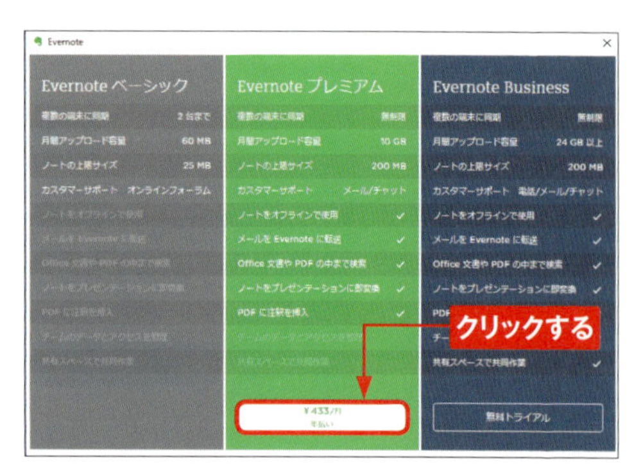

3. 任意の支払い方法（ここでは<クレジットカード>）をクリックして、お支払い情報を入力します。入力が完了したら、「年払い」か「月払い」を選択して、<プレミアムを購入>をクリックします。

④ 購入が完了します。「Evernoteプレミアムへようこそ」画面が表示されたら、<了解>をクリックします。

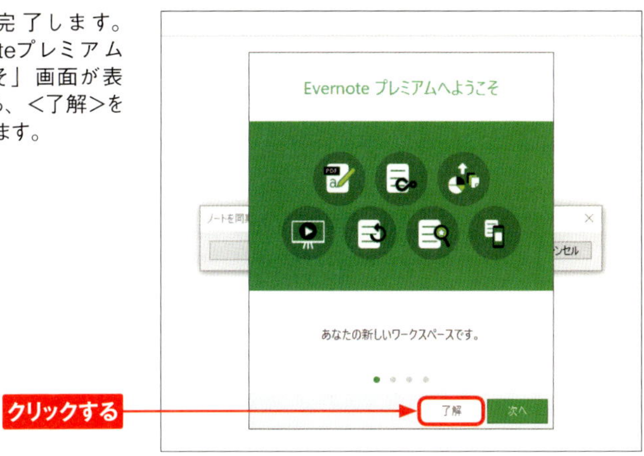

⑤ 「モバイル端末でも活用」画面が表示されたら、<利用を開始>をクリックします。

クリックする

⑥ 請求内容を確認し、<利用を開始>をクリックすると、Evernoteプレミアムの利用が開始されます。

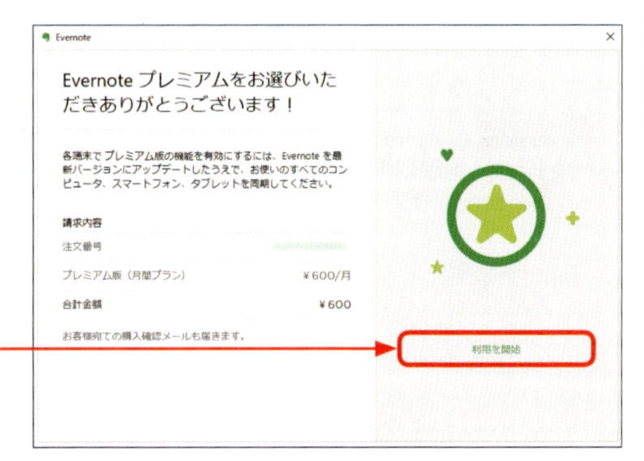

クリックする

第9章 Evernoteの活用

Section 138 PDF／Officeファイルをファイル内検索する（有料版）

EvernoteプレミアムとEvernote Businessでは、PDFファイル内やOfficeファイル内、画像内の文字を検索することができます。ファイル内検索を行うことで、すばやくファイルを見つけることが可能です。

PDFファイルをファイル内検索する

1 Evernoteを起動し、<ノートを検索>をクリックします。

2 検索したいキーワードを入力すると、キーワードが含まれるPDFファイルが添付されたノートが表示されます。

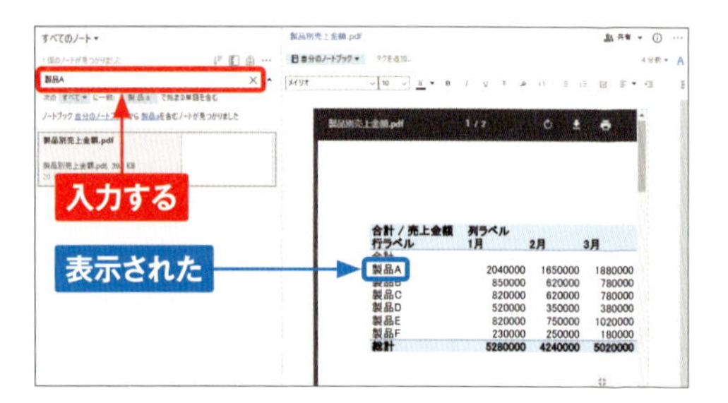

Memo 認識される文字

Evernoteでは、手書きの文字を含む、ファイル内の文字を自動で認識してくれます。ただし、斜めに書かれた文字や、逆さまの文字、読み取りづらい筆跡などは対象にならず無視されてしまいます。また、PDFファイルはキーボードで入力した文書や、活字で印刷されたスキャン文書のみの読み取りとなっており、PDFファイル内の手書き文字は認識されないので注意しましょう。

Officeファイルをファイル内検索する

① Evernoteを起動し、<ノートを検索>をクリックします。

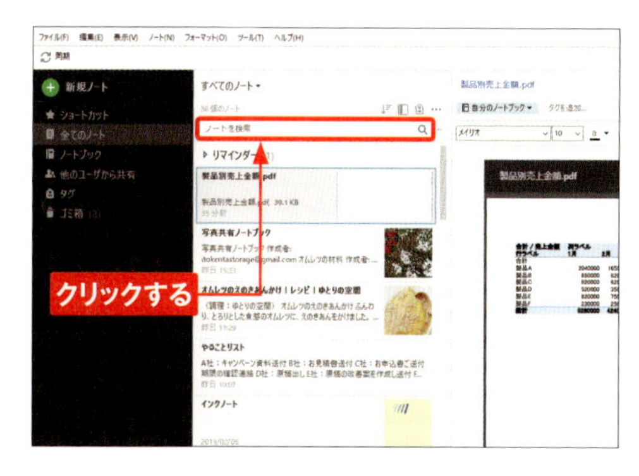

② 検索したいキーワードを入力すると、キーワードが含まれるOfficeファイルが添付されたノートが表示されます。ノートに添付されているOfficeファイルをダブルクリックします。

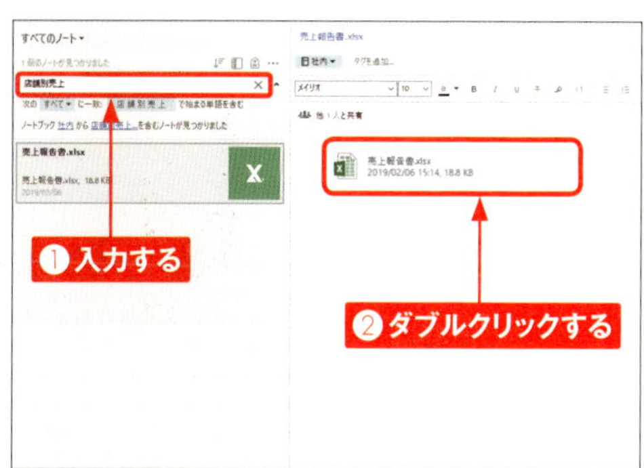

③ Officeファイルが表示され、手順②で入力したキーワードが含まれていることが確認できます。

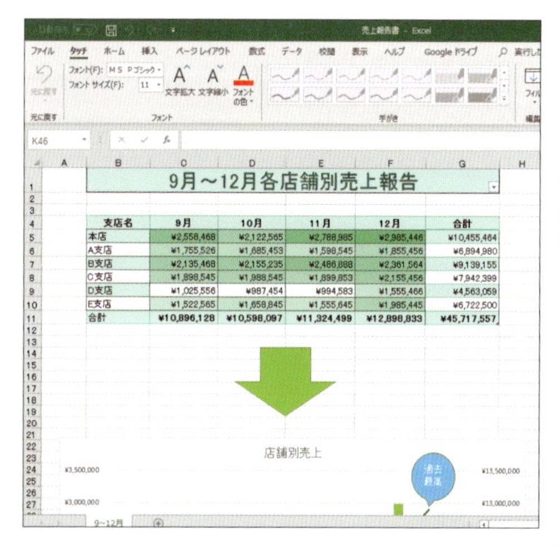

支店名	9月	10月	11月	12月	合計
本店	¥2,558,468	¥2,122,565	¥2,788,985	¥2,985,446	¥10,455,464
A支店	¥1,755,526	¥1,685,453	¥1,598,545	¥1,855,456	¥6,894,980
B支店	¥2,135,468	¥2,155,235	¥2,486,888	¥2,361,564	¥9,139,155
C支店	¥1,898,545	¥1,988,545	¥1,899,853	¥2,155,456	¥7,942,399
D支店	¥1,025,556	¥987,454	¥994,583	¥1,555,466	¥4,563,059
E支店	¥1,522,565	¥1,658,845	¥1,555,645	¥1,985,445	¥6,722,500
合計	¥10,896,128	¥10,598,097	¥11,324,499	¥12,898,833	¥45,717,557

Section 139 メールをEvernoteに送って保存する（有料版）

EvernoteプレミアムまたはEvernote Businessを利用すると、Evernote転送用メールアドレスを使って、普段使っているメールアプリからメールをEvernoteに転送して保存することができます。なお、メールは1日200通まで転送が可能です。

メールをEvernoteに保存する

1. Evernoteを起動し、<ヘルプ>→<アカウントページに移動>の順にクリックします。

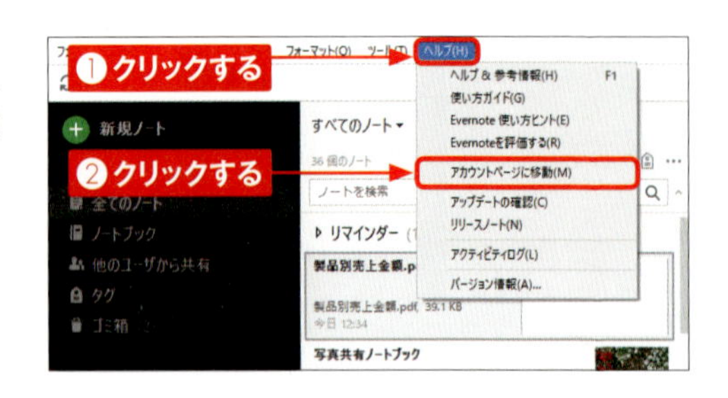

2. Webブラウザで「アカウントの概要」画面が表示されます。下方向にスクロールして、「メールの転送先」のメールアドレスをドラックして右クリックし、<コピー>をクリックします。

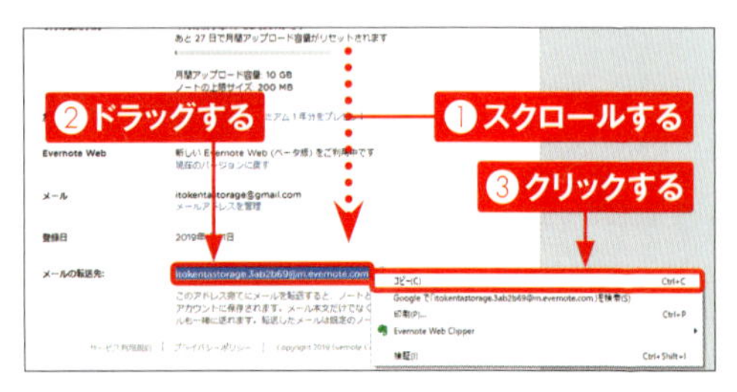

3. メールアプリ（ここでは「Gmail」アプリ）で保存したいメールを表示し、<転送>をクリックします。

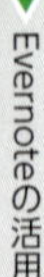

④ 宛先の入力欄を右クリックし、<貼り付け>をクリックします。

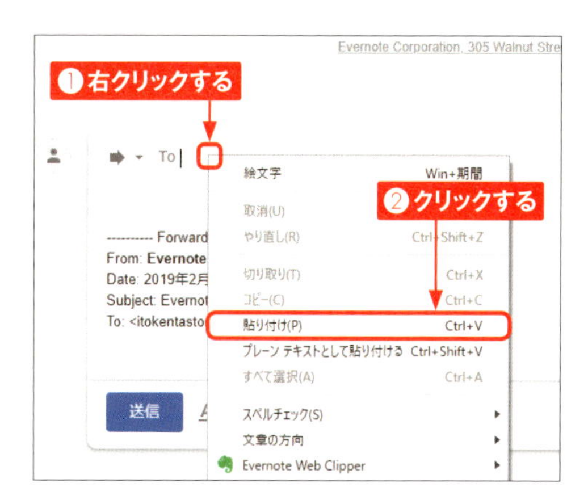

⑤ P.278手順②でコピーしたメールアドレスが貼り付けられていることを確認し、<送信>をクリックします。

⑥ Evernoteを開き、<同期>をクリックすると、転送したメールがノートとして保存されます。

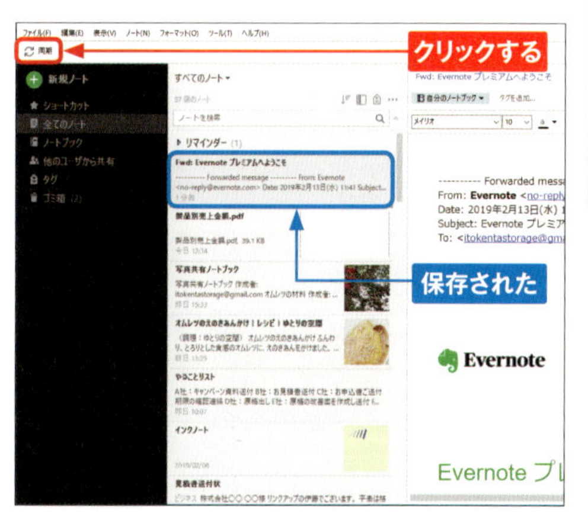

Section 140 名刺を取り込んで管理する（有料版）

スマートフォンのカメラで名刺を撮影し、Evernoteに保存すると、スタック（P.281Memo参照）などを使って効率的に管理することができます。ここでは、名刺の取り込み方法と管理する方法を解説します。

名刺を取り込む

1 スマートフォン版Evernoteを起動して、＋をタップ（iPhoneの場合は長押し）し、＜カメラ＞（iPhoneの場合は＜写真＞）をタップします。

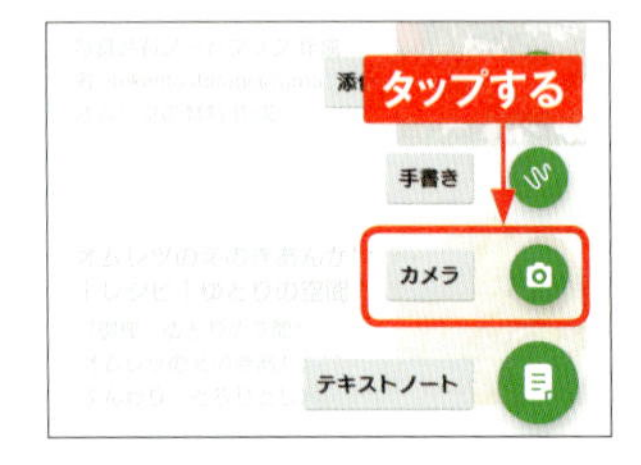

2 カメラが起動したら、名刺を画面に写すと、「撮影中」と表示されるので、そのまま待ちます。iPhoneの場合は撮影が完了したら、画面下部のサムネイルをタップして、P.281手順⑤に進みます。

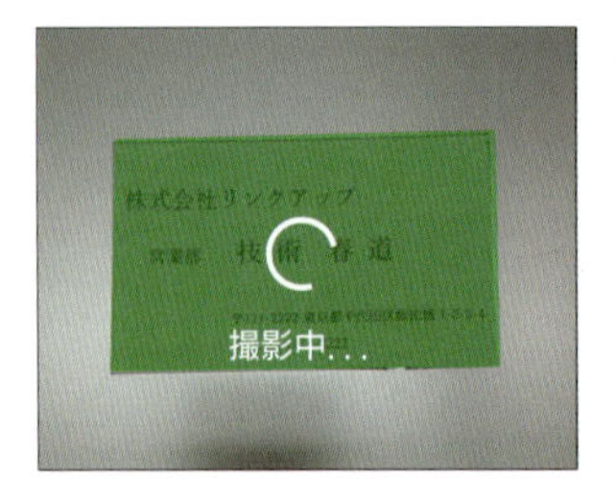

3 「名刺スキャンをさらに便利にする連絡先情報」画面が表示されたら、＜リクエスト＞をタップします。

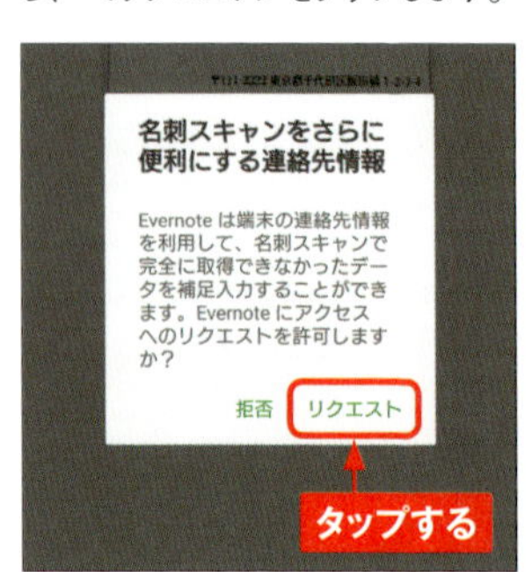

4 連絡先へのアクセス許可が求められたら、＜許可＞をタップします。

5 撮影が完了すると、名刺に記載されているデータが自動で読み取られるので、間違って読み取られた項目があれば修正し、<保存>をタップします。

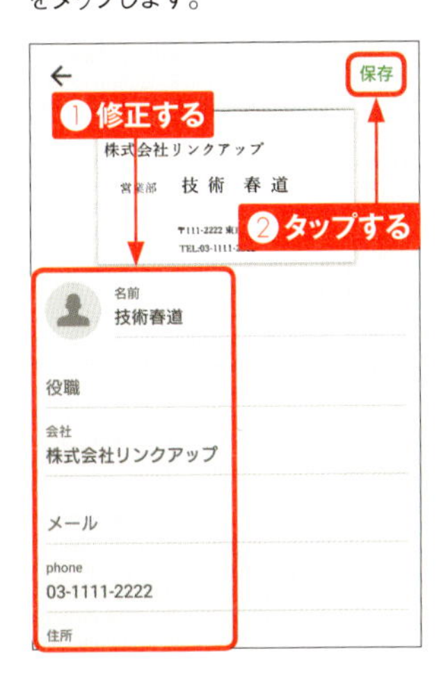

6 保存が完了します。<完了>をタップして終了します。

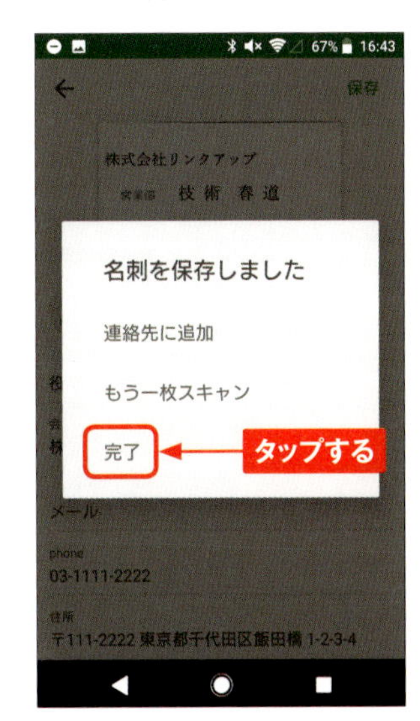

名刺を管理する

名刺情報を保存したノートブックはスタックして、ひとまとめにしておくとよいでしょう。

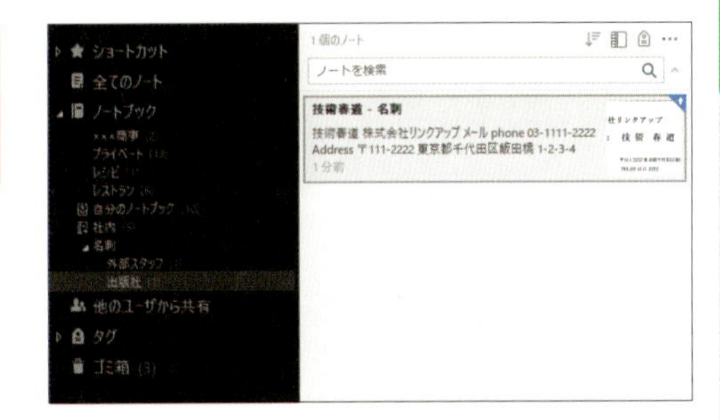

Memo スタックを作成する

「スタック」とは、同じトピックやテーマの内容を持つノートブックをグループ化し、まとめられる機能です。スタックを作成したい場合は、1つのノートブックを別のノートブックにドラッグ&ドロップします。新しいスタックが作成されたら、右クリックして<名前を変更>をクリックし、任意の名前を入力します。スタックは複数作成ができるので、ノートブックの整理するときに活用しましょう。

Section 141 2段階認証でセキュリティを強化する

「2段階認証」を設定すると、Evernoteにログインする際に認証コードが求められます。Evernoteに個人情報などを保存している場合は、セキュリティを強化するためにも2段階認証を設定しておくと安心です。

2段階認証の設定を行う

1 Web版Evernoteで左上のアイコンをクリックし、<設定>をクリックします。

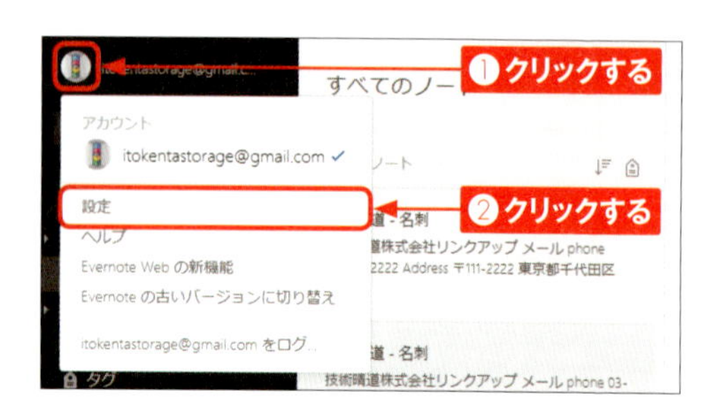

2 <セキュリティ概要>をクリックし、「2段階認証」の<有効化>をクリックします。「2段階認証」画面が表示されたら、<続ける>をクリックします。

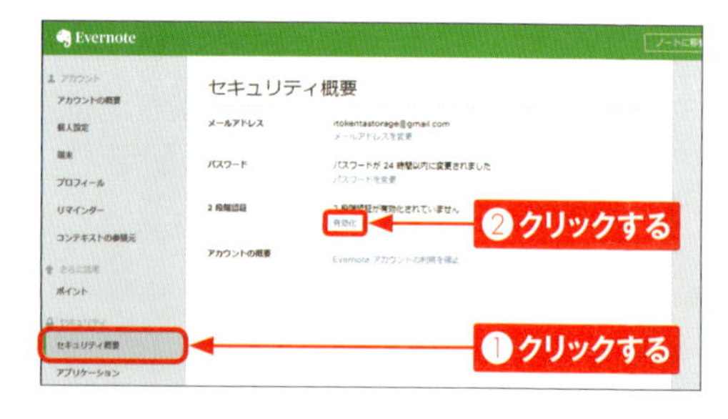

3 「重要事項」画面が表示されたら、<続ける>をクリックし、<確認用Eメールを送信する>をクリックします。

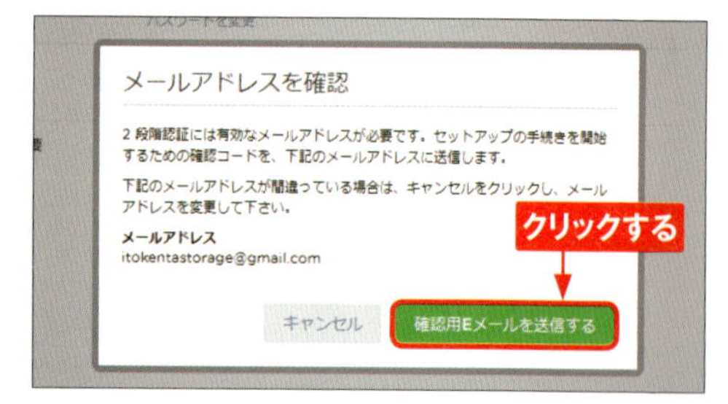

④ Evernoteアカウントのメールアドレスに確認コード付きのメールが送信されます。

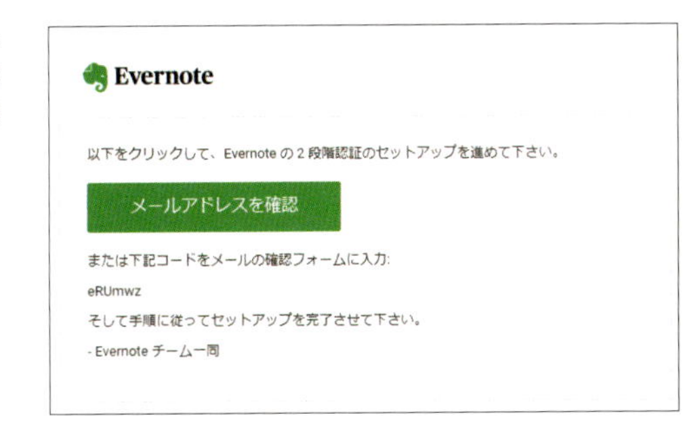

⑤ メールに記載されている確認コードを入力して、<続ける>をクリックします。

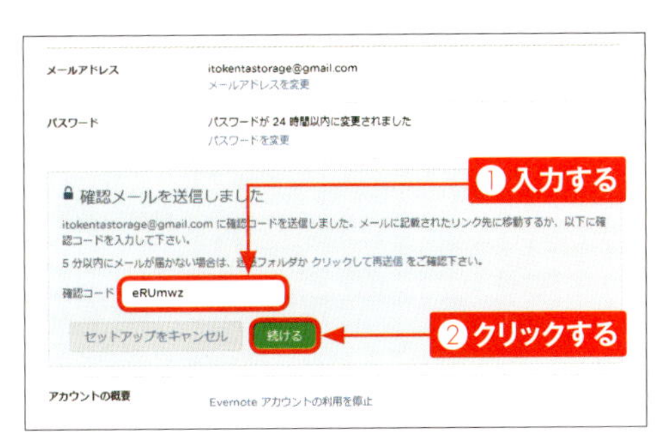

⑥ 携帯電話番号を入力し、<続ける>をクリックします。

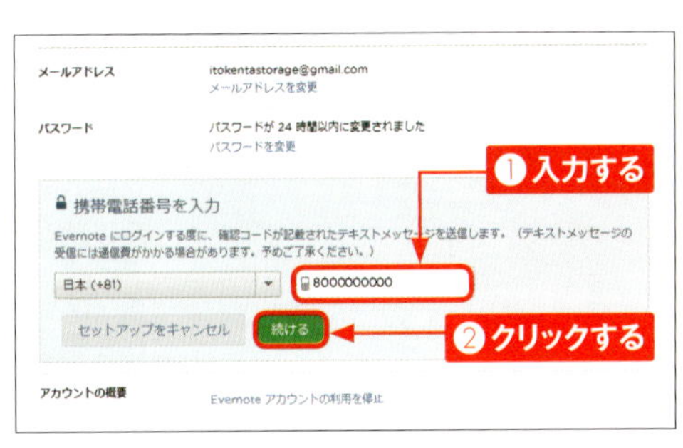

⑦ 携帯電話番号宛てに確認コード付きのテキストメッセージが送信されます。メッセージに記載されている確認コードを入力し、<続ける>をクリックします。

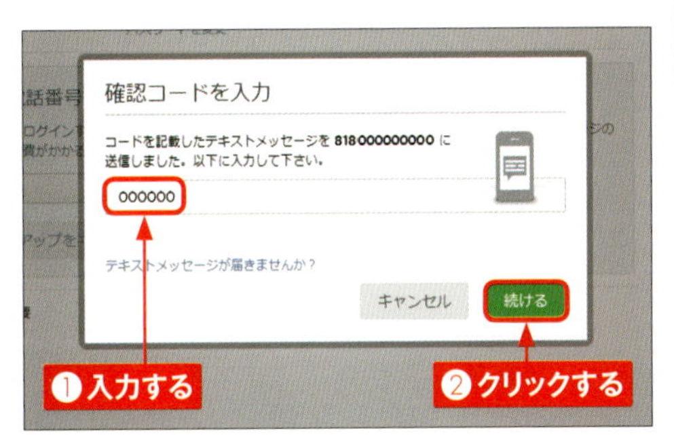

8 任意で、バックアップ用の電話番号を設定できます。ここでは、＜スキップ＞をクリックします。

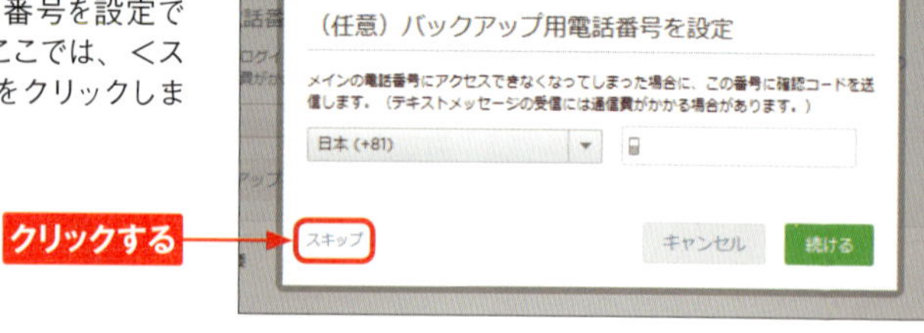

9 説明に従って、「Google認証システム」アプリをスマートフォンにインストールします。アプリをインストールした機種（ここでは＜Androidで続行＞）をクリックします。

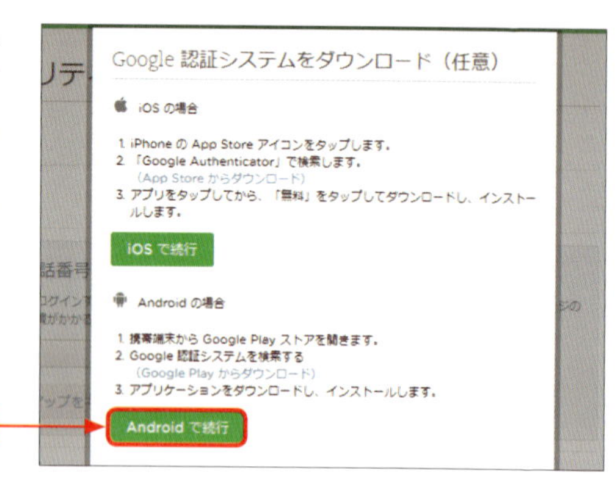

10 Google認証システムを設定するためのQRコードが表示されます。

11 手順⑨で選んだ機種で「Google認証システム」アプリのアイコンをタップして、Google認証システムを起動します。＜開始＞→＜スキップ＞→＜許可＞の順にクリックし、＜バーコードをスキャン＞をクリックして、パソコン画面のQRコードを読み取ります。

アカウントの追加

次のいずれかの方法を選択してアカウントを追加できます。

バーコードをスキャン ← クリックする

提供されたキーを入力

⑫ 6ケタの確認コードが表示されます。

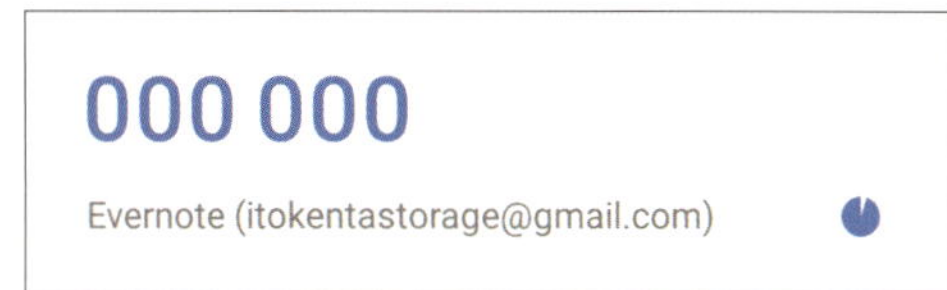

⑬ 手順⑫で表示された確認コードを確認画面に入力し、<続ける>をクリックします。

⑭ バックアップコードが4種類、表示されます。<続ける>をクリックします。

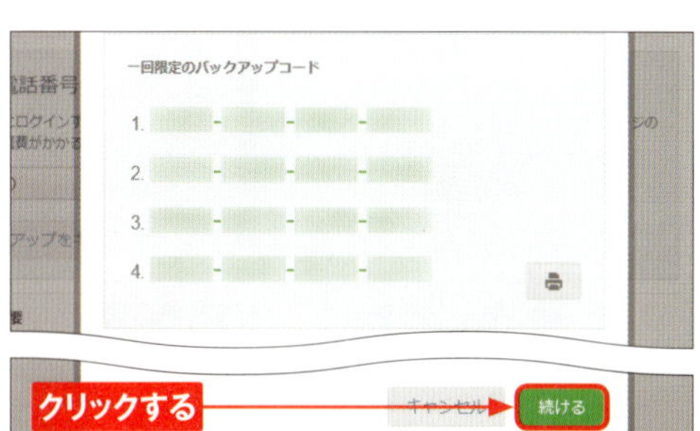

⑮ 手順⑭で表示されたバックアップコード4種類のうち、いずれかを入力し、<セットアップを完了>をクリックします。バックアップコードが認識されたら<完了>をクリックします。

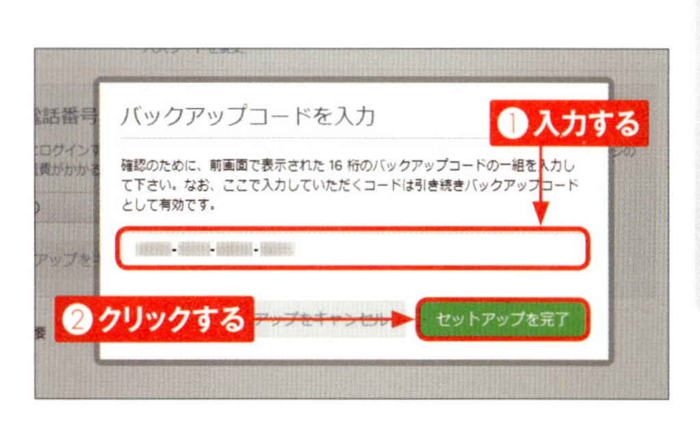

⑯ 2段階認証が有効化されます。

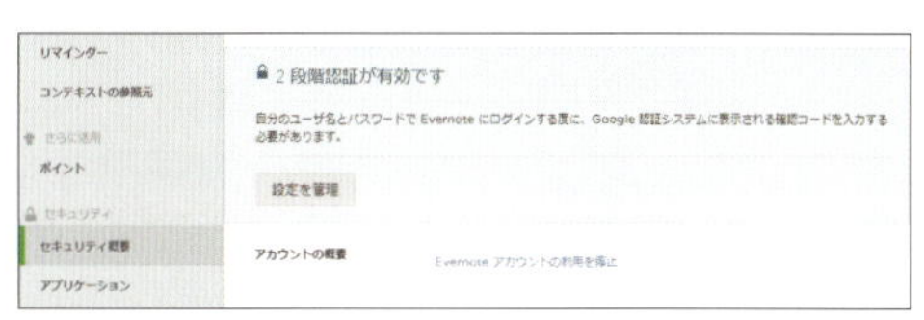

第9章 Evernoteの活用

Section 142 パスワードを変更する

アカウント登録時に設定したパスワードは、変更することができます。現在設定中のパスワードを変更したい場合のほか、パスワード変更を促すメールを受信した場合などは、パスワードの変更を行いましょう。

パスワードを変更する

1 Web版Evernoteで左上のアイコンをクリックし、＜設定＞をクリックします。

2 ＜セキュリティ概要＞をクリックし、「パスワード」の＜パスワードを変更＞をクリックします。

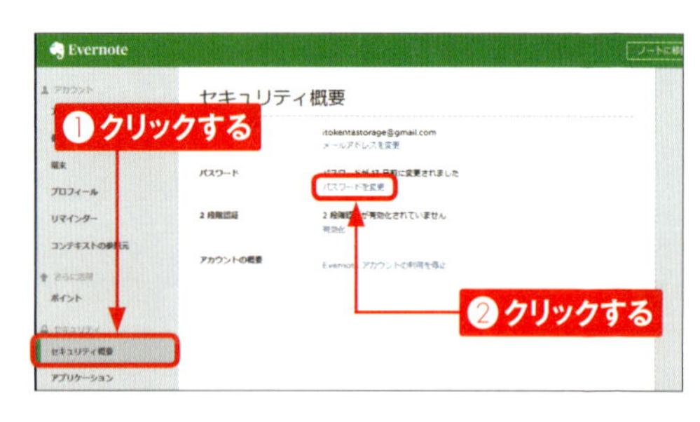

3 現在設定中のパスワードと、新しいパスワードを2回入力し、＜アップデート＞→＜OK＞の順にクリックすると、パスワードが変更されます。

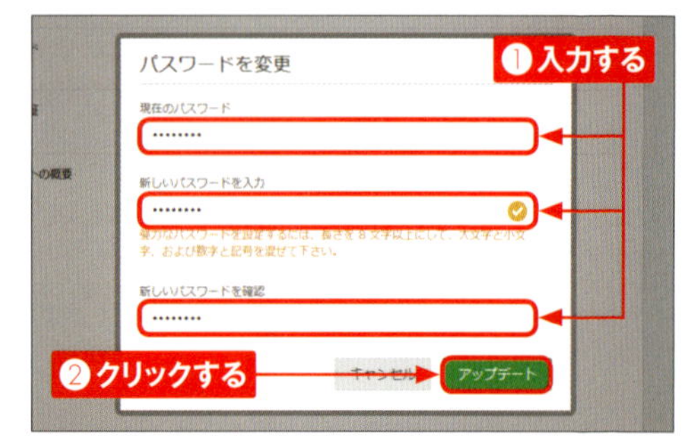

付録 1

iPhone、iPadでクラウドストレージサービスを利用する

Section 143

iCloudと「ファイル」アプリを設定する

iOSデバイスには、「ファイル」アプリが標準アプリとしてインストールされています。「ファイル」アプリは、クラウドストレージサービスを利用することや、iCloud Driveにファイルを保存することができます。

「ファイル」アプリを設定する

あらかじめApple Storeから追加したいクラウドストレージサービスのアプリをインストールしておきます。

1 ホーム画面で<ファイル>をタップして起動します。

2 <ブラウズ>をタップし、<編集>をタップします。

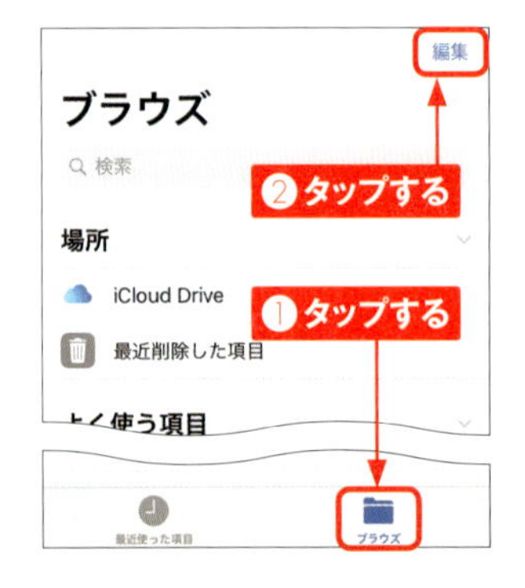

3 インストールしてあるクラウドストレージサービスのアプリが表示されます。

4 追加したいクラウドストレージサービスの をタップして にします。追加が完了したら、<完了>をタップします。

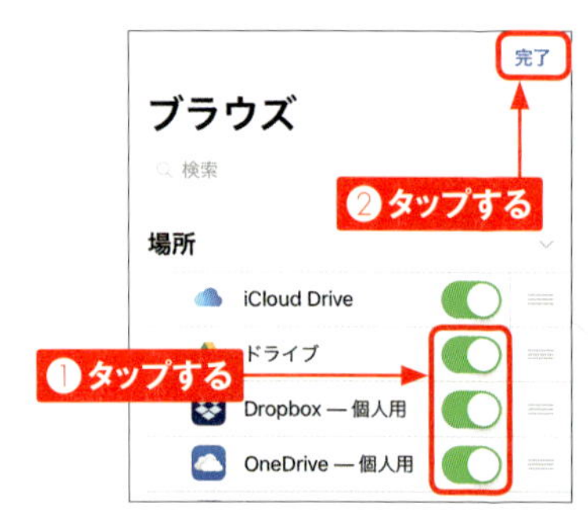

iCloud Driveにファイルを保存する

1 ホーム画面から＜設定＞をタップし、＜（Apple IDの名前）＞→＜iCloud＞の順にタップします。「iCloud Drive」の をタップして、 にします。

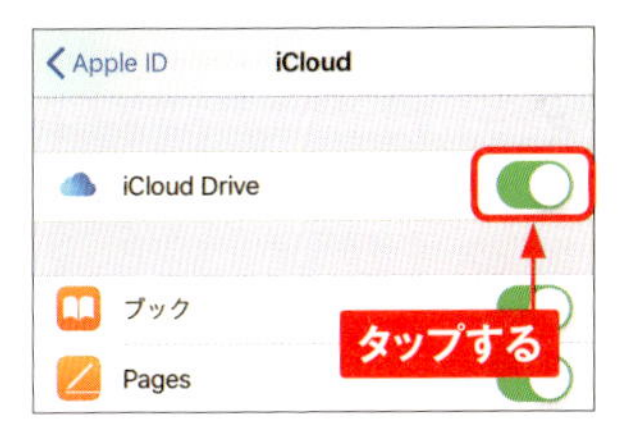

2 P.288手順①を参考に「ファイル」アプリを起動し、＜ブラウズ＞をタップしたら、クラウドストレージサービス（ここでは＜ドライブ＞）をタップします。

3 iCloud Driveに保存したいファイルをタッチし、＜移動＞をタップします。

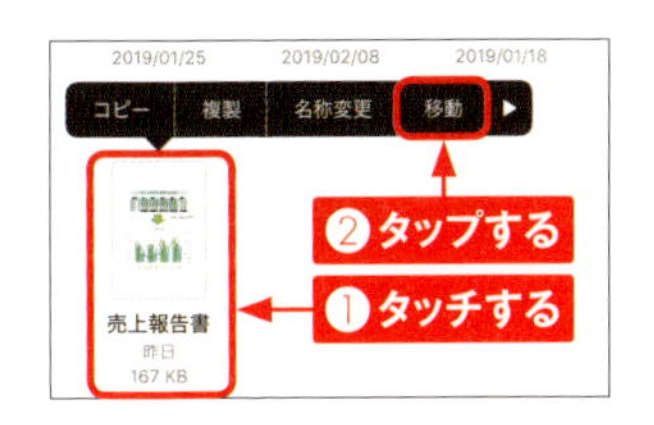

4 ＜iCloud Drive＞をタップし、＜コピー＞をタップします。

5 手順②の画面で＜iCloud Drive＞をタップすると、ファイルがiCloud Driveに保存されていることが確認できます。

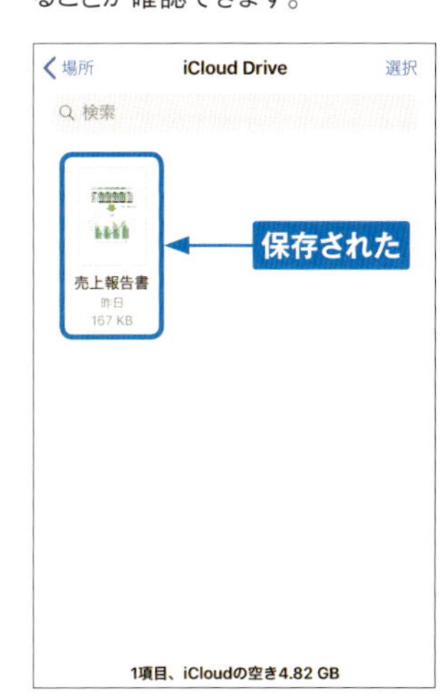

Section 144 「ファイル」アプリからクラウドストレージサービスを利用する

「ファイル」アプリの設定をしたら、クラウドストレージサービスを利用してみましょう。iCloud Driveに限らず、複数のクラウドストレージサービスのファイルを利用できます。

ファイルを開く／編集する

1 P.288手順①を参考に「ファイル」アプリを起動し、<ブラウズ>をタップして、クラウドストレージサービス（ここでは<ドライブ>）をタップします。

2 編集したいファイルをタップします。

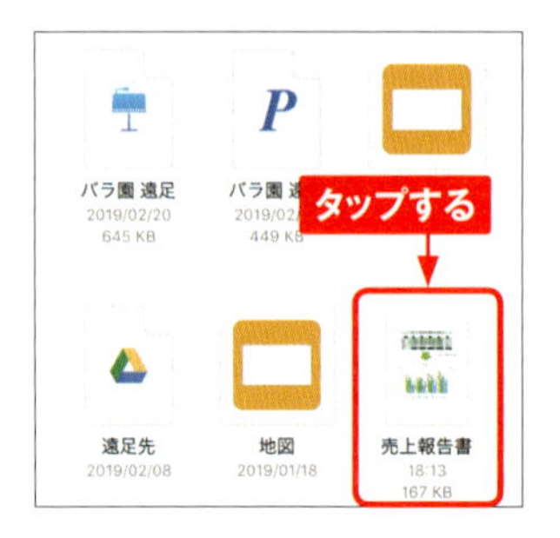

3 ファイルが開きます。

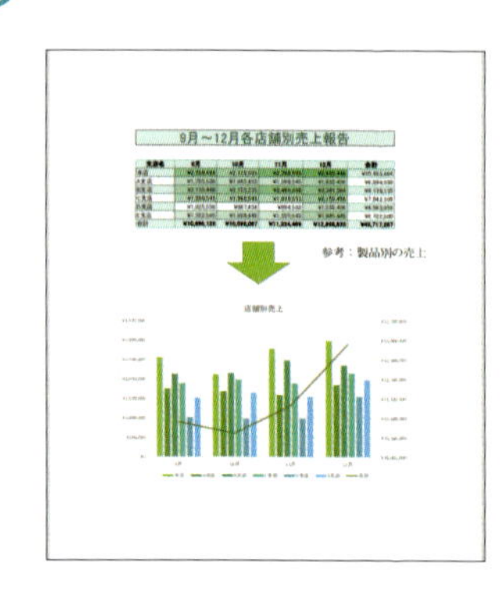

4 画面をタップして、<完了>をタップすると、手順②の画面に戻ります。

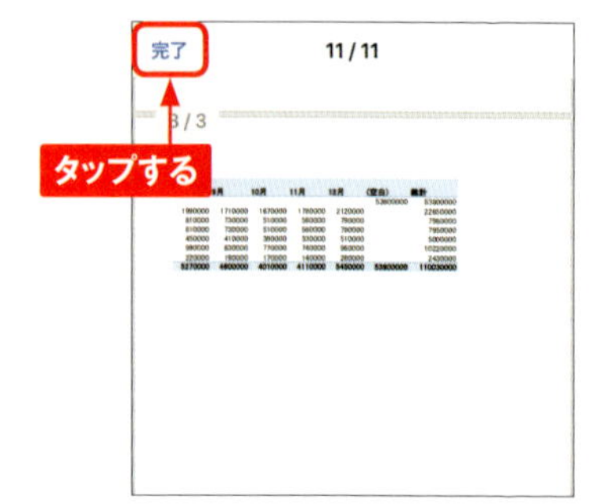

フォルダを作成する

1. P.290手順①を参考に、任意のクラウドストレージサービスをタップし、📁をタップします。

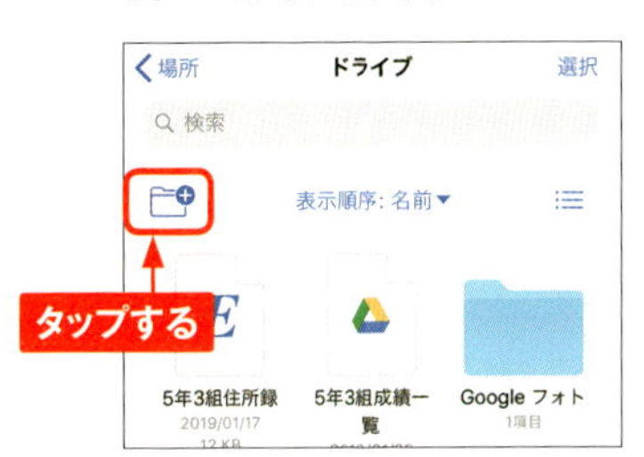

2. 「新規フォルダ」画面が表示されたら、任意のフォルダ名を入力し、<完了>をタップします。

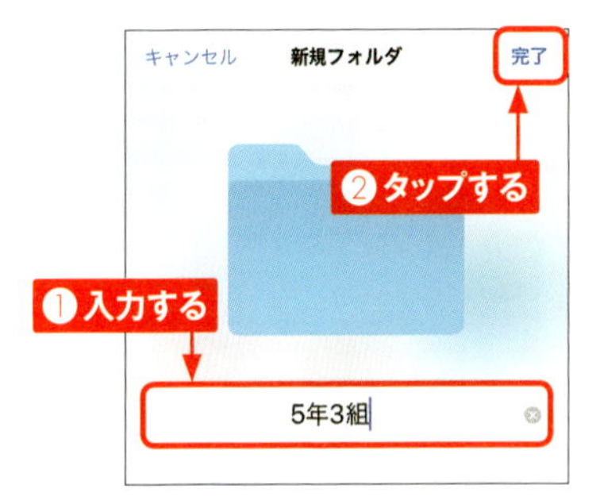

3. フォルダが作成されます。

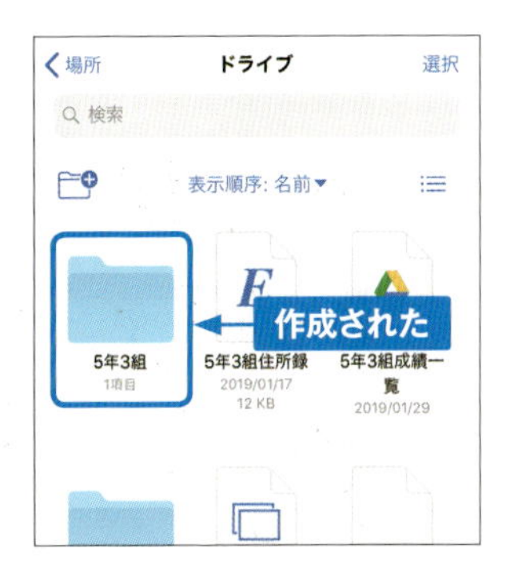

4. 作成したフォルダにファイルを移動したい場合は、移動したいファイルをロングタッチし、作成したフォルダにドラッグ&ドロップします。

Memo ファイルを削除する

「ファイル」アプリでファイルを削除したい場合は、手順①の画面で<選択>をタップして、削除したいファイルを選択し、🗑をタップすると削除されます。なお、削除したファイルは、「最近削除した項目」内に移動されます。復元したい場合は、<選択>→復元したいファイル→<復元>の順にタップして復元します。

Section 145 iWork系アプリでOfficeファイルを編集する

「iWork」とは、Officeとの互換性がある、「Pages」「Numbers」「Keynote」の3つのiOSのアプリです。なお、iOS 10以降でストレージ容量が32GB以上のiOSデバイスには、標準アプリとしてインストールされています。

iWork系アプリの種類

Pages

Pages（ページズ）は、シンプルな文書作成アプリです。Microsoft Wordのファイルを読み込むときに利用します。操作方法も、Microsoft Wordとほとんど変わらず利用できます。

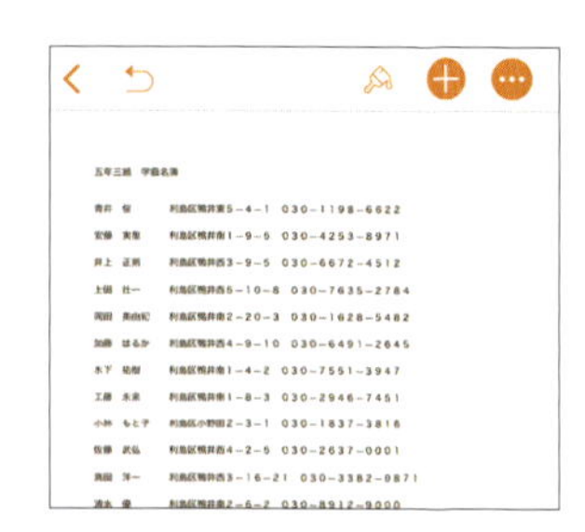

Numbers

Numbers（ナンバーズ）は、シンプルな表計算アプリです。 Microsoft Excelのファイルを読み込むときに利用します。複雑な操作（VBAやマクロなど）を行う際は、Microsoft Excelを推奨しますが、かんたんな表計算ならNumbersでも問題なく利用できます。

Keynote

Keynote（キーノート）は、かんたんなスライドを作成し、プレゼンテーションが行えるアプリです。Microsoft PowerPointのファイルを読み込むときに利用します。Microsoft PowerPointにはないテンプレートが用意されているので、普段とは違った雰囲気のスライドが作成できます。

iWork系アプリでOfficeファイルを編集する

ここでは、例として「Pages」アプリの操作方法を解説します。アプリがインストールされていない場合は、あらかじめApple Storeから「Pages」アプリをインストールしておきます。

1. ホーム画面から「Pages」アプリをタップして起動し、＜続ける＞→＜書類＞の順にタップします。

2. ＜ブラウズ＞をタップして、任意のクラウドストレージサービス（ここでは＜OneDrive＞）をタップします。

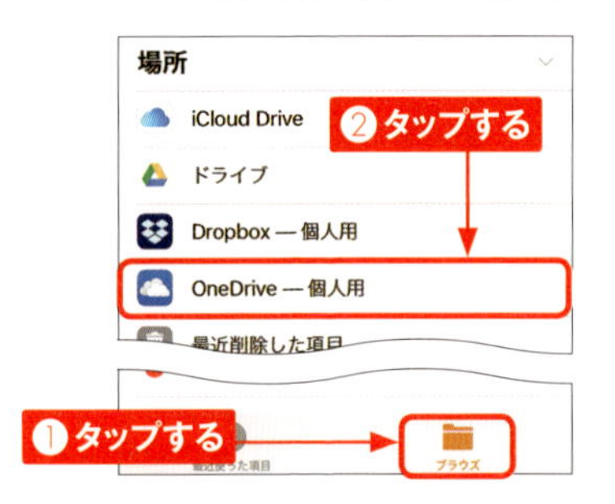

3. 編集したいOfficeファイル（ここではWordファイル）をタップします。

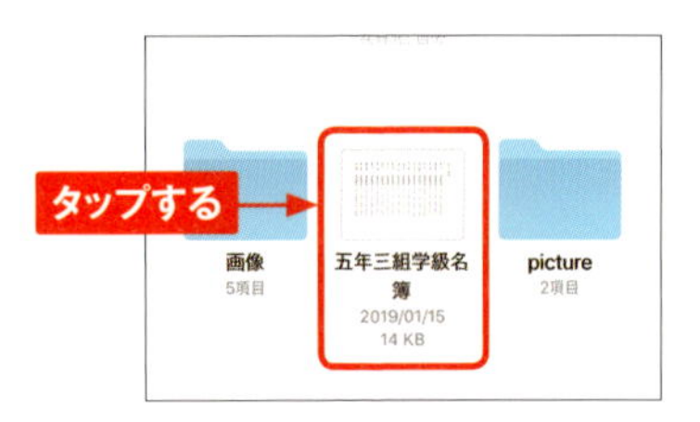

4. 「読み込みの詳細」画面が表示された場合は、＜完了＞をタップします。ファイルが表示されます。

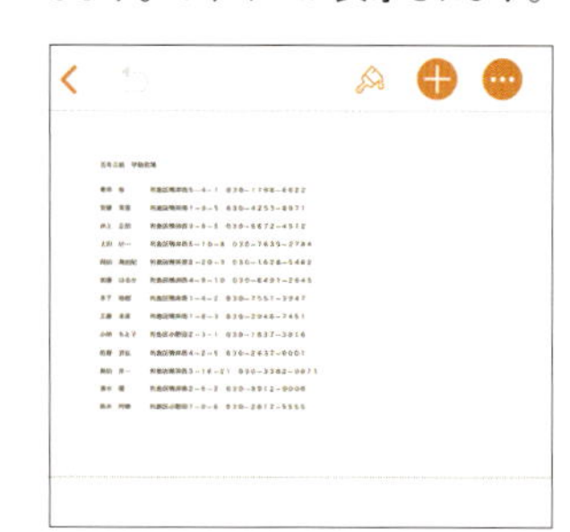

5. 編集したい箇所をタップして編集を行います。編集が完了したら、＜完了＞をタップします。

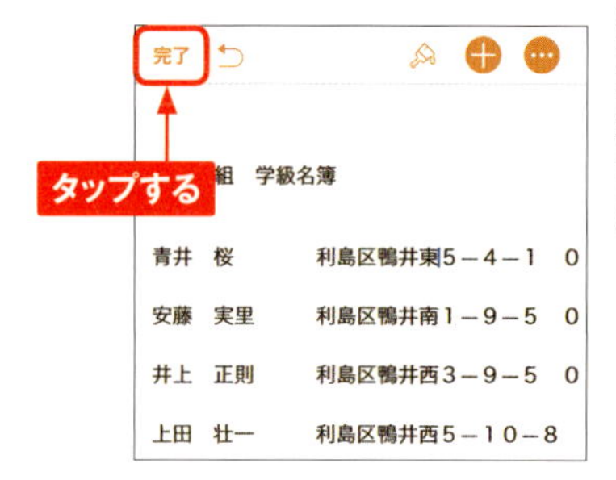

6. ＜をタップすると、手順③の画面に戻ります。

Section 146

「メモ」アプリや「ブック」アプリでPDFファイルを読む

iPhoneやiPadでPDFファイルを開く際は、「メモ」アプリや「ブック」アプリを利用します。2つのアプリは標準アプリです。ここでは、iPhoneやiPadでPDFファイルを利用する方法を解説します。

PDFファイルを読む

① P.288手順①を参考に「ファイル」アプリを起動し、クラウドストレージサービスをタップして、<選択>をタップします。

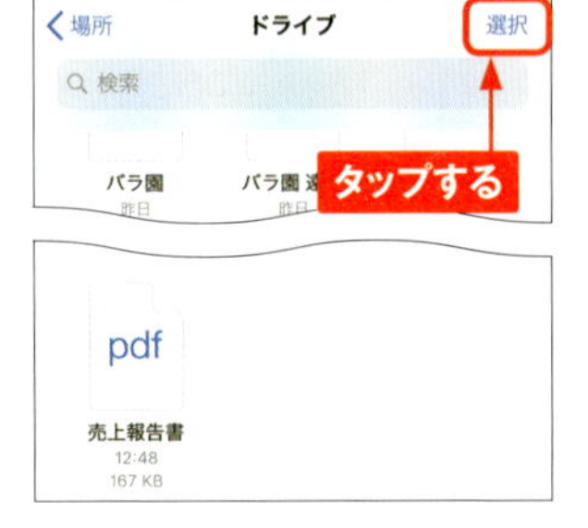

② 読みたいPDFファイルをタップして選択し、⇧をタップします。

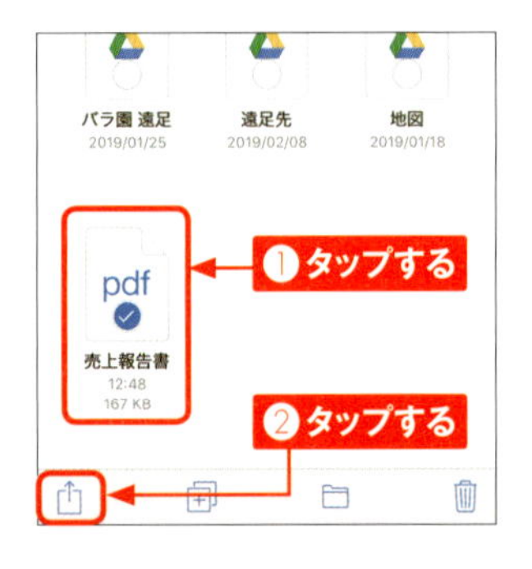

③ PDFファイルを開くアプリ（ここでは<"ブック"で開く>）をタップします。「メモ」アプリで開きたい場合は、<メモに追加>→<保存>の順にタップし、「メモ」アプリが起動したら、<続ける>をタップします。

④ 「ブック」アプリが起動して、<スキップ>→<続ける>の順にタップすると、PDFファイルを読むことができます。

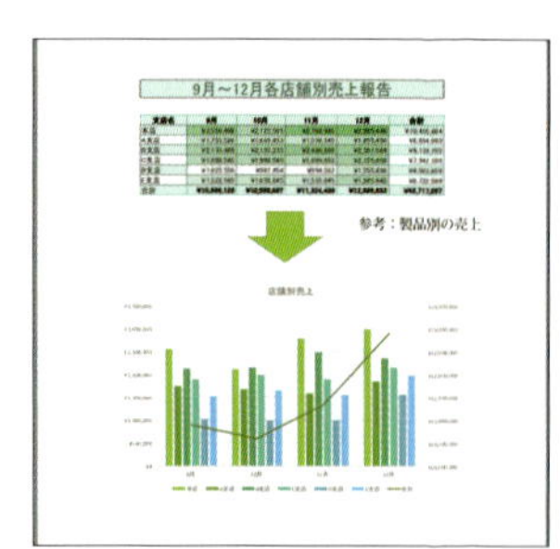

PDFファイルに書き込みを入れる

① P.294を参考にPDFファイルを開いたら、画面をタップします。

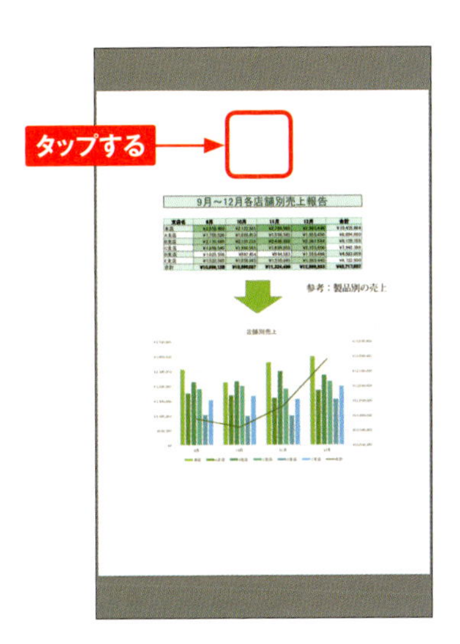

② 画面上部にメニューが表示されるので、Ⓐをタップします。

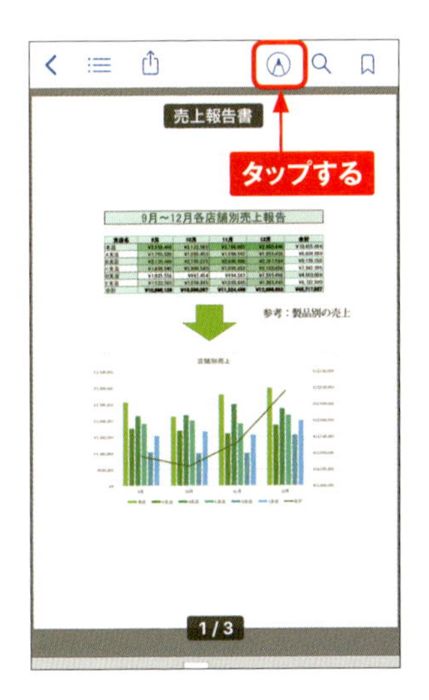

③ ペンツールが表示されるので、ペンやカラーなどを選択し、ドラッグして書き込みを入れます。左上の＜をタップすると、書き込み内容が保存されます。

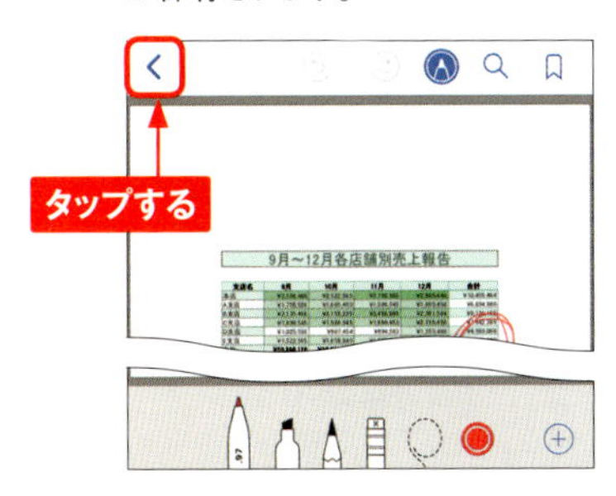

Memo 「メモ」アプリで書き込みを入れる

「メモ」アプリで書き込みを入れたい場合は、PDFファイルが添付されているメモを表示して、メモに貼り付けられているPDFファイルをタップします。画面右上のⒶをタップして、ペンやカラーなどを選択し、ドラッグして書き込みを入れます。書き込みが完了したら、<完了>をタップすると、書き込み内容が保存されます。

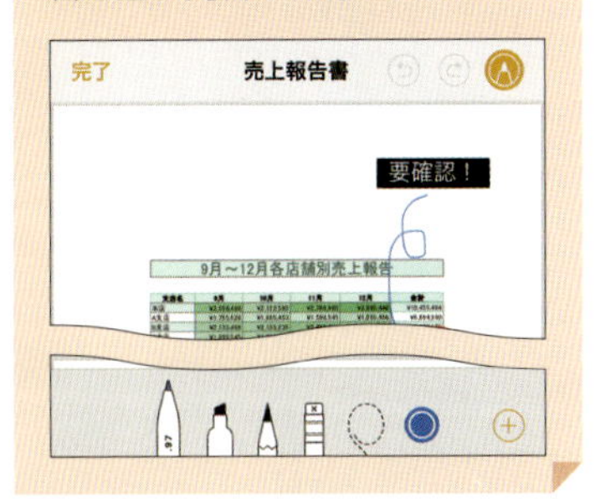

パソコンにiCloudをインストールする

Appleのデバイスどうしではi Cloudが標準のサービスとなっていますが、iOSデバイスでWindowsパソコンとファイルのやり取りをしたい場合は、WindowsパソコンにiCloudをインストールしましょう。

Windowsパソコンにi Cloudをインストールする

① WindowsパソコンでWebブラウザ（ここでは、Microsoft Edge）を起動し、「https://support.apple.com/ja-jp/HT204283」にアクセスして、＜ダウンロード＞をクリックします。

Windows 用 iCloud をダウンロードする

クリックする

ダウンロード

② ＜実行＞→＜実行＞の順にクリックします。

③ ダウンロードが完了すると、「使用許諾契約」画面が表示されるので、内容を確認し、＜使用許諾契約書に同意します＞をクリックして、＜インストール＞→＜はい＞の順にクリックします。以降は、画面の指示に従ってインストールを完了させます。

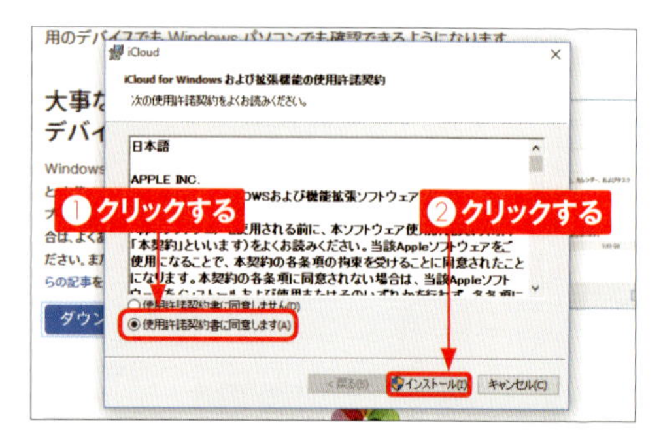

Appendix

付録 2

クラウドストレージサービスの連携

Section 148 クラウドストレージサービスの連携

複数のクラウドストレージサービスを連携させておけば、相手と使用しているクラウドストレージサービスが異なる場合でも、ファイルの閲覧や編集、バックアップなどが行うことができます。

クラウドストレージサービスの連携とは

本書では、「Dropbox」「Google Drive」「OneDrive」「Evernote」の4大クラウドストレージサービスを紹介していますが、人によって使用しているクラウドストレージサービスは異なります。相手から送られてきたファイルをほかのクラウドストレージサービスで開きたいとき、一度ダウンロードして再度アップロードするという作業は手間がかかります。P.300で解説している「IFTTT」を利用すると、複数のクラウドストレージサービスを自動的に連携させることができます。連携の設定を行うと、写真やファイルなどが1ヶ所で管理可能になり、時間と手間が大幅に節約されます。また、バックアップの代わりにもなるので、より安心してクラウドストレージサービスを利用できます。

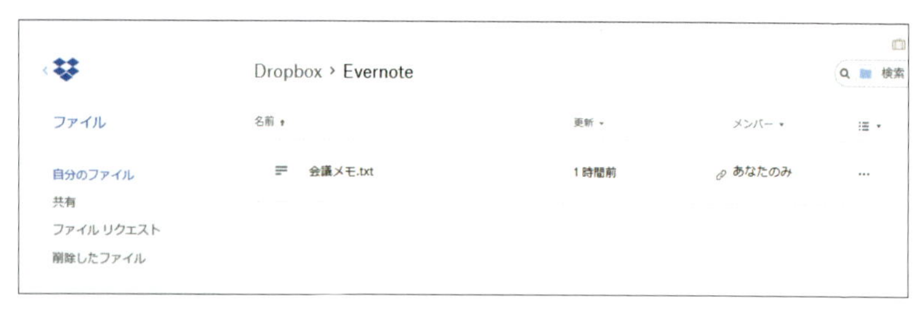

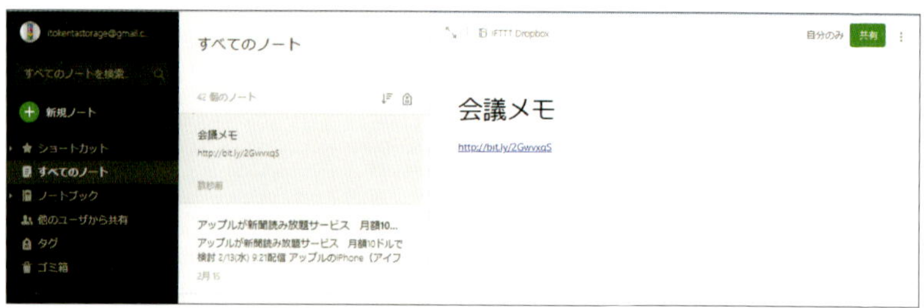

クラウドストレージサービスの連携を行うと、ファイルなどをアップロードした際に自動で同期されます。

クラウドストレージサービスを連携するメリット

●ファイルや写真が1つのクラウドストレージサービスで管理可能

連携を行うと、ファイルや写真がほかのクラウドストレージサービスに自動で転送されるので、手動で移動させる手間が省けます。

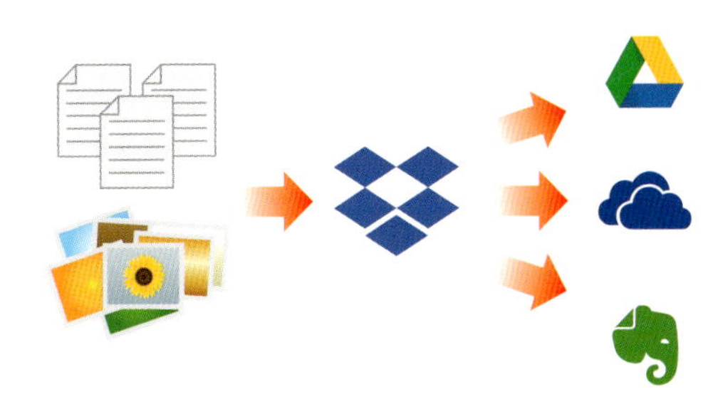

●異なるクラウドストレージサービスでも閲覧／編集が可能

会社のパソコンと自宅のパソコンで使用しているクラウドストレージサービスが異なる場合や、いつも使用しているクラウドストレージサービスがトラブルで使用できなくなった場合でも、連携しておけば自動で同期されるので、いつでも閲覧や編集が可能です。

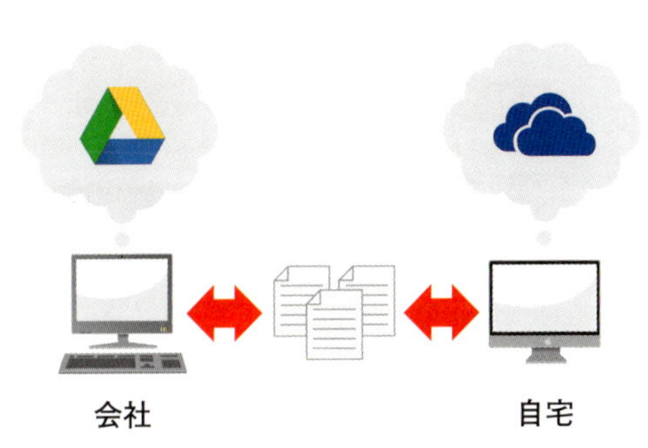

●バックアップの作成で編集や削除が行いやすくなる

ほかのクラウドストレージサービスにバックアップを作成しておくと、ファイルを間違えて削除してしまったときや、一方のクラウドストレージサービスのファイルが壊れてしまったときでも、もとの状態に戻すことができます。

IFTTTでクラウドストレージサービスを自動連携する

IFTTTでは対応しているWebサービス間の組み合わせ（レシピ）によってさまざまな連携が可能です。クラウドストレージサービス間で連携することで、今まで手動で行っていたバックアップの作成などをIFTTTが自動で行ってくれます。

IFTTTでできること

IFTTTは、クラウドストレージサービスやSNS、メールアプリなどのWebサービスを自動的に連携することができるWebサービスです。「レシピ」を作成することで、今まで手動で行っていたクラウドストレージサービス間のバックアップの作成などがかんたんにできます。なお、2019年4月現在、IFTTTは英語表記にしか対応していません。

Dropboxで
データを保存する

レシピ

IFTTTに登録された
レシピが自動で実行される

アクション

Evernoteに
データが転送される

●レシピ

「レシピ」とは、Webサービス間の連携設定のことです。「トリガー」にあたるWebサービスの処理が実行されることで、「アクション」に指定されたWebサービスの処理が自動的に行われます。たとえば、「Dropboxに保存したデータをEvernoteに転送する」というレシピを登録すると、「Dropboxでデータを保存する」という操作（トリガー）を行うことで、「Dropboxに保存したデータがEvernoteに自動的に転送される」という操作（アクション）が自動的に実行されるようにIFTTTが設定されます。

●トリガー

「トリガー」とは、指定したWebサービスで行う処理のことです。たとえば、「Dropboxに保存したデータをEvernoteに転送する」という「レシピ」の場合、「Dropboxにデータを保存する」という処理が「トリガー」にあたります。

●アクション

「アクション」とは、「トリガー」に指定したWebサービスで行われた処理によって自動的に別のWebサービスで実行される処理のことです。たとえば、「Dropboxに保存したデータをEvernoteに転送する」という「レシピ」の場合、「Evernoteにデータを転送する」という処理が「アクション」にあたります。

IFTTTでクラウドストレージサービス間の連携を行う

① パソコンのWebブラウザでIFTTTのWebサイト（https://ifttt.com/）にアクセスして、<Sign up>をクリックします。

② <Continue with Google>をクリックし、任意のGoogleアカウントをクリックして、サインインします。

3 検索ボックスに連携したいクラウドストレージサービスを2つ（ここでは「Dropbox Evernote」）入力し、Enter を押します。

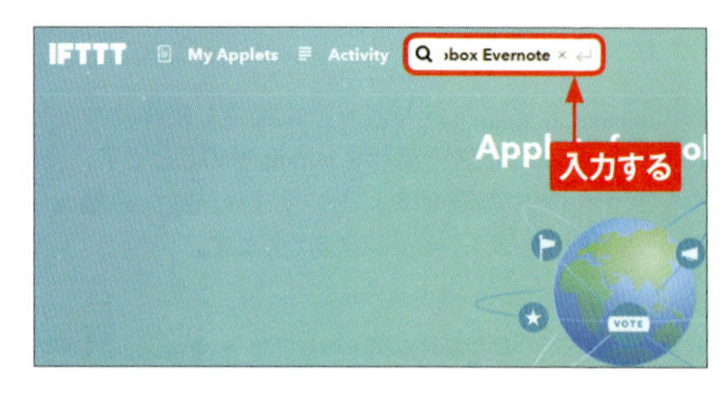

4 検索結果が表示されます。手順③で選択した2つのクラウドストレージサービス間で行いたいレシピ（ここでは＜IF New File in Dropbox, THEN create Evernote note for file.＞（Dropboxに新しいファイルを保存した場合、Evernoteにデータが転送され、ノートが作成される））をクリックします。

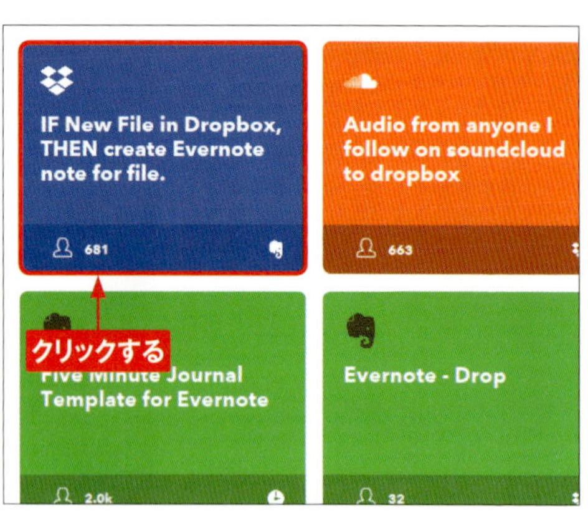

5 ＜Turn on＞をクリックします。

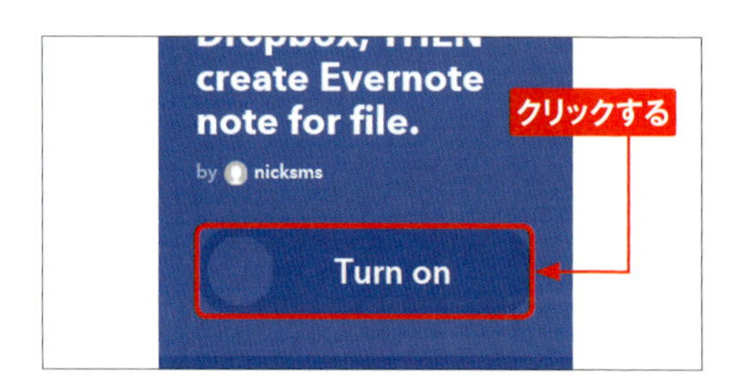

6 「Subfolder name」に任意のフォルダ名（ここでは「/Evernote」）と入力し、下方向にスクロールします。

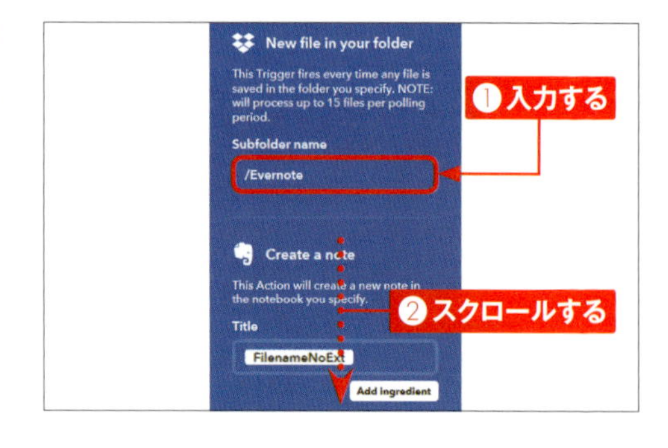

7 「Notebook（optional）」に任意のノートブック名を入力し、「Tags（optional）」に任意のタグを入力したら、<Save>をクリックすると、レシピが作成されます。

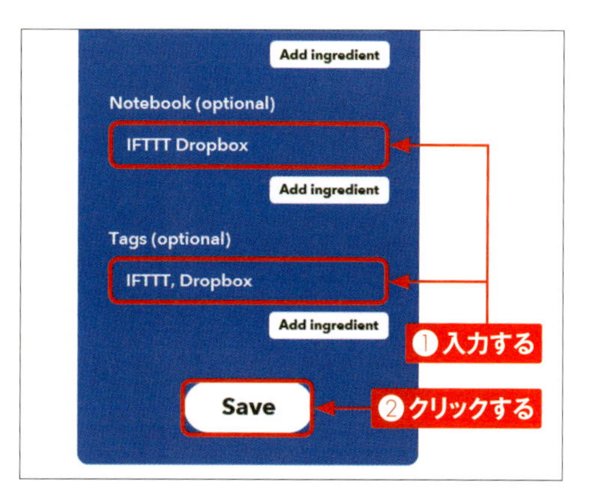

自動連携されたかを確認する

1 Web版Dropboxを表示します。P.302手順⑥で設定したフォルダに新しいファイルを保存します。

2 Web版Evernoteを表示します。Dropboxに保存したファイルのリンクがEvernoteに転送されたことが確認できます。リンクをクリックすると、ファイルが表示されます。

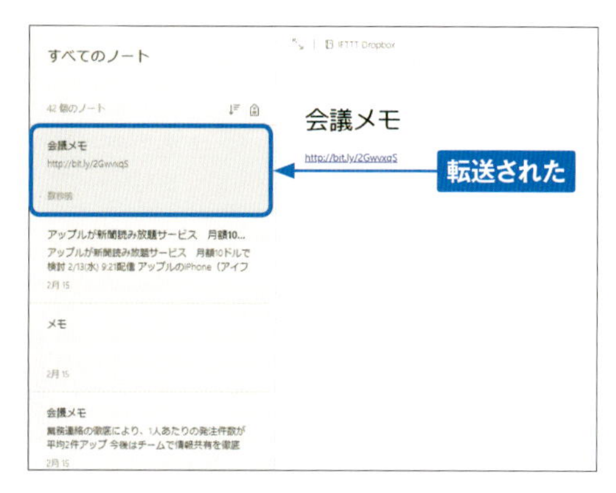

Dropboxに保存したファイルをOneDriveにも保存する

IFTTTでは、レシピを自分で作成することができます。ここでは、「ファイルが保存された場合、別のクラウドストレージサービスにもそのファイルを追加する」というレシピを作成してみます。

レシピを作成する

1 WebブラウザでIFTTTのサイトにアクセスして▼をクリックし、<New Applet>をクリックします。

2 <this>をクリックします。

3 「Dropbox」と入力して検索し、<Dropbox>をクリックします。「Connect（ストレージサービス）」画面が表示された場合は、各クラウドストレージサービスの指示に従ってIFTTTとクラウドストレージサービスをリンクさせます。

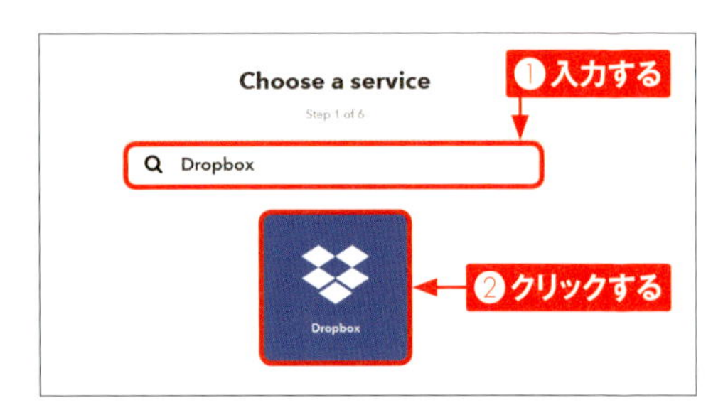

4 「Choose trigger」画面が表示されます。<New file in your folder>（指定のフォルダに新しいファイルが保存された場合）をクリックします。

5 「Subfolder name」に指定のフォルダ名（ここでは「IFTTT」）を入力し、<Create trigger>をクリックします。

6 <that>をクリックします。

付録2 クラウドストレージサービスの連携

7 「OneDrive」と入力して検索し、<One Drive>をクリックします。「Connect（ストレージサービス）」画面が表示された場合は、各クラウドストレージサービスの指示に従ってIFTTTとクラウドストレージサービスをリンクさせます。

8 「Choose action」画面が表示されます。ここでは<Add file from URL>（URLからファイルを追加する）をクリックします。

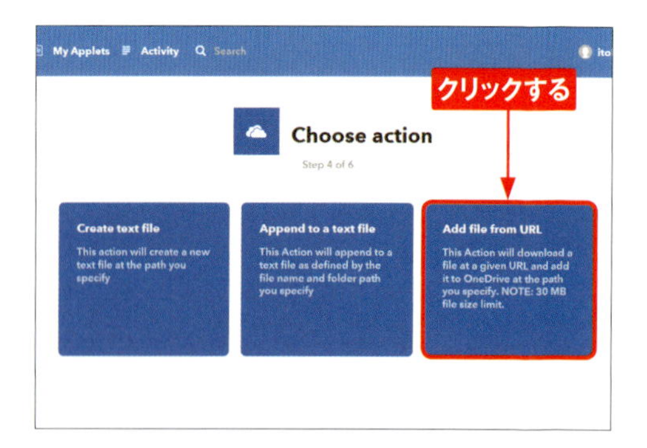

9 「Complete Action Fields」画面が表示されます。任意の設定を行い、<Create action>をクリックします。「File URL」ではファイルのURLを指定でき、「File name」ではファイルのファイル名を指定でき、「OneDrive folder path」では、保存先のフォルダを指定できます。ここでは、とくに変更しなくても大丈夫です。

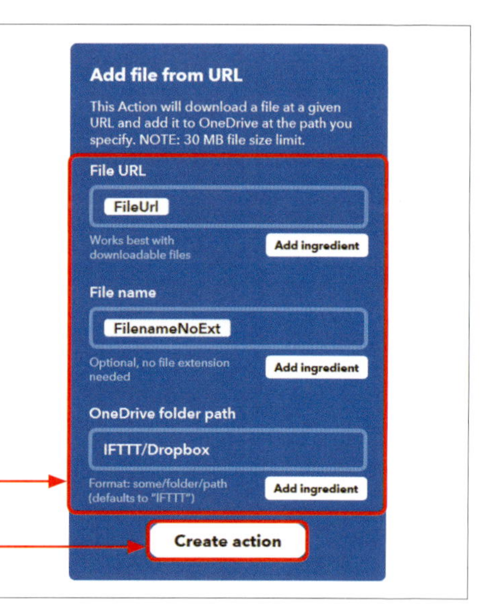

10 <Finish>をクリックすると、レシピが作成されます。

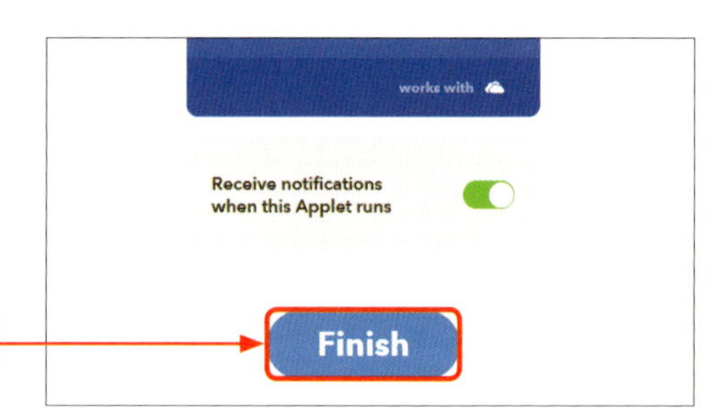

レシピの動作を確認する

1 Web版Dropboxを表示します。P.305手順⑤で設定したフォルダに新しいファイルを保存します。

2 P.306手順⑨で「OneDrive folder path」に設定したOneDriveのフォルダを表示すると、手順①で保存したファイルがOneDriveにも保存されていることが確認できます。

Memo 「Check now」機能を利用する

IFTTTでは、即時に同期がとれないことがあり、同期に時間がかかるときもあります。その場合は、<My Applets>をクリックし、IFTTTで即時に同期したいレシピをクリックして開き、<Check now>をクリックして、手動で同期を実行しましょう。

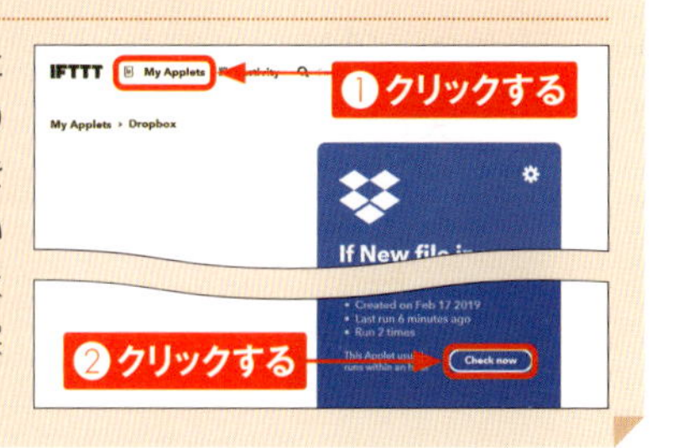

Section 151

Google Driveに保存した写真をEvernoteにも保存する

IFTTTでは、Google Driveに保存した写真をほかのクラウドストレージサービス（Dropbox、OneDrive、Evernoteなど）に保存することができます。Google Driveの写真のバックアップとして利用可能です。

レシピを作成する

1 WebブラウザでIFTTTのサイトにアクセスして をクリックし、<New Applet>をクリックします。

2 <this>をクリックします。

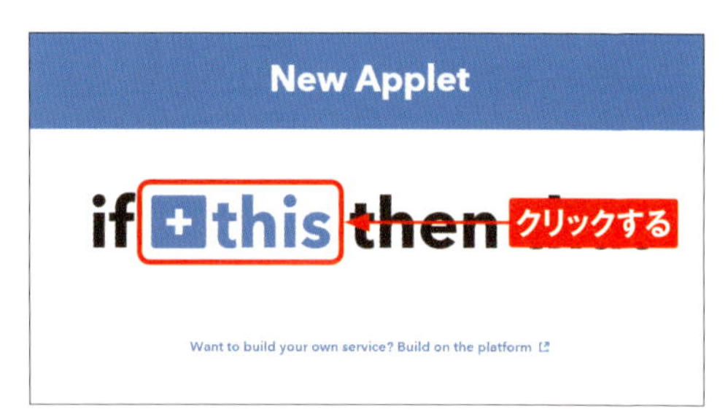

3 「Google Drive」と入力して検索し、<Google Drive>をクリックします。「Connect（ストレージサービス）」画面が表示された場合は、各クラウドストレージサービスの指示に従ってIFTTTとクラウドストレージサービスをリンクさせます。

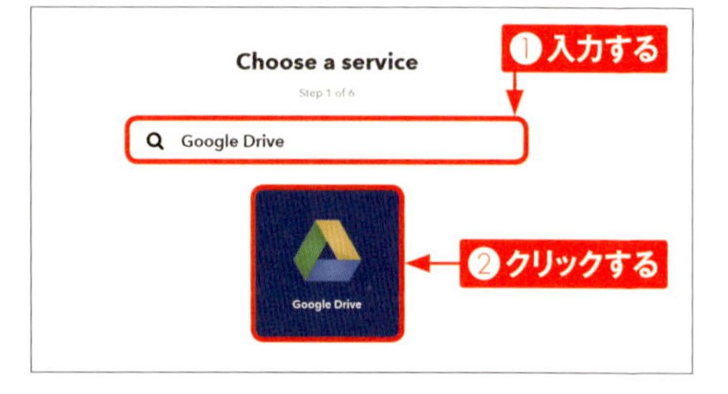

4 「Choose trigger」画面が表示されます。＜New photo in your folder＞（指定のフォルダに新しい写真が保存された場合）をクリックします。

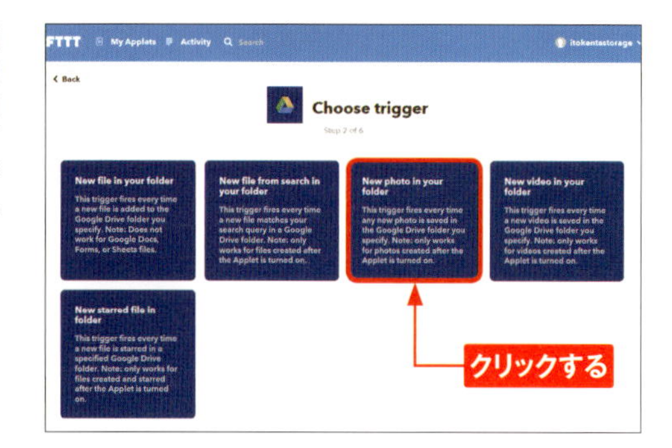

5 「Drive folder path」に指定のフォルダ名（ここでは「IFTTT」）を入力し、＜Create trigger＞をクリックします。

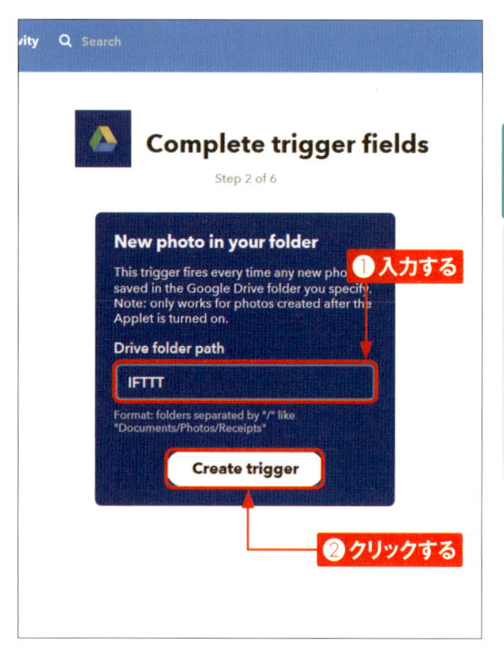

6 ＜that＞をクリックします。

付録2 クラウドストレージサービスの連携

7 「Evernote」と入力して検索し、<Evernote>をクリックします。「Connect（ストレージサービス）」画面が表示された場合は、各クラウドストレージサービスの指示に従ってIFTTTとクラウドストレージサービスをリンクさせます。

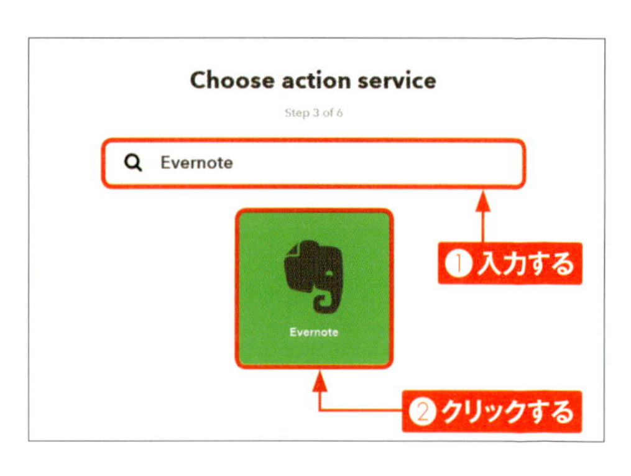

8 「Choose action」画面が表示されます。ここでは<Create a note>（ノートを作成する）をクリックします。

9 「Complete Action Fields」画面が表示されます。任意の設定を行い、<Create action>をクリックします。「Notebook」ではノートブックを指定でき、「Tags」では写真のタグを指定できます。ここでは、とくに変更しなくても大丈夫です。

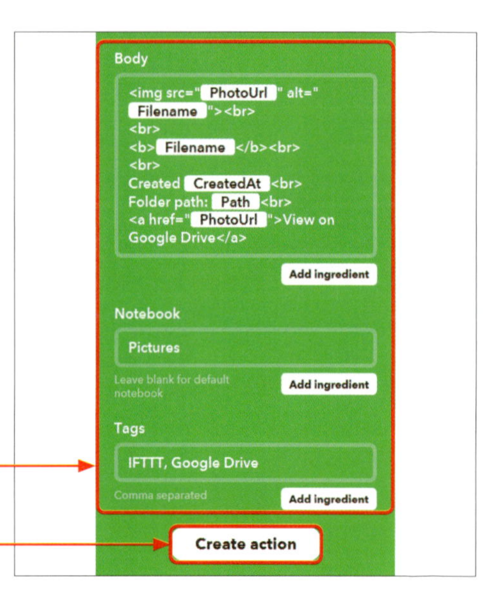

⑩ <Finish>をクリックすると、レシピが作成されます。

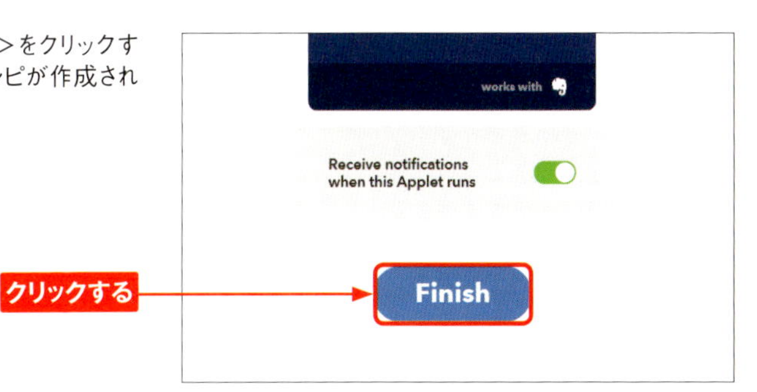

レシピの動作を確認する

① Web版Google Driveを表示します。P.309手順⑤で設定したフォルダに新しい写真を保存します。

② P.310手順⑨で「Notebook」に設定したノートブックを表示すると、手順①で保存した写真がEvernoteにも保存されていることが確認できます。

付録2 クラウドストレージサービスの連携

Section 152

クラウドストレージサービスを一元管理する

「cloudGOO」はスマートフォンでクラウドストレージサービスを一元管理できる有料アプリです。対応したサービスをまとめて管理できます。また、接続したクラウドストレージサービスの容量の確認も可能です。

cloudGOOとは？

「cloudGOO」は、スマートフォンで複数のクラウドストレージサービスの管理をまとめて行える有料アプリです（Android 358円（税込み）、iOS 360円（税込み））。複数のサービスと接続し、接続したサービスに保存されているファイルすべてを閲覧できます。また、接続したサービス全体の容量も確認できるため、複数のクラウドストレージサービスを1つのサービスのように扱うことができます。接続できるクラウドストレージサービスは、iPhone版とAndroid版とで少し違いがありますが、機能として大きな違いはありません。ここでは、Android版cloudGOOで解説します。

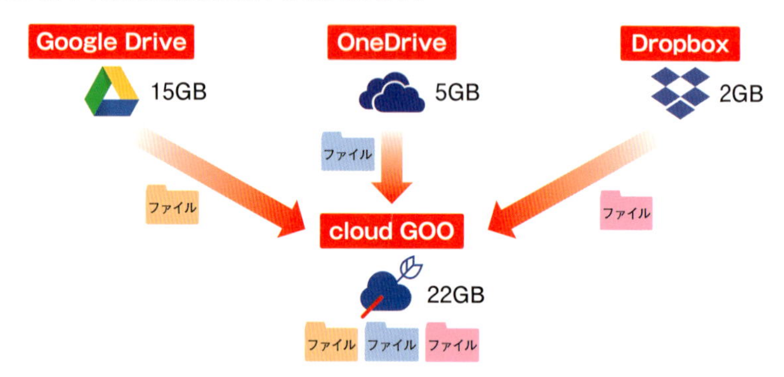

Memo 接続したクラウドストレージサービス全体の容量を確認する

「cloudGOO」アプリは、接続したクラウドストレージサービス全体をあわせた最大容量と使用容量の確認ができます。対応するサービスを追加することで、この容量を増やすことが可能です。

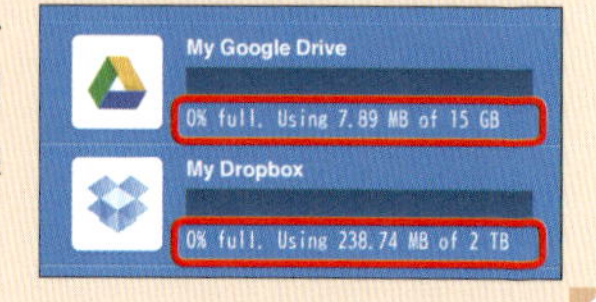

クラウドストレージサービスを追加する

1 あらかじめ「cloudGOO」アプリをスマートフォンで購入し、インストールしておきます。ホーム画面またはアプリケーション画面で<cloudGOO>アプリをタップして、<Get Started>をタップします。

2 <Create an account>をタップします。

3 登録したいアカウントのメールアドレスとパスワードを入力し、「I accept the Terms of Service」のチェックボックスをタップしてチェックを付けて、<Create Account>をタップします。

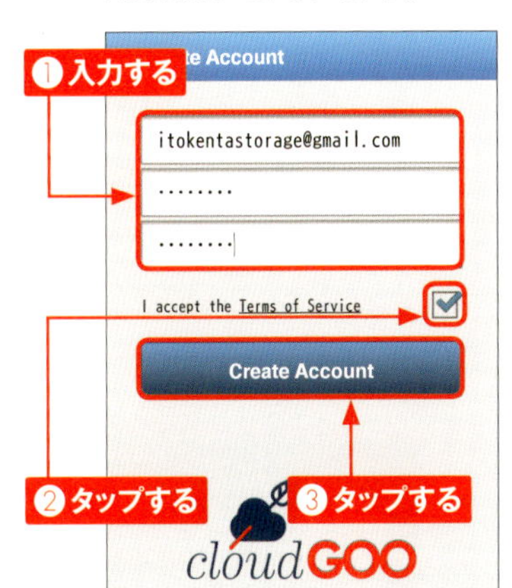

4 <OK>をタップします。

5 <Add a drive>をタップします。

付録 2 クラウドストレージサービスの連携

⑥ 任意のクラウドストレージサービス（ここでは＜Google Drive＞）をタップします。

⑦ ＜Existing Account＞をタップします。

⑧ 任意のGoogleアカウントをタップして選択し、＜OK＞をタップします。

⑨ 次の画面で＜許可＞をタップします。

⑩ 手順⑧で選択したGoogleアカウントのメールアドレスを確認し、任意のクラウドストレージサービスの名前（ここでは「My Google Drive」）を入力して、＜Save＞をタップします。

11 をタップします。

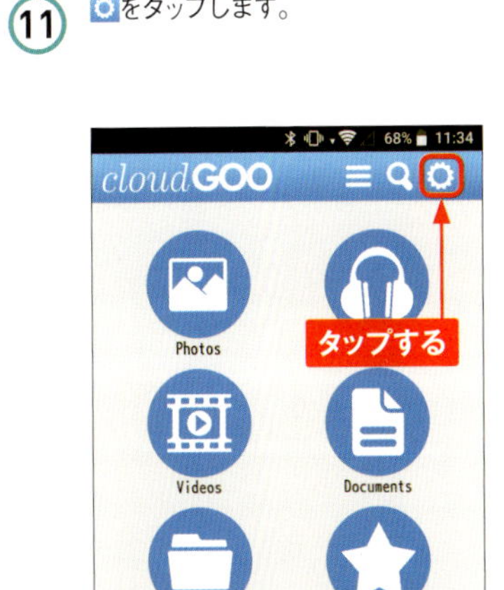

12 <My Drives>をタップします。

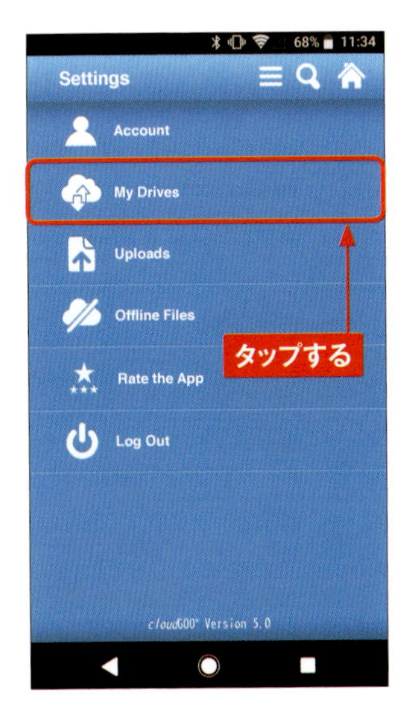

13 連携されているクラウドストレージサービスが表示されます。<Add a drive>をタップします。

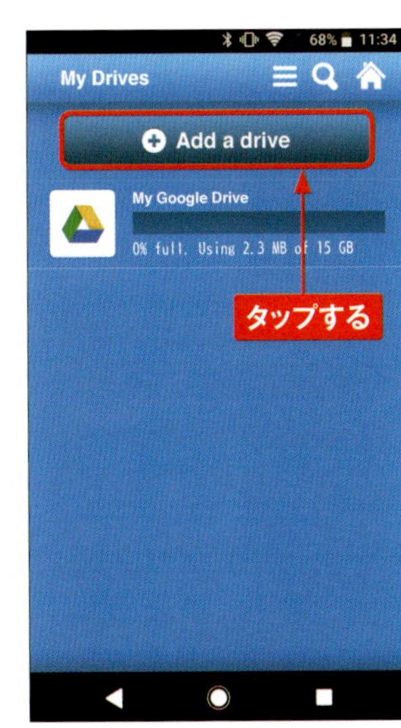

14 別の任意のクラウドストレージサービスをタップします。以降、各クラウドストレージサービスの指示に従い、クラウドストレージサービスを登録します。

クラウドストレージサービスを一元管理する

① P.315手順⑪の画面を表示して、<Photos>をタップします。

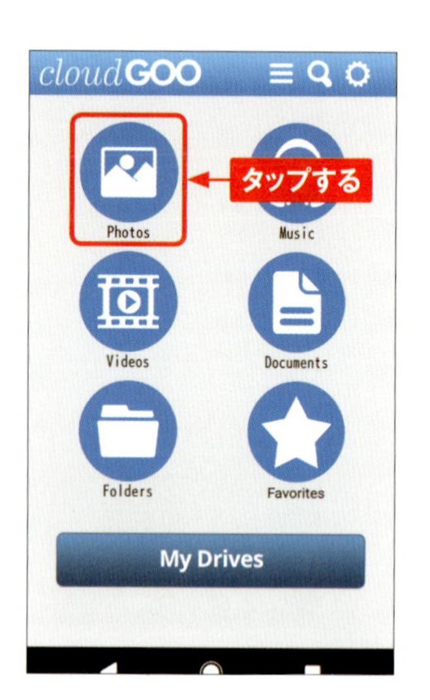

② 登録したクラウドストレージサービスに保存されているすべての画像ファイルが一覧で表示されます。任意の画像ファイルをタップします。

③ 画像ファイルが表示されます。🏠をタップし、手順①の画面に戻ります。

Memo 「cloudGOO」アプリから画像ファイルを操作する

手順③の画面で各アイコンをタップすると、「cloudGOO」アプリから画像ファイルを操作できます。

🗑	画像を削除できます。
★	画像をお気に入りに登録できます。
⬇	画像をダウンロードできます。
⧉	画像をほかのクラウドストレージサービスにコピーできます。
⇅	画像をほかのクラウドストレージサービスに移動できます。
共有	画像をほかのアプリと共有できます。
✎	画像のファイル名を変更できます。

4 ＜Documents＞をタップします。

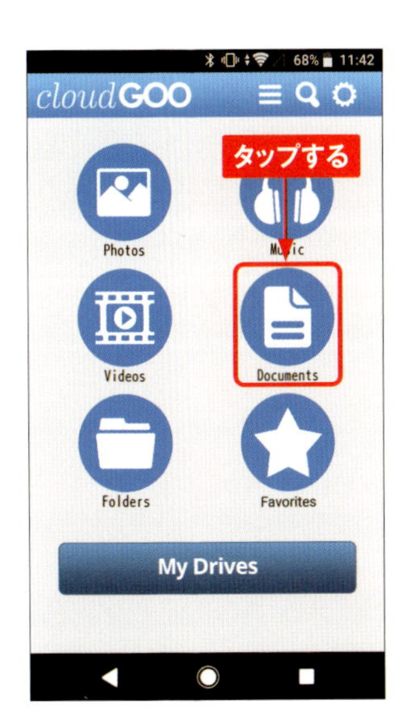

5 登録したクラウドストレージサービスに保存されているすべてのドキュメントファイルが一覧で表示されます。任意のファイルをタップします。

6 手順⑤で選択したファイルに対応したアプリの一覧が表示されるので、任意のアプリをタップします。

7 ファイルが表示されます。

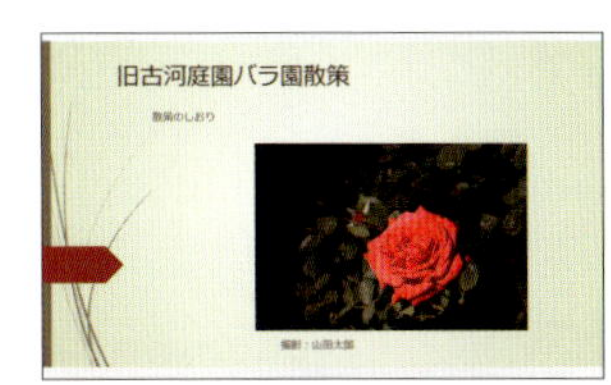

Memo ファイルの並び順

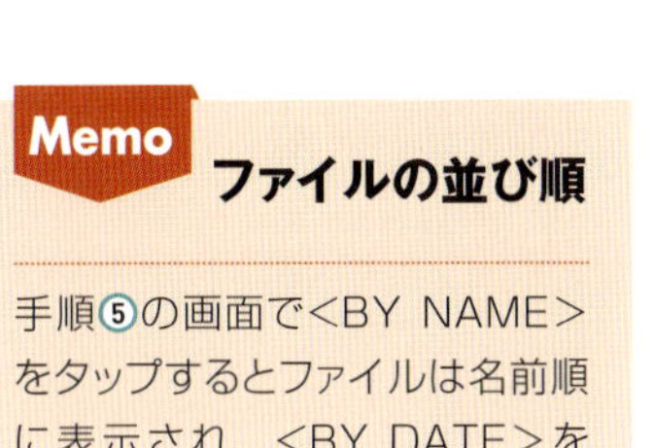

手順⑤の画面で＜BY NAME＞をタップするとファイルは名前順に表示され、＜BY DATE＞をタップすると、ファイルが日付順に表示され、＜BY TYPE＞をタップするとファイルの種類ごとに表示されます。閲覧したいファイルが見つけやすい並び順にしましょう。

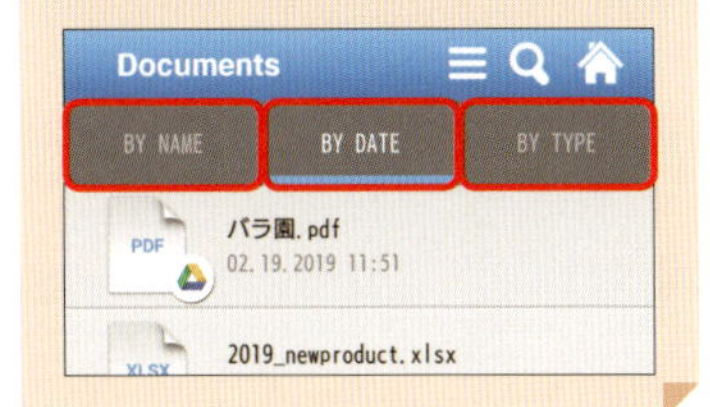

索引

Dropbox

2段階認証 …… 112
Dropbox …… 18, 30
Dropbox Folder Sync …… 84
Dropbox Paper …… 108
Dropbox Plus／Professional …… 88
Dropbox Showcase …… 110
Dropboxバッジ …… 96
Gmail版Dropbox …… 74
Officeファイルの編集 …… 60, 70
Officeファイルを開く …… 59
Web版Dropbox …… 34
Windows版Dropbox …… 40
アカウント …… 32
印刷 …… 58
オフライン …… 78
キャッシュの削除 …… 116
共有設定の変更 …… 90, 98
共有フォルダの作成 …… 46
共有リンクの解除 …… 54
共有ユーザー …… 50
検索 …… 94
作業状況の確認 …… 52
写真の保存 …… 102, 106
スクリーンショット …… 81
スマートフォン版Dropbox …… 66
大容量ファイルの送受信 …… 72
デバイスのリンク …… 100
同期フォルダ …… 42, 57, 84
パスワードの変更 …… 115
バックアップ／復元 …… 82
ファイル内検索 …… 95
ファイルの共有 …… 44
ファイルのダウンロード …… 38
ファイルの同期 …… 42
ファイルの保存 …… 36, 69
ファイルリクエスト …… 76
無料で容量を増やす …… 86
有料プラン …… 88
ログアウト …… 35
ログイン …… 34, 67

Google Drive

2段階認証 …… 166
Gmailの添付ファイルを保存 …… 155
Googleアカウント …… 120
Google Drive …… 19, 118
Google マイマップ …… 164
Google図形描画 …… 141
Googleスプレッドシート …… 136
Googleスライド …… 138
Googleドキュメント …… 134
Googleフォーム …… 140
Googleフォト …… 148
Web版Google Drive …… 122
Webページの保存 …… 156
印刷 …… 153
オフライン …… 145, 152
共有設定の変更 …… 128
検索 …… 150
写真の保存 …… 148
書類のスキャン …… 146
スター …… 154
スマートフォン版Google Drive …… 142
パスワードの変更 …… 168
パソコンのフォルダと同期 …… 130
ファイルの共有 …… 126
ファイルのダウンロード …… 133
ファイルの保存 …… 124
プラグイン for Microsoft Office …… 158
有料プラン …… 170

OneDrive

Excelファイルの編集 …… 182
Microsoftアカウント …… 218

Officeファイルの共同編集 ………… 206
Officeファイルの編集 ………… 194
Officeファイルを開く ………… 193
OneDrive ………… 20, 172
PowerPointファイルの編集 ………… 184
Web版OneDrive ………… 176
Windows版OneDrive ………… 174
Wordファイルの編集 ………… 180
アルバム／スライドショー作成 ………… 202
印刷 ………… 198
共有ユーザー ………… 188
検索 ………… 196
写真の保存 ………… 200
スマートフォン版OneDrive ………… 190
タグ ………… 204
パスワードの変更 ………… 214
ファイル内検索 ………… 196
ファイルの共有 ………… 186
無料で容量を増やす ………… 216
有料プラン ………… 217
リモートアクセス ………… 208

Evernote

2段階認証 ………… 282
Evernote ………… 21, 220
Evernote プレミアム／Business ………… 274
ToDoリスト／チェックボックス ………… 264
Web版Evernote ………… 223
Webページの取り込み ………… 234
Windows版Evernote ………… 224, 228
アカウント ………… 222
音声の録音 ………… 242
カタログの作成 ………… 258
画像の取り込み ………… 238
クラウドメモ ………… 26
検索 ………… 233, 250
スクリーンショット ………… 244
スタック ………… 281
スマートフォン版Evernote ………… 226, 229
タグ ………… 248
タグの削除 ………… 253, 254
手書きメモ（インクノート） ………… 262
テンプレート ………… 260
ノートの削除 ………… 252
ノートの作成 ………… 231
ノートの同期 ………… 232
ノートの復元 ………… 273
ノートの編集 ………… 231
ノートブックの共有 ………… 268
ノートブックの削除 ………… 253
ノートブックの作成 ………… 246
ノートをまとめる（マージ） ………… 272
パスワードの変更 ………… 286
ファイル内検索 ………… 276
ファイルの取り込み ………… 256
フォルダの取り込み ………… 240
プレゼン資料の作成 ………… 259
名刺を取り込む ………… 280
メールをEvernoteに保存 ………… 278
有料プラン ………… 274
リマインダー ………… 265
ログアウト ………… 223
ログイン ………… 223, 225

iPhone、iPad、IFTTT

cloudGOO ………… 312
iCloud Drive ………… 289
IFTTT ………… 300
iWork ………… 292
Officeファイルの編集 ………… 292
Windows用iCloud ………… 296
「ファイル」アプリ ………… 288
フォルダの作成 ………… 291

お問い合わせについて

本書に関するご質問については、本書に記載されている内容に関するもののみとさせていただきます。本書の内容と関係のないご質問につきましては、一切お答えできませんので、あらかじめご了承ください。また、電話でのご質問は受け付けておりませんので、必ずFAX か書面にて下記までお送りください。
なお、ご質問の際には、必ず以下の項目を明記していただきますようお願いいたします。

1 お名前
2 返信先の住所または FAX 番号
3 書名
（ゼロからはじめる Dropbox & Google Drive & OneDrive & Evernote スマートガイド）
4 本書の該当ページ
5 ご使用の OS と Web ブラウザ
6 ご質問内容

なお、お送りいただいたご質問には、できる限り迅速にお答えできるよう努力いたしておりますが、場合によってはお答えするまでに時間がかかることがあります。また、回答の期日をご指定なさっても、ご希望にお応えできるとは限りません。あらかじめご了承くださいますよう、お願いいたします。ご質問の際に記載いただきました個人情報は、回答後速やかに破棄させていただきます。

お問い合わせの例

FAX

1 お名前
技術　太郎

2 返信先の住所または FAX 番号
03-XXXX-XXXX

3 書名
ゼロからはじめる
Dropbox & Google Drive
& OneDrive & Evernote
スマートガイド

4 本書の該当ページ
72ページ

5 ご使用の OS と Web ブラウザ
Windows 10
Google Chrome

6 ご質問内容
手順3の画面が表示されない

お問い合わせ先

〒162-0846
東京都新宿区市谷左内町 21-13
株式会社技術評論社　書籍編集部
「ゼロからはじめる Dropbox & Google Drive & OneDrive & Evernote スマートガイド」質問係
FAX 番号　03-3513-6167
URL：https://book.gihyo.jp/116

ゼロからはじめる Dropbox（ドロップボックス） & （アンド） Google（グーグル） Drive（ドライブ） & （アンド） OneDrive（ワンドライブ） & （アンド） Evernote（エバーノート） スマートガイド

2019年5月23日　初版　第1刷発行

著者……リンクアップ
発行者……片岡　巌
発行所……株式会社　技術評論社
東京都新宿区市谷左内町 21-13
電話……03-3513-6150　販売促進部
03-3513-6160　書籍編集部
装丁……菊池　祐（ライラック）
本文デザイン・編集・DTP……リンクアップ
担当……荻原　祐二
製本／印刷……図書印刷株式会社

定価はカバーに表示してあります。
落丁・乱丁がございましたら、弊社販売促進部までお送りください。交換いたします。

ISBN978-4-297-10473-3 C3055
Printed in Japan